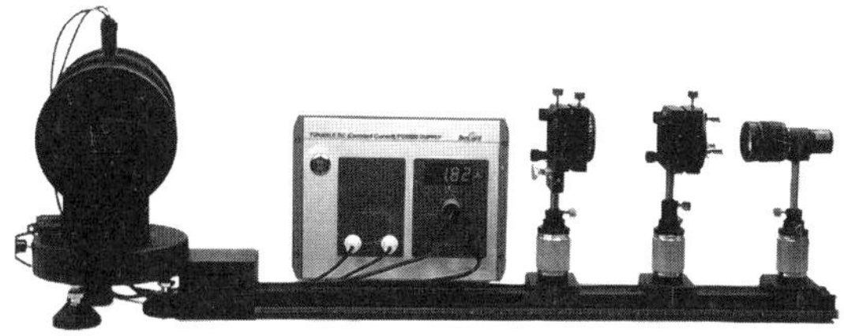

文化伟人代表作图释书系

An Illustrated Series of Masterpieces of the Great Minds

非凡的阅读

从影响每一代学人的知识名著开始

知识分子阅读，不仅是指其特有的阅读姿态和思考方式，更重要的还包括读物的选择。在众多当代出版物中，哪些读物的知识价值最具引领性，许多人都很难确切判定。

“文化伟人代表作图释书系”所选择的，正是对人类知识体系的构建有着重大影响的伟大人物的代表著作，这些著述不仅从各自不同的角度深刻影响着人类文明的发展进程，而且自面世之日起，便不断改变着我们对世界和自然的认知；不仅给了我们思考的勇气和力量，更让我们实现了对自身的一次次突破。

这些著述大都篇幅宏大，难以适应当代阅读的特有习惯。为此，对其中的一部分著述，我们在凝练编译的基础上，以插图的方式对书中的知识精要进行了必要补述，既突出了原著的伟大之处，又消除了更多人可能存在的阅读障碍。

我们相信，一切尖端的知识都能轻松理解，一切深奥的思想都可以真切领悟。

■ 文化伟人代表作图释书系

Notes on Quantum Mechanics

卢博文 / 译

量子力学（全新插图本）

〔美〕恩利克·费米 / 著

重庆出版集团 重庆出版社

图书在版编目（CIP）数据

量子力学 /（美）恩利克·费米著；卢博文译.
重庆 ：重庆出版社，2025. 1. -- ISBN 978-7-229
-18995-2

Ⅰ. O413.1

中国国家版本馆CIP数据核字第2024XB9974号

量子力学
LIANGZI LIXUE
〔美〕恩利克·费米 著 卢博文 译

策 划 人：刘太亨
责任编辑：陈渝生
责任校对：刘 刚
封面设计：日日新
版式设计：冯晨宇

重庆出版集团
重庆出版社 **出版**

重庆市南岸区南滨路162号1幢 邮编：400061 http：//www.cqph.com
重庆博优印务有限公司印刷
重庆出版集团图书发行有限公司发行
全国新华书店经销

开本：720mm×1000mm 1/16 印张：21.25 字数：328千
2025年1月第 1 版 2025年1月第1次印刷
ISBN 978-7-229-18995-2

定价：48.00元

如有印装质量问题，请向本集团图书发行有限公司调换：023-61520678

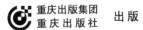

译者序

PREFACE

本书的作者为恩利克·费米（Enrico Fermi），他是20世纪唯一一位同时在理论和实验领域都有重大贡献的物理学家。

本书主要收录了费米于1954年在美国芝加哥大学最后一次讲授量子力学时，为学生亲自编写的讲义提纲，以及他发表的若干重要论文。费米在每次授课前均会将提纲中的关键内容发给学生，因而这些资料在历史上弥足珍贵，能够使我们直观地了解这位杰出的物理学大师如何设计课程、安排讲授重点内容。需要注意的是，这份文稿毕竟是课堂讲授所用的提纲，既无法与其他成体系的量子力学教材直接比照，也不宜视作费米对量子力学的终极阐释。就撰写的目的与形式而言，它与专门的学术著作在本质上有着明显区别。为了更好地契合现代物理学书写习惯并便于读者阅读，译者对部分过于跳跃或与当代物理学写作习惯差异较大的段落进行了适度的补充与修改，从而使内容更加连贯。此外，本书还收入了费米发表的若干论文，这些论文不仅展现了他非凡的创造力和深刻的洞察力，也为我们提供了观察一位伟大物理学家如何在学术前沿做出贡献、思考和探讨问题的独特视角。通过阅读这些文献，读者能够更为全面地领略费米在物理学前沿领域的思想精华。

译者有幸得以翻译此书，却也深感责任重大而不胜惶恐。为了确保译文的准确性，译者重新研读了大量量子力学著作，对每一段文字都反复推敲、谨慎修改，力求最大程度地再现大师的教学风格。对译者而言，这次翻译不仅是一项繁重的工作，更是一段宝贵的学习历程；在此过程中，译者对量子力学的理解也得以进一步加深，获益良多。然而，由于译者水平有限，文中难免仍存疏漏或不当之处，恳请各位读者不吝批评与指正。

最后感谢出版社的各位编辑给予的帮助和辛苦的付出。

卢博文

于复旦大学江湾校区物理学系

目 录 CONTENTS

CONTENTS 2

1 光学与力学的类比

术语类比	
力学	光学
质点	波包
轨迹	光线
速度 v	群速度 v_g
没有简单的类比	相速度 v
势能 $U(x)$ ——坐标的函数	折射率（或相速度 v）——坐标的函数
能量 E[1]	频率 ν [在色散介质中 $v=v(\nu, x)$]

在光学系统中，频率和能量的关系为

$$E = E(\nu) \tag{1.1}$$

我们将在后面对其进行证明。

我们首先考虑这个类比：物体的运动轨迹 = 光线的路径。

物体的运动轨迹可以由莫培督原理（Maupertuis' s principle）确定。莫培督原理（又称为“最小作用量原理”）告诉我们：对于一个满足能量

〔1〕原稿使用 W 表示能量，本书按现代习惯多用 E 表示能量。

守恒的力学系统，其能量为 E，势能为 U，它将沿着作用量取极小值[1]的轨迹演化。举个例子，如果有一个质量为 m，速度为 v，势能为 U 的质点，它想从空间中任意一点 A 运动到任意一点 B，在这两点间，质点有无数条路径可以选择。我们把作用量定义为

$$S=\int\sqrt{E-U}\,\mathrm{d}s$$

其中，$\mathrm{d}s$ 表示无限小位移。计算每一条路径的作用量后，我们发现，真实情况下质点所选择的那条路径的作用量，是所有路径中最小的，即物理定律要求

$$S=\int\sqrt{E-U}\,\mathrm{d}s=\min \tag{1.2}$$

其中 min 表示取极小值。

而光线的路径是由费马原理（Fermat’ s principle）确定的。费马原理指的是空间中有任意两点 A 和 B，我们从 A 点发射一束光，这束光经过一系列介质，不断被折射、反射后到达了 B 点。从 A 到 B，光可以选择无数条路径，真实情况下光所选择的路径，是所有路径中长度最短（或者说消耗的时间最少）的那条，即

$$\int\frac{\mathrm{d}s}{v}=\min \tag{1.3}$$

---

〔1〕严格意义上，我们应该说作用量取的是平稳值，平稳值包括极大值、常数和极小值，但是大部分情况下都是极小值。为了简便起见，我们此处取极小值，这不影响后面方程的推导。

1.1 莫培督原理的证明

对作用量做变分，我们得到

$$\delta\int\sqrt{E-U}\mathrm{d}s=\int\left(\sqrt{E-U}\delta\mathrm{d}s-\frac{\delta U}{2\sqrt{E-U}}\mathrm{d}s\right)=0 \tag{1.4}$$

ds 表示三维空间中任意小的一段位移，容易知道

$$\mathrm{d}s=\sqrt{\sum_{i=1}^{3}\left(\mathrm{d}x_i\right)^2}$$

所以其变分为

$$\begin{aligned}\delta\mathrm{d}s&=\delta\sqrt{\sum_{i=1}^{3}\left(\mathrm{d}x_i\right)^2}\\&=\sum_{i=1}^{3}\frac{2\mathrm{d}x_i}{2\sqrt{\sum_{i=1}^{3}\left(\mathrm{d}x_i\right)^2}}\delta\mathrm{d}x_i\\&=\sum_{i=1}^{3}\frac{\mathrm{d}x_i}{\mathrm{d}s}\delta\mathrm{d}x_i\end{aligned}$$

同样可以求得势能的变分为

$$\delta U=\sum_{i=1}^{3}\frac{\partial U}{\partial x_i}\delta x_i$$

代入方程，做一次分部积分后，我们就可以得到极值方程

$$\frac{\mathrm{d}}{\mathrm{d}s}\left(\sqrt{E-U}\frac{\mathrm{d}x_i}{\mathrm{d}s}\right)=-\frac{1}{2\sqrt{E-U}}\frac{\partial U}{\partial x_i}$$

利用等式

$$v=\sqrt{\frac{2\left(E-U\right)}{m}}$$

□ 费马

皮埃尔·德·费马（Pieme de Fermat，1601—1665年），法国律师，业余数学家。他一生中从未受过专门的数学教育，却在解析几何、微积分、数论等多个数学领域有重大贡献，例如费马定理、解析几何的基本原理等，堪称“17世纪法国最伟大的数学家”，并享有“业余数学家之王”的美誉。

$$\mathrm{d}t=\frac{\mathrm{d}s}{v}=\sqrt{\frac{m}{2}}\frac{\mathrm{d}s}{\sqrt{E-U}}$$

代入可以得到

$$m\frac{\mathrm{d}^2x_i}{\mathrm{d}t^2}=-\frac{\partial U}{\partial x_i}$$

这正是物体的运动方程，即我们可以从莫培督原理得到物体的运动轨迹。

1.2 费马原理的证明

从费马原理出发，我们可以得到

$$\int\frac{\mathrm{d}s}{v}=\min\rightarrow\nu\int\frac{\mathrm{d}s}{v}=\min\rightarrow\int\frac{\mathrm{d}s}{\lambda}=$$

$\min\rightarrow$ 波长的数量 $=\min$

这表明，光线会走波长数量为极小值的路径。从波动光学的角度来看，这时光波是不动的，对应于干涉加强。

由公式（1.1）和（1.2）我们可以知道，如果等式

$$\frac{1}{v(\nu,x)}=f(\nu)\sqrt{E(\nu)-U(x)} \tag{1.5}$$

成立［其中 $f(\nu)$ 和 $E(\nu)$ 暂时被认为是频率的函数］，那么我们就可以推出“物体的运动轨迹 = 光线的路径”这个结论。

我们可以从下面的等价关系中推出 $f(\nu)$ 和 $E(\nu)$ 的具体函数形式，即质点的速度

$$v=\sqrt{\frac{2(E-U)}{m}}$$

等价于波包的群速度

$$v_{\mathrm{g}}=\frac{1}{\dfrac{\mathrm{d}}{\mathrm{d}\nu}\left(\dfrac{\nu}{v}\right)}$$

1.3 群速度公式的证明

波包可以写成一系列频率相差很小的简谐波的叠加

$$\sum_{\nu} a_{\nu}\cos 2\pi\nu\left[t-\frac{x}{v(\nu)}\right]$$

如果所有的 $a_{\nu}>0$，叠加波在 $x=0$ 和 $t=0$ 时为主极大。现在若要确定任意 $t\neq 0$ 时波包的位置，只需要确定其极大值的坐标即可。波包处于极大值处要求

$$\frac{\mathrm{d}}{\mathrm{d}\nu}\left\{\nu\left[t-\frac{x}{v(\nu)}\right]\right\}=0$$

解得

$$t=x\frac{\mathrm{d}}{\mathrm{d}\nu}\left(\frac{\nu}{v}\right)$$

我们可以把它看成 $t=\dfrac{x}{v_{\mathrm{g}}}$，故得到群速度的表达式

$$\frac{1}{v_{\mathrm{g}}}=\frac{\mathrm{d}}{\mathrm{d}\nu}\left[\frac{\nu}{v(\nu)}\right] \tag{1.6}$$

由之前质点速度 v 等于波包群速度 v_g，我们得到

$$\frac{\mathrm{d}}{\mathrm{d}\nu}\left[\frac{\nu}{v(\nu)}\right]=\sqrt{\frac{m}{2}}\frac{1}{\sqrt{E(\nu)-U(x)}}$$

再把等价条件（1.4）代入，得到

$$\begin{aligned}\sqrt{\frac{m}{2}}\frac{1}{\sqrt{E-U}}&=\frac{\mathrm{d}}{\mathrm{d}\nu}\left[\nu f(\nu)\sqrt{E-U}\right]\\&=\frac{\mathrm{d}}{\mathrm{d}\nu}\left[\nu f(\nu)\right]\cdot\sqrt{E-U}+\frac{\nu f(\nu)}{2\sqrt{E-U}}\cdot\frac{\mathrm{d}E}{\mathrm{d}\nu}\end{aligned}\tag{1.7}$$

其中 $U(x)$ 随着位置的变化而变化，是一个与频率 ν 无关的量。用量纲分析法比较上式两边的量纲，我们发现等式成立的条件为

$$\frac{\mathrm{d}(\nu f)}{\mathrm{d}\nu}=0$$

解得 νf 为一常数。

将等式成立的条件代入（1.7）式后得到

$$\sqrt{\frac{m}{2}}=\frac{\nu f}{2}\frac{\mathrm{d}E}{\mathrm{d}\nu}$$

由此推出

$$\frac{\mathrm{d}E}{\mathrm{d}\nu}=\frac{\sqrt{2m}}{\nu f}$$

这是一个常量，我们令

$$\frac{\mathrm{d}E}{\mathrm{d}\nu}=h$$

解得

$$E=h\nu+C$$

其中 C 是“常数”的意思，即单词“constant”的首字母。因为能量都是相对值，所以我们可以恰当地选择能量的零点，使得 $C=0$，最终得到

$$E=h\nu \tag{1.8}$$

$$f(\nu)=\frac{\sqrt{2m}}{h\nu} \tag{1.9}$$

计算得到相速度的表达式为

$$v=\frac{h\nu}{\sqrt{2m}}\frac{1}{\sqrt{h\nu-U}} \tag{1.10}$$

它决定了各处的折射率和色散关系。

若改用角频率，我们知道

$$\omega=2\pi\nu$$

同时引入

$$\hbar=\frac{h}{2\pi}$$

最终结果为

$$E=\hbar\omega$$

$$v=\frac{\hbar\omega}{\sqrt{2m}}\frac{1}{\sqrt{\hbar\omega-U}}$$

$$v_{\mathrm{g}}=\sqrt{\frac{2}{m}}\sqrt{\hbar\omega-U} \tag{1.11}$$

再引入一个新的物理量

$$\lambda\!\!\!^{-}=\frac{\lambda}{2\pi}=\frac{v}{\omega}=\frac{\hbar}{\sqrt{2m}}\frac{1}{\sqrt{\hbar\omega-U}}=\frac{\hbar}{mv_{\mathrm{g}}}=\frac{\hbar}{p} \tag{1.12}$$

我们称 λ 为“德布罗意[1]波长”（de Broglie wavelength）。

德布罗意提出了波粒二象性的观点，他告诉我们，任何物体既可以从粒子的角度来描述，也可以从波的角度来描述。故我们可以通过物质粒子的衍射实验来确定物质波的长度 λ，进而得到 h 或 $\hbar$ 的数值

$$h=6.626\,070\,15\times10^{-34}\,\mathrm{J\cdot s}\qquad \hbar=1.054\,572\,66\times10^{-34}\,\mathrm{J\cdot s}$$

我们把 h 称为“普朗克常数”，$\hbar$ 称为“约化普朗克常数”。[2]

〔1〕路易·维克多·德布罗意（Louis Victor Duc de Broglie，1892—1987 年），法国理论物理学家，物质波理论的创立者，量子力学的奠基人之一。1929 年获诺贝尔物理学奖。

〔2〕原著此处使用尔格·秒（erg·sec）作为单位，此处我们统一使用国际单位制（J·s）。

2 薛定谔方程[1]

我们已经知道相速度的表达式为

$$v = v(\omega, p) = \frac{\hbar\omega}{\sqrt{2m}} \frac{1}{\sqrt{\hbar\omega - U}} \tag{2.1}$$

这个方程描述的是一个单色波，其满足方程

$$\nabla^2 \psi(r, t) - \frac{1}{v^2} \cdot \frac{\partial^2 \psi(r, t)}{\partial t^2} = 0$$

此方程的解为[2]

$$\psi(r, t) = \psi(r) \mathrm{e}^{-\mathrm{i}\omega t} = \psi(r) \mathrm{e}^{-\frac{\mathrm{i}}{\hbar} Et}$$

由于单色性的要求，我们需要固定 ω 为常数。

---

〔1〕薛定谔方程是量子力学的基本方程，用于描述微观粒子的状态随时间变化的规律，1926 年由奥地利理论物理学家薛定谔提出。埃尔温・薛定谔（Erwin Schrödinger，1887—1961 年），奥地利物理学家，量子力学奠基人之一，发展了分子生物学。1933 年获诺贝尔物理学奖。他建立了波动力学、薛定谔方程，提出了“薛定谔的猫”这一著名的思想实验，试图证明量子力学在宏观条件下的不完备性。

〔2〕原书采用 u 表示空间部分的波函数，现多用 $\psi(r)$ 表示，简写为 ψ。完整的波函数会写明自变量，即 $\psi(r, t)$。后面的推导都使用此套记号，不再做特殊说明。

把解代入波动方程，可以得到

$$\nabla^2\psi + \frac{\omega^2}{v^2}\psi = 0 \tag{2.2}$$

将表达式（2.1）代入（2.2）式，得到

$$\nabla^2\psi + \frac{2m}{\hbar^2}(\hbar\omega - U)\psi = 0$$

由方程的解我们知道有如下的代换关系

$$\omega\psi \sim -\frac{1}{\mathrm{i}}\frac{\partial\psi(r,\ t)}{\partial t}$$

于是得到了含时薛定谔方程

$$\nabla^2\psi(r,\ t) + \frac{2m\mathrm{i}}{\hbar}\frac{\partial\psi(r,\ t)}{\partial t} - \frac{2m}{\hbar^2}U\psi(r,\ t) = 0 \tag{2.3}$$

整理后，可以得到

$$\mathrm{i}\hbar\frac{\partial\psi(r,\ t)}{\partial t} = -\frac{\hbar^2}{2m}\nabla^2\psi(r,\ t) + U\psi(r,\ t) \tag{2.4}$$

其中，要注意$\psi(r,\ t)$是一个复数。

若方程的解是式(2.2)，则我们得到的方程就叫作“定态薛定谔方程”

$$E\psi = -\frac{\hbar^2}{2m}\nabla^2\psi + U\psi \tag{2.5}$$

只有能量为定值$E = \hbar\omega$的态才满足此方程。

2.1 连续性方程

薛定谔方程（2.4），存在连续性方程。我们首先写出薛定谔方程的

共轭方程，对方程两边取复共轭，得到

$$-\mathrm{i}\hbar\frac{\partial\psi^*(r,\ t)}{\partial t}=-\frac{\hbar^2}{2m}\nabla^2\psi^*(r,\ t)+U\psi^*(r,\ t) \tag{2.6}$$

将方程（2.4）左右两边同时乘以 $\psi^*(r,\ t)$，方程（2.6）左右两边同时乘以 $\psi(r,\ t)$ 后，将得到的两个新方程相减，可以得到

$$\frac{\partial}{\partial t}\left[\psi^*(r,\ t)\psi(r,\ t)\right]+\nabla\cdot\left\{\frac{\hbar}{2m\mathrm{i}}\left[\psi^*(r,\ t)\nabla\psi(r,\ t)-\psi(r,\ t)\nabla\psi^*(r,\ t)\right]\right\}=0 \tag{2.7}$$

对于方程（2.7）中的物理量，我们给出一种非常有前瞻性的解释

$$\psi^*(r,\ t)\psi(r,\ t)=\left|\psi(r,\ t)\right|^2=\text{概率密度} \tag{2.8}$$

$$\frac{\hbar}{2m\mathrm{i}}\left[\psi^*(r,\ t)\nabla\psi(r,\ t)-\psi(r,\ t)\nabla\psi^*(r,\ t)\right]=\text{概率流密度的平均值} \tag{2.9}$$

2.2 波函数的归一化

（2.8）式的这种解释决定了 $\psi(r,\ t)$ 应该满足

$$\int\left|\psi(r,\ t)\right|^2\mathrm{d}\tau=\int\psi^*(r,\ t)\psi(r,\ t)\mathrm{d}\tau=1 \tag{2.10}$$

其中，$\mathrm{d}\tau$ 为空间的体积元。上式表示，体系在空间各处出现的概率相加应该是 1。

若要方程（2.10）成立，则需要满足以下条件：

a）在奇点附近，$\psi(r,\ t)$ 的增长速度要比 $r^{-\frac{3}{2}}$ 慢；

b）在无限远处，$\psi(r,\ t)$ 趋于 0 的速度比 $r^{-\frac{3}{2}}$ 快。

违反条件 b）的情况将在后面提到。

2.3 特殊情况概括

下面我们举一些特殊的例子。

2.3.1 一维直线上的点

$$\begin{aligned}&\mathrm{i}\hbar\frac{\partial\psi(x,t)}{\partial t}=-\frac{\hbar^2}{2m}\frac{\partial^2\psi(x,t)}{\partial x^2}+U(x)\psi(x,t)\\&E\psi=-\frac{\hbar^2}{2m}\frac{\mathrm{d}^2\psi}{\mathrm{d}x^2}+U\psi\end{aligned}\tag{2.11}$$

2.3.2 绕固定轴旋转的点（其中 I 是转动惯量）[1]

$$\begin{aligned}&\mathrm{i}\hbar\frac{\partial\psi(\alpha,\ t)}{\partial t}=-\frac{\hbar^2}{2I}\frac{\partial^2\psi(\alpha,\ t)}{\partial\alpha^2}+U(\alpha)\psi(\alpha,\ t)\\&E\psi(\alpha)=-\frac{\hbar^2}{2I}\frac{\mathrm{d}^2\psi(\alpha)}{\mathrm{d}\alpha^2}+U(\alpha)\psi(\alpha)\end{aligned}\tag{2.12}$$

2.3.3 固定重心的球面或哑铃面上的点

我们先定义记号

$$\wedge\psi(\varphi,\ \theta,\ t)=\frac{1}{\sin\theta}\cdot\frac{\partial}{\partial\theta}\left(\sin\theta\frac{\partial\psi(\varphi,\ \theta,\ t)}{\partial\theta}\right)+\frac{1}{\sin^2\theta}\frac{\partial^2\psi(\varphi,\ \theta,\ t)}{\partial\varphi^2}\tag{2.13}$$

〔1〕原文使用 A 作为转动惯量，按照现代习惯，改用 I 表示转动惯量。

$\wedge$ 表示球坐标系中拉普拉斯[1]算符的角向部分。这种情况下的薛定谔方程为

$$\begin{aligned}&\wedge\psi(\varphi,\ \theta,\ t)-\frac{2I}{\hbar^2}U(\theta,\ \varphi)\psi(\varphi,\ \theta,\ t)=-\mathrm{i}\frac{2I}{\hbar}\frac{\partial\psi(\varphi,\ \theta,\ t)}{\partial t}\\&\wedge\psi(\varphi,\ \theta)+\frac{2I}{\hbar^2}(E-U)\psi(\varphi,\ \theta)=0\ （定态情况下）\end{aligned}\tag{2.14}$$

其中 I 为转动惯量，若是一个质点，则 $I=mr^2$。

2.3.4　n 个质点的系统

我们可以把波函数写成 n 个质点坐标的函数，即

$$\psi(t;\ x_1,\ y_1,\ z_1;\cdots;\ x_n,\ y_n,\ z_n)$$

此时薛定谔方程为

$$\begin{aligned}&\mathrm{i}\hbar\frac{\partial\psi(t;\ x_1,\ y_1,\ z_1;\cdots;\ x_n,\ y_n,\ z_n)}{\partial t}\\&=-\frac{\hbar^2}{2}\sum_{i=1}^{n}\frac{1}{m_i}\nabla_i^2\psi(t;\ x_1,\ y_1,\ z_1;\cdots;\ x_n,\ y_n,\ z_n)\\&+U\psi(t;\ x_1,\ y_1,\ z_1;\cdots;\ x_n,\ y_n,\ z_n)E\psi(x_1,\ y_1,\ z_1;\cdots;\ x_n,\ y_n,\ z_n)\\&=-\frac{\hbar^2}{2}\sum_{i=1}^{n}\frac{1}{m_i}\nabla_i^2\psi(x_1,\ y_1,\ z_1;\cdots;\ x_n,\ y_n,\ z_n)\\&+U\psi(x_1,\ y_1,\ z_1;\cdots;\ x_n,\ y_n,\ z_n)\end{aligned}\tag{2.15}$$

---

[1] 皮埃尔－西蒙·拉普拉斯侯爵（Pierre–Simon marquis de Laplace，1749—1827年），法国著名天文学家、数学家，法兰西科学院院士，天体力学主要奠基人，天体演化学创立者之一，分析概率论创始人，应用数学的先驱。

2.4 一般情况下的动力学系统

我们可以用广义坐标写出动能的普遍形式

$$T=\frac{1}{2}m^{ik}\dot{q}_i\dot{q}_k \tag{2.16}$$

这里使用了“爱因斯坦求和”[1]规则，即对相同的上下标进行求和。

由求和规则，我们可以定义

$$m^{ik}\left(m^{-1}\right)_{li}=\delta_l^k$$

右边为 δ，这表示：只有当 $k=l$ 时，$\delta_l^k=1$；当 $k\neq l$ 时，$\delta_l^k=0$。所以当 $k=l$ 时，我们得到

$$m^{il}\left(m^{-1}\right)_{li}=1$$

由逆矩阵的性质，我们知道

$$\left(m^{-1}\right)_{li}=\frac{\operatorname{adj}\left(m_{li}\right)}{\det\left(m_{li}\right)}$$

其中，$\operatorname{adj}(m_{li})$ 表示矩阵元 m_{li} 的代数余子式，分母为矩阵的行列式[2]，

---

〔1〕“爱因斯坦求和”指的是同一代数项中若有两项指标相同，且一个是上指标，一个是下指标，那我们就把它们自动求和。比如我们把一个矢量 $\boldsymbol{A}$ 写成分量形式 $\boldsymbol{A}=A^1\boldsymbol{e}_1+A^2\boldsymbol{e}_2+A^3\boldsymbol{e}_3$，使用“爱因斯坦求和”规则就可以将其简写为 $\boldsymbol{A}=A^i\boldsymbol{e}_i$。求和指标 i 被称为“哑指标”，因为它只表示求和，没有实际意义，我们也可以把矢量写成 $\boldsymbol{A}=A^j\boldsymbol{e}_j$。

〔2〕严格来说，这里应该写成 $\det(\boldsymbol{m})$，因为是矩阵行列式，而不是矩阵元的行列式。

我们将其记为

$$\mathcal{D}=\det\left(m_{li}\right) \tag{2.17}$$

最后得到方程

$$\nabla^2\psi\left(q_1,\cdots,q_n,t\right)=\frac{1}{\sqrt{\mathcal{D}}}\frac{\partial}{\partial q_k}\left[\sqrt{\mathcal{D}}m_{kl}\frac{\partial\psi\left(q_1,\cdots,q_n,t\right)}{\partial q_l}\right] \tag{2.18}$$

此时体积元可以写成

$$\mathrm{d}\tau=\sqrt{\mathcal{D}}\mathrm{d}q_1\mathrm{d}q_2\cdots\mathrm{d}q_n \tag{2.19}$$

体系的薛定谔方程为

$$\begin{gathered}\mathrm{i}\hbar\frac{\partial\psi\left(q_1,\cdots,q_n,t\right)}{\partial t}=-\frac{\hbar^2}{2}\nabla^2\psi\left(q_1,\cdots,q_n,t\right)+U\psi\left(q_1,\cdots,q_n,t\right)\\ E\psi\left(q_1,\cdots,q_n\right)=-\frac{\hbar^2}{2}\nabla^2\psi\left(q_1,\cdots,q_n\right)+U\psi\left(q_1,\cdots,q_n\right)\end{gathered} \tag{2.20}$$

3 简单的一维问题

考虑不含时[1]的薛定谔方程

$$\psi'' + \frac{2m}{\hbar^2}(E-U)\psi = 0 \tag{3.1}$$

下面，我们分别在不同的一维系统上对其进行求解。

3.1 长度为 a 的闭合曲线，势能 $U(x)=0$

我们只需要考虑系统为一根线段，然后采用周期性边界条件，这样就相当于把线段的两端接起来，于是得到我们需要的闭合曲线。解得波函数为

$$\psi(x) \sim \mathrm{e}^{\pm \mathrm{i}\sqrt{\frac{2mE}{\hbar^2}}x} \tag{3.2}$$

由于采用周期性边界条件，这要求波函数为如下形式

$$\psi(x) \sim \mathrm{e}^{\frac{2\pi \mathrm{i}}{a}lx}$$

[1] 不含时的意思是函数中不出现变量 t，但是其他自变量可以是时间的函数。

其中 l 取任意的整数（包括正整数、0和负整数）。结合方程（3.1），我们可以得到

$$E_l = \frac{2\pi^2\hbar^2}{ma^2}l^2 \tag{3.3}$$

由我们得到的解可知，能量是量子化的。

归一化后的波函数为

$$\psi_l(x) = \frac{1}{\sqrt{a}}e^{\frac{2\pi il}{a}x} \tag{3.4}$$

3.2 系统绕固定轴转动

具体求解过程和式（3.1）一样，我们只需要做代换

$m \to I$ = 转动惯量

$a \to 2\pi$

$x \to \alpha$

得到

$$E_l = \frac{\hbar^2}{2I}l^2$$

$$\psi_l = \frac{1}{\sqrt{2\pi}}e^{il\alpha} \tag{3.5}$$

3.3 无限高势垒

系统在一根一维的线上，在系统上建立一维坐标系，即得到一条 x

轴（见图 1）。这时的边界条件为：$x\leqslant 0$ 时，$U=0$；$x>0$ 时，$U=\infty$。在墙内时，系统就是自由粒子的情况。

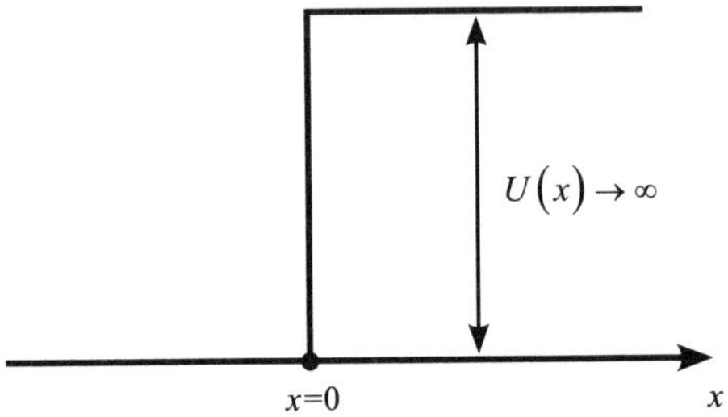

图 1　无限高势垒

我们可以解得波函数为

$$\psi\sim \mathrm{e}^{-\sqrt{\frac{2mU}{\hbar^2}}x}$$

此处我们舍去了 $\psi\sim \mathrm{e}^{+\sqrt{\frac{2mU}{\hbar^2}}x}$ 的解，因为随着 x 的增加指数增大，它并在正轴不断趋近无穷大，而无限高势垒要求正轴的波函数趋于 0。

在势垒的边界处，有

$$\frac{\psi'}{\psi}=-\sqrt{\frac{2mU}{\hbar^2}}\to-\infty$$

因此，在边界处应该满足

$$\begin{cases}\psi=0\\ \psi'\text{ 取有限值}\end{cases}\tag{3.6}$$

3.4　无限深势阱

此时势能在 $[0,\ a]$ 之间为 0，在其余处势能为无穷大（见图 2）。

因此，波函数的边界条件为

$$\psi(0)=\psi(a)=0$$

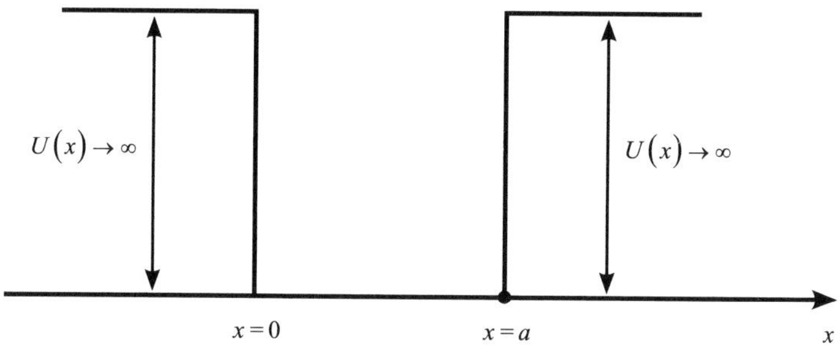

图 2　无限深势阱

那么薛定谔方程

$$\psi''(x)+\frac{2mE}{\hbar^2}\psi(x)=0$$

的通解为

$$\psi(x)\sim\sin\left(\sqrt{\frac{2mE}{\hbar^2}}x\right)$$

或

$$\psi(x)\sim\cos\left(\sqrt{\frac{2mE}{\hbar^2}}x\right)$$

由于边界条件 $\psi(0)=0$ 的限制，我们舍去余弦解。于是得到

$$\psi(x)\sim\sin\left(\sqrt{\frac{2mE}{\hbar^2}}x\right)$$

再由另一个边界条件 $\psi(a)=0$ ，推出

$$\sin\sqrt{\frac{2mE}{\hbar^2}}a=0$$

即

$$\sqrt{\frac{2mE_n}{\hbar^2}}a=n\pi$$

其中，n 为任意整数。因此解得

$$E_n=\frac{\pi^2\hbar^2}{2a^2m}n^2$$

$$\psi_n=\sqrt{\frac{2}{a}}\sin\left(\frac{n\pi}{a}x\right) \tag{3.7}$$

其中的 $\sqrt{\frac{2}{a}}$ 为归一化因子。

3.5 在势能为 0 的无限长的直线上

薛定谔方程为

$$\psi''(x)+\frac{2mE}{\hbar^2}\psi(x)=0 \tag{3.8}$$

可以解得

$$\psi(x)\sim \mathrm{e}^{\pm\mathrm{i}\sqrt{\frac{2mE}{\hbar^2}}x} \tag{3.9}$$

通过观察可知，这两个波函数都是不可归一化的！现在我们分两种情况来解决这个问题。

一种情况：把它作为 3.1 节中系统的极限。首先，我们知道该系统

的解为

$$\psi_l(x)=\frac{1}{\sqrt{a}}\mathrm{e}^{\frac{2\pi il}{a}x}$$

$$E_l=\frac{2\pi^2\hbar^2l^2}{ma^2}$$

现在令 $a\to\infty$，我们就得到了需要的结果。这时候求解出来的能级是准连续的（见图 3）。[1]

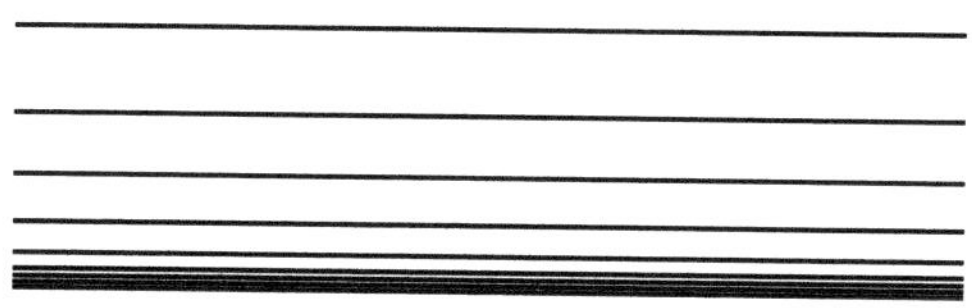

图 3　准连续情况的能级

能级差中的能级数量可以通过如下方法得到：计算能量随长度的变化率

$$\frac{\mathrm{d}E}{\mathrm{d}l}=\frac{4\pi^2\hbar^2l}{a^2m}=\frac{2\pi\hbar}{a}\sqrt{\frac{2}{m}}\sqrt{E}$$

那么能级数就等于

$$\frac{2}{\mathrm{d}E/\mathrm{d}l}\mathrm{d}E=\frac{a}{\pi\hbar}\sqrt{\frac{m}{2}}\frac{\mathrm{d}E}{\sqrt{E}}$$

〔1〕准连续的意思是能级间距趋于 0，所以相对于大的能量来说，这些离得很近的能级就是准连续的了。用通俗一些的话来解释就是，我们从很远的地方来看这些能级，无法分辨出它们是分立的还是连续的，因为只能看到一条很粗的黑线，如图 3 中最低的一堆能级，看起来就像连续的一样。

其中，分子上的 2 是因为 l 既可以取正数也可以取负数。在极限情况下：$a \to \infty$，我们可以获得一个连续谱，这对于所有 $E \geqslant 0$ 的情况都是成立的。

注意：在 3.4 节中的系统取极限 $a \to \infty$ 也可以得到相同的结果。

另一种情况：明显分立的能级都不存在了。这时波函数 $\psi(x)$ 分布在 $k = k_0$ 点附近的区间 δk 内，即表现为波包的形式（见图 4），其表达式如下

$$\psi_{\delta k}(x) = \int_{k_0 - \frac{\delta k}{2}}^{k_0 + \frac{\delta k}{2}} e^{ikx} dx = \frac{2}{x} \sin\left(\frac{x \delta k}{2}\right) e^{ik_0 x}$$

这样的解在 δk 很小的时候是可以归一化的。这时它几乎可以对应于固定的能量。更多关于这个问题的讨论，我们将在测不准原理中讲述。

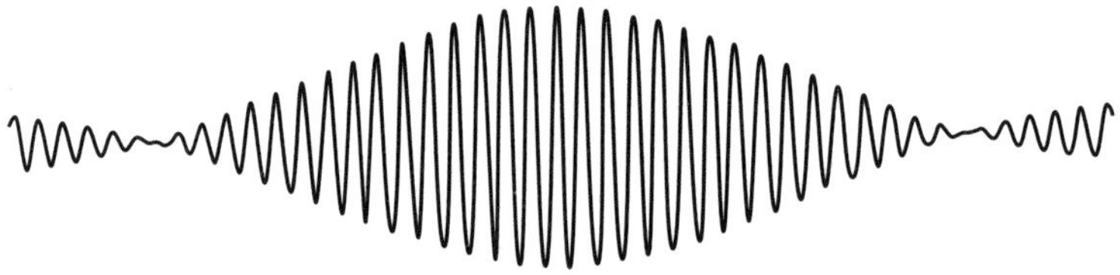

图 4　波包形式的波函数

4 线性谐振子

我们知道线性谐振子的势能为

$$U(x)=\frac{m\omega^2x^2}{2} \tag{4.1}$$

于是可以写出薛定谔方程

$$\psi''(x)+\frac{2m}{\hbar^2}\left(E-\frac{m\omega^2x^2}{2}\right)\psi(x)=0 \tag{4.2}$$

为了方便求解，我们定义两个参数

$$\xi=\sqrt{\frac{m\omega}{\hbar}}x,\quad \varepsilon=\frac{2E}{\hbar\omega} \tag{4.3}$$

代入后，原方程变为

$$\frac{\mathrm{d}^2\psi(\xi)}{\mathrm{d}\xi^2}+\left(\varepsilon-\xi^2\right)\psi(\xi)=0 \tag{4.4}$$

假设薛定谔方程的解有如下形式

$$\psi(\xi)=v(\xi)\mathrm{e}^{-\frac{\xi^2}{2}} \tag{4.5}$$

将该形式的解代入方程，得到

$$\frac{\mathrm{d}^2v(\xi)}{\mathrm{d}\xi^2}-2\xi\frac{\mathrm{d}v(\xi)}{\mathrm{d}\xi}+(\varepsilon-1)v(\xi)=0 \tag{4.6}$$

□ 薛定谔的猫

“薛定谔的猫”是由奥地利物理学家埃尔温·薛定谔提出的思想实验。实验假设一只猫被放在一个装有少量镭和氰化物的密闭容器里。如果镭衰变，氰化物会被释放，猫就会死亡。根据量子力学理论，由于镭处于衰变和没有衰变两种状态的叠加，猫也理应处于无法观测到的生与死的叠加态。这个实验不是为了描述实际情况，而是用来说明量子力学在理论和实践中的一些难题，特别是与测量和观察者效应相关的问题。图为“薛定谔的猫”实验示意图。

我们猜测方程的解是一个关于ξ的级数，即

$$u(\xi)=\sum_r a_r\xi^r \tag{4.7}$$

将猜测级数的解代入方程后，我们得到系数的递推关系

$$a_{r+2}=\frac{2r+1-\varepsilon}{(r+1)(r+2)}a_r \tag{4.8}$$

这表明存在两组独立的解，分别是为奇数的情况和为偶数的情况。只有当条件

$$\varepsilon=2n+1 \tag{4.9}$$

满足时，才会得到

$$v(\xi\to\infty)\to e^{\xi^2}$$

在这种情况下，无论是奇数还是偶数，方程的解都可以表示成厄米[1]多项式的形式

〔1〕厄米，即夏尔·埃尔米特（Charles Hermite，1822—1901年），法国数学家，法兰西科学院院士，在函数论、高等代数、微分方程等方面都有重要发现。

$$\begin{aligned}
&H_0(\xi)=1\\
&H_1(\xi)=2\xi\\
&H_2(\xi)=-2+4\xi^2\\
&H_3(\xi)=-12\xi+8\xi^3
\end{aligned} \tag{4.10}$$

厄米多项式的一般表达式为

$$H_n(\xi)=(-1)^n \mathrm{e}^{\xi^2}\frac{\mathrm{d}^n}{\mathrm{d}\xi^n}\mathrm{e}^{-\xi^2} \tag{4.11}$$

证明：将表达式代入方程，可以得到

$$H_n''-2\xi H_n'+2nH_n(\xi)=0 \tag{4.12}$$

此方程和如下方程是等价的

$$\left[\frac{\mathrm{d}^{n+2}}{\mathrm{d}\xi^{n+2}}+2\xi\frac{\mathrm{d}^{n+1}}{\mathrm{d}\xi^{n+1}}+(2+2n)\frac{\mathrm{d}^n}{\mathrm{d}\xi^n}\right]\mathrm{e}^{-\xi^2}=0 \tag{4.13}$$

对于 $n=0$，我们验证它是满足上述条件的，然后由归纳法，我们发现对于 $n=1$，2，…，方程都是满足的。这证明厄米多项式就是方程的解。

下面我们给出几个厄米多项式的性质：

a）递推性质

$$\frac{\mathrm{d}H_n(\xi)}{\mathrm{d}\xi}=2nH_{n-1}(\xi) \tag{4.14}$$

证明：把方程中的最低幂次改为 $n-1$，则与上式等价。

b）归一化性质

$$\int_{-\infty}^{\infty}H_n^2(\xi)\mathrm{e}^{-\xi^2}\mathrm{d}\xi=\sqrt{\pi}2^n n! \tag{4.15}$$

证明：利用归纳法。当 $n=0$ 时，等式是成立的，利用式（4.11）

和式（4.14），可以得到递推公式

$$\int_{-\infty}^{\infty} H_n(\xi)\mathrm{e}^{-\xi^2}\mathrm{d}\xi = 2n\int_{-\infty}^{\infty} H_{n-1}^2(\xi)\mathrm{e}^{-\xi^2}\mathrm{d}\xi \tag{4.16}$$

由此递推公式，利用归纳法，便可以得到归一化性质。

c）可积性

$$\int_{-\infty}^{\infty} H_n(\xi)\mathrm{e}^{-\xi^2}\mathrm{e}^{\mathrm{i}p\xi}\mathrm{d}\xi = \mathrm{i}^n\sqrt{\pi}p^n\mathrm{e}^{-\frac{p^2}{4}}$$

证明：对于 $n=0$ 的情况，证明是非常直接的；而对于 $n>0$ 的情况，考虑到并使用归纳法，也很容易证明以上性质。

综上所述，我们可以得到：线性谐振子的归一化本征函数为

$$\psi_n = \left(\frac{m\omega}{\hbar}\right)^{\frac{1}{4}}\frac{1}{\sqrt{\sqrt{\pi}2^n n!}}H_n(\xi)\mathrm{e}^{-\frac{\xi^2}{2}} \tag{4.17}$$

其中

$$\xi = \sqrt{\frac{m\omega}{\hbar}}x$$

解得本征能量为

$$E_n = \hbar\omega\left(n+\frac{1}{2}\right) \tag{4.18}$$

5 WKB 近似法

WKB 近似法是求解量子力学中某些问题的一种近似方法。它是以温策尔（Wentzel）[1]、克拉默斯（Kramers）[2]、布里渊（Brillouin）[3]三人的名字命名的。下面，我们介绍这种近似方法。

首先我们取定态薛定谔方程为

$$\psi''(x)+\frac{2m}{\hbar^2}\left[E-U(x)\right]\psi(x)=0 \tag{5.1}$$

令

$$g=\frac{2m}{\hbar^2}\left[E-U(x)\right]=\frac{m^2v^2}{\hbar^2}$$

其中 v 是经典速度。于是可以将方程改写成

$$\psi''(x)+g(x)\psi(x)=0 \tag{5.2}$$

---

〔1〕格雷戈尔·温策尔（Gregory Wentzel，1898—1978 年），德国物理学家，对量子力学有突出贡献。

〔2〕亨德里克·安东尼·汉斯·克拉默斯（Hendrik Anthony Hans Kramers，1894—1952 年），荷兰物理学家。

〔3〕莱昂·尼古拉·布里渊（Léon Nicolas Brillouin，1889—1969 年），法国物理学家，在量子力学、大气中无线电波传递、固体物理以及信息论方面有突出贡献。

下面我们分情况讨论。

a）第一种情况：假设 $g(x)>0$ 。可以引入代换

$$\psi(x)=\mathrm{e}^{\mathrm{i}y(x)} \tag{5.3}$$

将其代入（5.2），就可以得到

$$y'^2-\mathrm{i}y''=g \tag{5.4}$$

我们首先猜测 $y'(x)\approx\sqrt{g(x)}$ ，并将其作为方程的解，代入后得到

$$\frac{y''}{y'^2}=\frac{g'}{2g^{3/2}} \tag{5.5}$$

当 $|g'|\ll 2g^{3/2}$ 时，很容易发现这是一个很合理的近似解。

现在我们对以上猜测解做一个小的修正，令

$$y'(x)=\sqrt{g(x)}+\varepsilon(x) \tag{5.6}$$

附加的项 $\varepsilon(x)$ 是一个小量，因此我们忽略了 ε^2 和 ε' 、ε'' 等高阶项。

将猜测解（5.6）代入原方程后，我们得到

$$g+2\varepsilon\sqrt{g}-\mathrm{i}\frac{g'}{2\sqrt{g}}=g$$

整理后得到

$$\varepsilon=\frac{\mathrm{i}g'}{4g}$$

代入修正的猜测解，并对 $\mathrm{d}x$ 积分后得到

$$y(x)\approx\int\left[\sqrt{g(x)}+\mathrm{i}\frac{g'(x)}{4g(x)}\right]\mathrm{d}x$$

$$=\int\sqrt{g(x)}\mathrm{d}x+\frac{\mathrm{i}}{4}\ln g(x) \tag{5.7}$$

由此，我们可以计算出最初的波函数为

$$\psi(x)=\mathrm{e}^{\mathrm{i}y(x)}\approx\frac{1}{\left[g(x)\right]^{1/4}}\mathrm{e}^{\mathrm{i}\int\sqrt{g(x)}\mathrm{d}x} \tag{5.8}$$

这是薛定谔方程的一个近似解。

另一个解为

$$\psi(x)=\mathrm{e}^{-\mathrm{i}y(x)}\approx\frac{1}{\left[g(x)\right]^{1/4}}\mathrm{e}^{-\mathrm{i}\int\sqrt{g(x)}\mathrm{d}x} \tag{5.9}$$

由微分方程的性质我们知道，两个解（5.8）和（5.9）的线性组合也是薛定谔方程的解，即完整的波函数应该为

$$\psi(x)\approx\frac{1}{\left[g(x)\right]^{1/4}}\cdot\sin\left[\int\sqrt{g(x)}\mathrm{d}x+C\right]$$

其中 C 表示常数。这就是用 WKB 方法所求得的薛定谔方程的解。

注意：通过这个解，我们可以得到以下近似关系

$$|\psi|^2\sim\frac{1}{\sqrt{g(x)}}\sim\frac{1}{V}\sim t$$

其中，t 是经典情况下系统在 x 处度过的时间。这说明量子力学和经典情况是对应的，一个粒子在某处出现的概率和它在经典情况下在 x 处度过的时间 t 是差不多的。

b）第二种情况：假设 $g(x)<0$。可以发现此时与 $g(x)>0$ 的情况类似，于是可以得到薛定谔方程的解为

$$\psi(x)\sim\frac{1}{\left[-g(x)\right]^{1/4}}\mathrm{e}^{\pm\int\sqrt{-g(x)}\mathrm{d}x} \tag{5.10}$$

接下来，我们就要把所获得的方程的两个解，即两个波函数，在 $g(x)$ 改变符号之处连接起来（见图 5）。

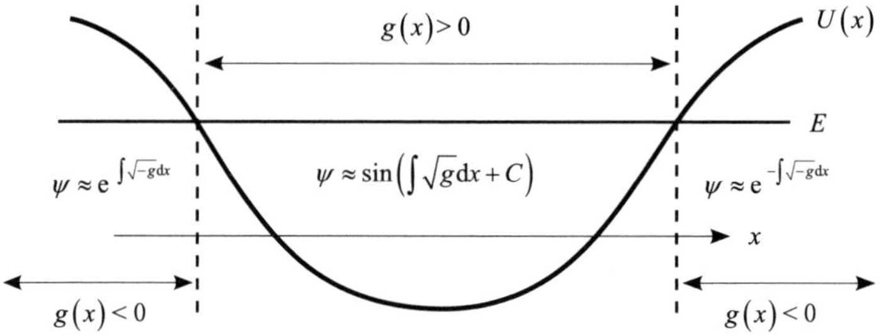

图 5　$g(x)$ 的分布情况

我们发现薛定谔方程在形式上与下述方程相似

$$\omega''(x) + x\omega(x) = 0 \tag{5.11}$$

此方程的解为

$$\omega(x) = \sqrt{x}\left[C_1 J_{1/3}\left(\frac{2}{3}x^{2/3}\right) + C_2 N_{1/3}\left(\frac{2}{3}x^{2/3}\right)\right] \tag{5.12}$$

其中，$J(x)$ 为贝塞尔（Bessel）函数[1]（也称为“第一类 Bessel 函数”），$N(x)$ 为诺伊曼（Neumann）函数[2]（也称为“第二类 Bessel 函数”）。

---

〔1〕弗里德里希·威廉·贝塞尔（Friedrich Wilhelm Bessel，1784—1846 年），德国天文学家、数学家，天体测量学的奠基人之一。贝塞尔函数是贝塞尔方程的解，贝塞尔于 1824 年首次描述了它们。

〔2〕诺伊曼函数为贝塞尔方程的第二解。卡尔·戈特弗里德·诺伊曼（Carl Gottfried Neumann，1832—1925 年），德意志帝国时期的数学家。

我们合理选择上式中的线性组合系数，使得当$x\to-\infty$时，方程的解趋于0。这样，我们就得到

$$
\begin{cases}
\omega(x)=\dfrac{1}{2(-x)^{1/4}}\cdot \mathrm{e}^{-2/3(-x)^{3/2}}, & x\to-\infty \\
\omega(x)=\dfrac{1}{x^{1/4}}\sin\left(\dfrac{2}{3}x^{3/2}+\dfrac{\pi}{4}\right), & x\to\infty
\end{cases}
\tag{5.13}
$$

与 WKB 近似法得到的结果比较后，我们就得到了最终的结果。

结论：在$g(x)>0$的区域的每个端点附近添加$\dfrac{\pi}{4}$相位后，这两种解就彼此类似。所以，可以使用这种方法来研究波函数$\psi(x)$的性质。

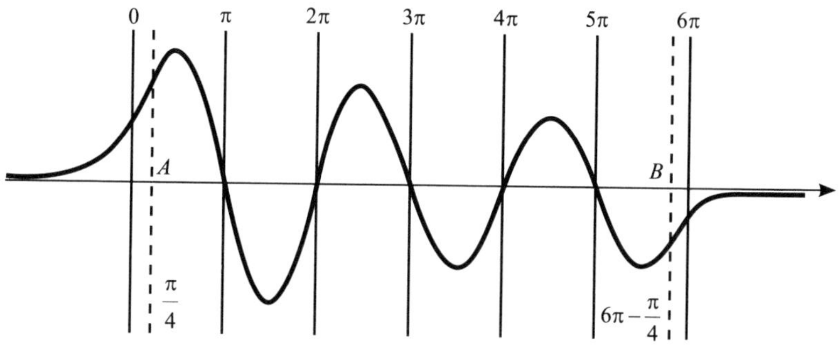

图 6　波函数的大致图像

在图6中，假设在A和B之间时$g(x)>0$，在AB区域之外$g(x)<0$，计算可得B和A之间的相位差为

$$\left(n+\frac{1}{2}\right)\pi$$

其中，n为波函数$\psi(x)$在AB之间零点（即数值为0的点）的个数。根

据方程，我们可以算出相位变化为 $\int\sqrt{g(x)}\mathrm{d}x$ 。所以从 A 到 B 的衔接条件为

$$\left(n+\frac{1}{2}\right)\pi=\int_A^B\sqrt{g(x)}\mathrm{d}x=\int_A^B\frac{mV}{\hbar}\mathrm{d}x=\frac{1}{2\hbar}\oint p\mathrm{d}x$$

其中，$p=mV$ 是经典情况下的动量。

结论：我们所导出的这个条件被称为“玻尔—索末菲[1]量子化条件”

$$\oint p\mathrm{d}x=2\pi\hbar\left(n+\frac{1}{2}\right) \tag{5.14}$$

注意：如果是在闭合回路中运动，我们会得到不一样的量子化条件

$$\oint p\mathrm{d}x=2\pi\hbar n \tag{5.15}$$

或者，在无限高势垒 A 点和 B 点之间允许的区域中运动时，有

$$\oint p\mathrm{d}x=2\pi\hbar(n+1) \tag{5.16}$$

其中，n 为区域内波函数零点的个数。

〔1〕尼尔斯·亨利克·戴维·玻尔（Niels Henrik David Bohr，1885—1962 年），丹麦物理学家，哥本哈根学派的创始人，对 20 世纪物理学的发展有深远影响，于 1922 年获诺贝尔物理学奖。阿诺德·索末菲（Arnold Sommerfeld，1868—1951 年），德国物理学家，量子力学与原子物理学的鼻祖，对原子结构及原子光谱理论有巨大贡献，是教导过最多诺贝尔物理学奖得主的人。

6　球函数

6.1　勒让德[1]多项式

此多项式可以由如下微分定义

$$P_l(x)=\frac{1}{2^l l!}\cdot\frac{\mathrm{d}^l}{\mathrm{d}x^l}(x^2-1)^l \tag{6.1}$$

若 $-1 \leqslant x \leqslant +1$，勒让德多项式是勒让德方程

$$(1-x^2)P_l''-2xP_l'+l(l+1)P_l=0 \tag{6.2}$$

的解。勒让德多项式的归一化因子为

$$\int_{-1}^{+1}P_l^2(x)\mathrm{d}x=\frac{2}{2l+1} \tag{6.3}$$

勒让德多项式有两个性质：

a）正交完备性

〔1〕阿德里安－马里·勒让德（Adrien-Marie Legendre，1752—1833 年），法国数学家，主要研究领域是分析学、数论、初等几何与天体力学。他是椭圆积分理论的奠基人之一，其名字已列入巴黎埃菲尔铁塔内科学名人纪念名录中。

$$\int_{-1}^{+1} P_l(x) P_{l'}(x) \mathrm{d}x = 0 \text{（当 } l \neq l' \text{）} \tag{6.4}$$

b）递推关系

l 阶多项式可以由如下递推关系得出

$$P_l = \frac{2l-1}{l} x P_{l-1} - \frac{l-1}{2} P_{l-2} \tag{6.5}$$

由此我们可以得到勒让德多项式的前几项为

$$\begin{cases} P_0 = 1 \\ P_1 = x \\ P_2 = \frac{3}{2}x^2 - \frac{1}{2} \\ P_3 = \frac{5}{2}x^3 - \frac{3}{2}x \\ P_4 = \frac{35}{8}x^4 - \frac{15}{4}x^2 + \frac{3}{8} \\ P_5 = \frac{63}{8}x^5 - \frac{35}{4}x^3 + \frac{15}{8}x \\ P_l(1) = 1 \end{cases} \tag{6.6}$$

勒让德多项式的另一个定义式为

$$\frac{1}{\sqrt{1-2rx+r^2}} = \sum_{l=0}^{\infty} P_l(x) r \tag{6.7}$$

等式左边被称为“母函数”，右边的多项式为母函数按 r 的级数展开得到的，其限制条件为 $0 < r < 1$，勒让德多项式就是右边多项式的展开系数。

6.2 球函数

我们可以用勒让德多项式来构造球函数（又称为“球谐函数”或“球

面调和函数”）。其定义式为

$$Y_{lm}(\theta,\ \varphi)=\frac{1}{N_{lm}}\mathrm{e}^{\mathrm{i}m\varphi}\sin^{|m|}\theta\frac{\mathrm{d}^{|m|}\mathrm{P}_l(\cos\theta)}{\mathrm{d}(\cos\theta)^{|m|}} \tag{6.8}$$

其中

$$\frac{1}{N_{lm}}=\pm\frac{1}{\sqrt{2\pi}}\sqrt{\frac{2l+1}{2}\cdot\frac{(l-|m|)!}{(l+|m|)!}}$$

对于 $m\leqslant 0$，上式符号取 +；对于 $m>0$，上式符号取 $(-1)^m$。或者我们可以把它统一写成

$$\frac{1}{N_{lm}}=(-1)^{\frac{m+|m|}{2}}\cdot\frac{1}{\sqrt{2\pi}}\sqrt{\frac{2l+1}{2}\cdot\frac{(l-|m|)!}{(l+|m|)!}}$$

球函数的归一化方程为

$$\int_{4\pi}Y_{lm}^{*}Y_{l'm'}\mathrm{d}\omega=\delta_{ll'}\delta_{mm'} \tag{6.9}$$

这也体现了球函数的正交性。

球函数的微分方程为

$$\wedge Y_{lm}+l(l+1)Y_{lm}=0 \tag{6.10}$$

其中，$\wedge$ 为拉普拉斯算符的角向部分。

$$\wedge=\frac{1}{\sin\theta}\cdot\frac{\partial}{\partial\theta}\left(\cos\theta\frac{\partial}{\partial\theta}\right)+\frac{1}{\sin^2\theta}\frac{\partial^2}{\partial\varphi^2} \tag{6.11}$$

球函数具有如下性质

$$\begin{cases}\nabla^2\left(r^lY_{lm}\right)=0\\ \nabla^2\left(r^{-l-1}Y_{lm}\right)=0\ \text{（除坐标原点外，处处满足。）}\end{cases} \tag{6.12}$$

球坐标$(r,\ \theta,\ \varphi)$下完整的拉普拉斯算符为

$$\Delta=\nabla^2=\frac{\partial^2}{\partial r^2}+\frac{2}{r}\cdot\frac{\partial}{\partial r}+\frac{1}{r^2}\wedge \tag{6.13}$$

注意： 任意函数都可以按球函数展开为

$$\begin{cases}f(\theta,\ \varphi)=\sum C_{lm}Y_{lm}(\theta,\ \varphi)\\ C_{lm}=\int_{4\pi}f(\theta,\ \varphi)Y_{lm}^{*}\,\mathrm{d}\omega\end{cases} \tag{6.14}$$

下面给出球函数的一些特殊值

$$Y_{0,0}=\frac{1}{\sqrt{4\pi}}$$

$$Y_{1,0}=\sqrt{\frac{3}{4\pi}}\cos\theta$$

$$Y_{1,\pm1}=\mp\sqrt{\frac{3}{8\pi}}\sin\theta\mathrm{e}^{\pm\mathrm{i}\varphi}$$

$$Y_{2,\pm1}=\mp\sqrt{\frac{15}{8\pi}}\sin\theta\cos\theta\mathrm{e}^{\pm\mathrm{i}\varphi}$$

$$Y_{2,\pm2}=\frac{1}{4}\sqrt{\frac{15}{2\pi}}\sin^2\theta\mathrm{e}^{\pm2\mathrm{i}\varphi}$$

$$Y_{3,0}=\sqrt{\frac{7}{4\pi}}\left(\frac{5}{2}\cos^3\theta-\frac{3}{2}\cos\theta\right)$$

$$Y_{3,\pm1}=\mp\frac{1}{4}\sqrt{\frac{21}{4\pi}}\sin\theta\left(5\cos^2\theta-1\right)\mathrm{e}^{\pm\mathrm{i}\varphi}$$

$$Y_{3,\pm2}=\frac{1}{4}\sqrt{\frac{105}{2\pi}}\sin^2\theta\cos\theta\mathrm{e}^{\pm2\mathrm{i}\varphi}$$

$$Y_{3,\pm3}=\mp\frac{1}{4}\sqrt{\frac{35}{4\pi}}\sin^3\theta\mathrm{e}^{\pm3\mathrm{i}\varphi}$$

7 中心力场

如果一个粒子的势能 $U(r)$ 只依赖于原点到粒子的距离 r，那么我们称“这个粒子处在中心力场（或中心势场）中”。在中心力场下，薛定谔方程为

$$\nabla^2\psi(r)+\frac{2m}{\hbar^2}\left[E-U(r)\right]\psi(r)=0 \tag{7.1}$$

取球坐标系，我们得到

$$\frac{\partial^2\psi}{\partial r^2}+\frac{2}{r}\frac{\partial\psi}{\partial r}+\frac{1}{r^2}\wedge\psi+\frac{2m}{\hbar^2}\left[E-U(r)\right]\psi=0 \tag{7.2}$$

将 $\psi(r, \theta, \varphi)$ 按球函数展开，得到

$$\psi(r, \theta, \varphi)=\sum_{nlm}R_{nl}(r)\mathrm{Y}_{l,m}(\theta, \varphi) \tag{7.3}$$

将展开式代入（7.2），可以得到

$$\sum_{nlm}Y_{lm}\frac{\mathrm{d}^2R_{nl}}{\mathrm{d}r^2}+\Sigma\left(\frac{2}{r}Y_{lm}\frac{\mathrm{d}R_{nl}}{\mathrm{d}r}+\frac{R_{nl}}{r^2}\wedge Y_{lm}\right)+\frac{2m}{\hbar^2}(E-U)\psi=0$$

利用公式（6.10），方程变为

$$\sum_{nlm}Y_{lm}(\theta\varphi)\left[R''_{nl}(r)+\frac{2}{r}R'_{nl}-\frac{l(l+1)}{r^2}R_{nl}+\frac{2m}{\hbar^2}(E-U)R_{nl}\right]=0 \tag{7.4}$$

用 $Y^*_{lm}\mathrm{d}\omega$ 乘以上式并进行积分，由于波函数满足归一化方程，我们得到

$$R''_{nl}+\frac{2}{r}R'_{nl}+\frac{2m}{\hbar^2}\left[E-U(r)-\frac{\hbar^2}{2m}\cdot\frac{l(l+1)}{r^2}\right]R_{nl}=0 \tag{7.5}$$

注意：此时方程中已经没有脚标 m。

方程（7.5）的每一个解对应于方程的 $2l+1$ 个解。下面我们给出一个很有用的代换式

$$R_{nl}(r)=r^{-1}v_{nl}(r) \tag{7.6}$$

代入方程（7.5），我们得到

$$v''_{nl}(r)+\frac{2m}{\hbar^2}\left[E-U(r)-\frac{\hbar^2}{2m}\cdot\frac{l(l+1)}{r^2}\right]v_{ln}(r)=0 \tag{7.7}$$

不同的 l 代表不同的状态，我们用不同的字母来表示这些不同的状态

$l=0$ $l=1$ $l=2$ $l=3$ $l=4$ $l=5$ $l=6$

s p d f g h i

我们将在后面证明 $\hbar l$ 正比于角动量 M。

现在考虑中心力场中有两个有质量的粒子，它们的坐标分别为 r_1 和 r_2，它们的相对位置为 $r=|r_1-r_2|$，此时系统的薛定谔方程为

$$\frac{1}{m_1}\nabla_1^2\psi+\frac{1}{m_2}\nabla_2^2\psi+\frac{2}{\hbar^2}\left[E-U(r)\right]\psi=0 \tag{7.8}$$

此时的波函数是两个粒子的坐标的函数，即 $\psi=\psi(r_1,r_2)$。

现在我们做一个坐标代换

$$x=x_2-x_1$$

$$X=\frac{m_1x_1+m_2x_2}{m_1+m_2}$$

$$R = \frac{m_1 r_1 + m_2 r_2}{m_1 + m_2}$$

x 表示两个粒子的相对坐标，X 表示质心的坐标，其他坐标轴类似。在新的坐标中，我们得到

$$\nabla^2 = \frac{\partial^2}{\partial x^2} + \frac{\partial^2}{\partial y^2} + \frac{\partial^2}{\partial z^2}$$

$$\nabla_g^2 = \frac{\partial^2}{\partial X^2} + \frac{\partial^2}{\partial Y^2} + \frac{\partial^2}{\partial Z^2} \tag{7.9}$$

于是我们可以推出

$$\frac{1}{m_1}\nabla_1^2 + \frac{1}{m_2}\nabla_2^2 = \frac{1}{m_1 + m_2}\nabla_g^2 + \frac{1}{m}\nabla^2 \tag{7.10}$$

其中，$m = \frac{m_1 m_2}{m_1 + m_2}$ 表示折合质量。

因此，方程（7.8）变为

$$\frac{1}{m_1 + m_2}\nabla_g^2 \psi + \frac{1}{m}\nabla^2 \psi + \frac{2}{\hbar^2}\left[E - U(r)\right]\psi = 0 \tag{7.11}$$

令方程的解为

$$\psi(r,\ R) = \sum_k \omega_k(x) \mathrm{e}^{\mathrm{i}k \cdot R} \tag{7.12}$$

将其代入式（7.11）并做傅里叶变换[1]，我们得到

---

〔1〕傅里叶变换是指将满足一定条件的某个函数表示成三角函数（正弦或余弦函数）或者是它们的积分的线性组合。让・巴普蒂斯・约瑟夫・傅里叶（Jean Baptiste Joseph Fourier，1768—1830 年），法国著名数学家、物理学家，对 19 世纪的数学和物理学的发展都产生了深远影响。

$$\nabla^2\omega_k + \frac{2m}{\hbar^2}\left[E_{\text{rel}} - U(r)\right]\omega_k = 0 \tag{7.13}$$

其中，$E_{\text{rel}} = E - \frac{(\hbar k)^2}{2(m_1 + m_2)}$，我们称之为“折合能量”，而 $\frac{(\hbar k)^2}{2(m_1 + m_2)}$ 表示质心的动能。现在，问题变成了一个单粒子的问题，就可以使用之前学过的知识求解了。

结论：此处我们把粒子的坐标分解为质心坐标和相对坐标，使得两个粒子的复杂运动变为质心的运动和相对质心的运动，这和经典力学中的情况非常类似！

8 氢原子

在本章中，我们将求解氢原子的波函数。由于核外电子质量相对于原子核来说很小，所以可以忽略原子核的运动。同时，经简单计算后我们发现，可以使用电子质量 m 代替折合质量。

8.1 氢原子的波函数

在氢原子问题中，电子只受原子核的库仑[1]力，其库仑势能为

$$U=-\frac{Ze^2}{r} \tag{8.1}$$

对于氢原子，原子序数 $Z=1$，径向波函数所满足的方程此处可以写为

$$v''(r)+\frac{2m}{\hbar^2}\left[E+\frac{Ze^2}{r}-\frac{\hbar^2}{2m}\cdot\frac{l(l+1)}{r}\right]v(r)=0 \tag{8.2}$$

引入变量

〔1〕查利 · 奥古斯丁 · 德 · 库仑（Charles-Augustin de Coulomb，1736—1806 年），法国工程师、物理学家，主要贡献有扭秤实验、库仑定律、库仑土压力理论等，他被称为“土力学之始祖”。电荷的单位库仑就是以他的姓氏命名的。

$$x = \frac{2r}{r_0}$$

$$r_0 = \sqrt{\frac{\hbar^2}{2m|E|}}$$

$$A = \frac{Ze^2}{2r_0|E|} = \sqrt{\frac{mZ^2e^4}{2\hbar^2|E|}} \tag{8.3}$$

代入（8.2）后得到

$$\frac{\mathrm{d}^2 v}{\mathrm{d}x^2} + \left[\pm\frac{1}{4} + \frac{A}{x} - \frac{l(l+1)}{x^2}\right]v = 0 \tag{8.4}$$

对于 $E>0$ 的情况，方程中取“+”号；对于 $E<0$ 情况，则方程中取“−”号。令

$$g(x) = \pm\frac{1}{4} + \frac{A}{x} - \frac{l(l+1)}{x^2}$$

我们用图像的方式来分析一下 $g(x)$ 的性质，见图 7。

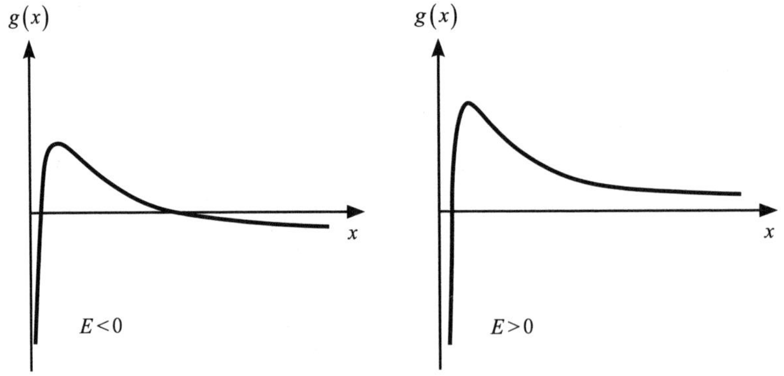

图 7 函数 $g(x)$ 的图像

当 $E<0$ 时，若 $x\to\infty$，方程的解有一个渐进趋势

$$v(x)\to \mathrm{e}^{\pm\frac{x}{2}}$$

由于波函数在 $x\to\infty$ 时应该为有限值，所以我们需要舍去 $v(x)\to \mathrm{e}^{+\frac{x}{2}}$ 的解。由于这一附加条件的要求，我们要调整对系统的限制，此时系统的能量 E 只能取分立的值。

当 $E>0$ 时，若 $x\to\infty$，我们可以得到方程的解

$$v(x)\to \sin\frac{x}{2}$$

或

$$v(x)\to \cos\frac{x}{2}$$

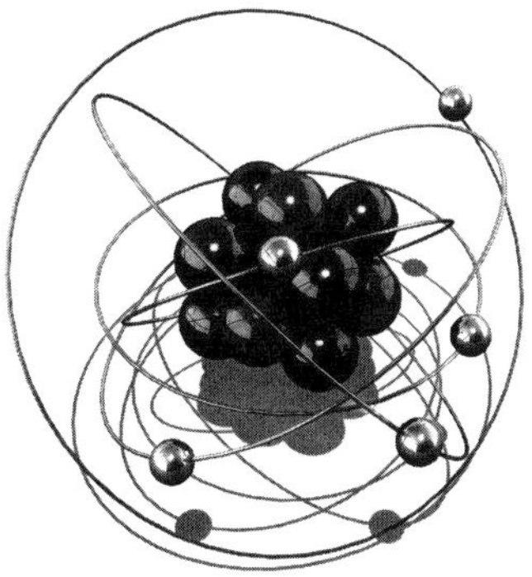

□ **氢原子**

氢原子即氢元素的原子。其模型是电中性的，原子含有一个正价的质子与一个负价的电子，皆遵守库仑定律而被束缚于原子内。1913年，尼尔斯·玻尔（Niels Bohr，1885—1962年）成功计算出氢原子的光谱频率，但由于它保留了过多的经典物理理论（牛顿第二定律、向心力、库仑力等），故无法运用在其他原子光谱的解释上，直到薛定谔方程的出现，才以严谨的量子力学分析，清楚地解释了玻尔模型正确的原因。图为氢原子的结构示意图。

当 $x\to\infty$，时没有任何边界条件的限制，所以所有满足 $E>0$ 的能量都是允许的。

下面我们考虑能量为分立值的情况。假设 $E<0$，这时方程为

$$\frac{\mathrm{d}^2v}{\mathrm{d}x^2}+\left[-\frac{1}{4}+\frac{A}{x}-\frac{l(l+1)}{x^2}\right]v=0 \tag{8.5}$$

我们猜测方程有如下形式的解

$$v(x)=\mathrm{e}^{-\frac{x}{2}}y(x) \tag{8.6}$$

其中，$y(x)$ 表示一待定的函数。将其代入（8.5），得到

$$y''-y'+\left[\frac{A}{x}-\frac{l(l+1)}{x^2}\right]y=0 \tag{8.7}$$

这个方程在 $x\to 0$ 时有两个解，分别为

$$y=x^{l+1}$$

$$y=x^{-l}$$

其中，第二个解 $y=x^{-l}$ 对应的波函数为 $\psi(x)\sim r^{-l-1}$，当 $l\geqslant 1$ 时，它在原点处的归一化是发散的，因此我们舍去这个解。当 $l=0$ 时，我们也要舍弃这个解，因为此时

$$\psi\sim\frac{1}{r}$$

并且

$$\nabla^2\frac{1}{r}=-4\pi\delta(\boldsymbol{r})$$

此解在原点有奇异性，但是在势能中没有这样的奇点！

因此，我们只能取 $y(x\to 0)=x^{l+1}$。所以我们猜测，被允许的解应该满足如下形式

$$y(x)=x^{l+1}\sum_{s=0}^{\infty}a_s x^s \tag{8.8}$$

将其代入方程（8.7）后，我们发现级数的系数满足一个递推公式

$$a_{s+1}=\frac{s+l+1-A}{(s+1)(s+2l+2)}a_s \tag{8.9}$$

一般情况下，表达式（8.8）应该是一个无穷级数，因为当 $x\to\infty$ 时，

$y(x) \to e^x$，此时波函数 $\psi \to e^{\frac{x}{2}}$，它在无限远处非常大，是发散的。而只有当 A 取一些特殊的整数值时，即

$$A = n = n' + l + 1 \tag{8.10}$$

我们才能得到可以接受的解（其中 n' 为非负整数）。此时，无穷级数退化为多项式。由式（8.10）和（8.3）我们得到

$$E_n = -\frac{mZ^2e^4}{2\hbar^2n^2}, \quad n = l+1, \ l+2, \cdots \tag{8.11}$$

我们把 n 称为“主量子数”，把 l 称为“角量子数”。

对于氢原子来说，我们可以把能量写成[1]

$$E_n = -R_\infty\left(\frac{1}{n^2}\right)$$

其中

$$R_\infty = \frac{me^4}{2\hbar^2}$$

$$= 21.795 \times 10^{-12}\ \text{erg}$$

$$= 13.605\ \text{eV}$$

$$= 109\ 737.315\ 681\ 60\ (12)\ \text{cm}^{-1}$$

---

[1] 此处计算的能量实际应是波数：$\tilde{\nu} = R_\infty\left(\frac{1}{n^2}\right)$。它与能量的关系为 $E = hc\tilde{\nu}$，故 $|E| = hcR_\infty$。由此计算出的能量为 13.605eV，并且这里的推导省略了一些常数项，电子能量的完整表达式为 $E_n = -\frac{m_e e^4}{(4\pi\varepsilon_0)^2 \cdot 2\hbar^2 n^2}$。里德伯常量的完整表达式为 $R = \frac{2\pi me^4}{(4\pi\varepsilon_0)^2 \cdot ch^3}$，所以计算出的值为 109 737.315 681 60（12）cm^{-1}。——译者注

我们将其称为“里德伯[1]常量”（Rydberg constant），它的下标之所以是∞，是因为我们此时考虑的是原子核不动的情况，而只有当原子核质量为∞时，它才可能不动。

由公式（8.9），我们可以把级数解用拉盖尔[2]多项式表示。首先介绍一下拉盖尔多项式，k 阶拉盖尔多项式的微分表达式为

$$L_k(x)=\mathrm{e}^x\frac{\mathrm{d}^k}{\mathrm{d}x^k}\left(x^k\mathrm{e}^{-x}\right) \tag{8.12}$$

我们可以计算它的一些低阶项

$$\begin{cases} L_0(x)=1 \\ L_1(x)=1-x \\ L_2(x)=2-4x+x^2 \\ L_3(x)=6-18x+9x^2-x^3 \end{cases} \tag{8.13}$$

现在我们令

$$f(x)=x^k\mathrm{e}^{-x} \tag{8.14}$$

则拉盖尔多项式可以写成

$$L_k(x)=\mathrm{e}^x f^{(k)}(x) \tag{8.15}$$

---

〔1〕约翰内斯·罗伯特·里德伯（Johannes Robert Rydberg，1854—1919 年），瑞典物理学家、数学家，光谱学的奠基人之一。

〔2〕埃德蒙·尼古拉斯·拉盖尔（Edmond Nicolas Laguerre，1834—1886 年），法国数学家。原书此处没有详细的推导，若读者感兴趣，可以参阅：顾樵，《量子力学》，科学出版社，2014。

容易证明关系式

$$xf'(x)=(k-x)f(x)$$

是成立的。对它进行 $k+1$ 次微分，可以得到

$$xf^{(k+2)}(x)+(x+1)f^{(k+1)}(x)+(k+1)f^{(k)}(x)=0 \tag{8.16}$$

由拉盖尔多项式的定义，我们知道

$$f^{(k)}(x)=\mathrm{e}^{-x}L_k(x) \tag{8.17}$$

代入方程（8.16），得到

$$xL_k''(x)+(1-x)L_k'(x)+kL_k(x)=0 \tag{8.18}$$

这就是拉盖尔微分方程。

对方程（8.12）做 j 次微分，得到

$$L_k^{(j)}(x)=\frac{\mathrm{d}^j}{\mathrm{d}x^j}\left[\mathrm{e}^x\frac{\mathrm{d}^k}{\mathrm{d}x^k}\left(x^k\mathrm{e}^{-x}\right)\right]$$

再对式（8.18）做 j 次微分，可以得到

$$\begin{aligned}&\frac{\mathrm{d}^j}{\mathrm{d}x^j}\left[xL_k''(x)+(1-x)L_k'(x)+kL_k(x)\right]\\&=xL_k^{(j+2)}+(j+1-x)L_k^{(j+1)}+(k-j)L_k^{(j)}(x)=0\end{aligned} \tag{8.19}$$

于是可以得到拉盖尔多项式的归一化条件

$$\int_0^\infty L_k^{(j)}(x)L_{k'}^{(j)}(x)x^j\mathrm{e}^{-x}\mathrm{d}x=\frac{(k!)^3}{(k-j)!}\delta_{kk'} \tag{8.20}$$

这就是径向方程（7.5）的解。

现在我们就可以完整地分析氢原子的问题，同时考虑其波函数的径向部分和角向部分。通过之前的求解，我们可以得到氢原子的薛定谔方

程的解为

$$\psi_{nlm} = R_{nl}(r)\mathrm{Y}_{lm}(\theta, \varphi) \tag{8.21}$$

$$R_{nl}(r) = \sqrt{\frac{4(n-l-1)!}{a^3 n^4 \left[(n+l)!\right]^3}}\,\mathrm{e}^{-\frac{r}{na}}\left(\frac{2r}{na}\right)^l L_{n+1}^{(2l+1)}\left(\frac{2r}{na}\right) \tag{8.22}$$

其中

$$a = \frac{\hbar^2}{me^2} \cdot \frac{1}{Z} \tag{8.23}$$

当 $Z = 1$ 时，我们把 $a = \frac{\hbar^2}{me^2} = 0.529\ 177\ 210\ 903\ 80 \times 10^{-8}$ cm 称为“玻尔半径”。（注意：这是原子核质量为 ∞ 的情况。）

我们具体计算几个本征波函数的值。原子态 1s 表示量子数取 $n=1$，$l=0$，$m=0$，m 为磁量子数，它是角动量在 z 轴上的投影，只能取分立的整数值，即

$$|m| \leqslant l,\ m = 0, \pm 1, \pm 2, \cdots, \pm l$$

此时的波函数为

$$\psi(1\mathrm{s}) = \frac{1}{\sqrt{\pi a^3}}\mathrm{e}^{-\frac{r}{a}} \tag{8.24}$$

态 2s 表示量子数取 $n=2$，$l=0$，$m=0$，波函数为

$$\psi(2\mathrm{s}) = \frac{\left(2-\frac{r}{a}\right)\mathrm{e}^{-\frac{r}{2a}}}{4\sqrt{2\pi a^3}} \tag{8.25}$$

态 2p 表示量子数取 $n=2$，$l=1$，m 可以取 3 个值，分别为 0，-1 和 1，所以此时有 3 个波函数

$$\begin{cases} \psi(2\mathrm{p}) = \dfrac{\dfrac{r}{a}\mathrm{e}^{-\frac{r}{2a}}}{8\sqrt{\pi a^3}} \cdot \sin\theta \mathrm{e}^{-\mathrm{i}\varphi}, \quad m=-1 \\ \psi(2\mathrm{p}) = \dfrac{\dfrac{r}{a}\mathrm{e}^{-\frac{r}{2a}}}{8\sqrt{\pi a^3}} \cdot \sqrt{2}\cos\theta, \quad m=0 \\ \psi(2\mathrm{p}) = \dfrac{\dfrac{r}{a}\mathrm{e}^{-\frac{r}{2a}}}{8\sqrt{\pi a^3}} \left(-\sin\theta \mathrm{e}^{\mathrm{i}\varphi}\right), \quad m=1 \end{cases} \tag{8.26}$$

注意：态 s 的波函数是唯一一个满足 $\psi(r=0)\neq 0$ 的态，此时

$$\psi_{ns}(r=0) = \frac{1}{\sqrt{\pi a^3 n^3}} \tag{8.27}$$

此处我们可以定性地讨论一下氢原子和类氢原子的能谱图像：如图 8，阴影部分表示连续谱，能级是连续的。我们还可以讨论它们的能级简并性质。

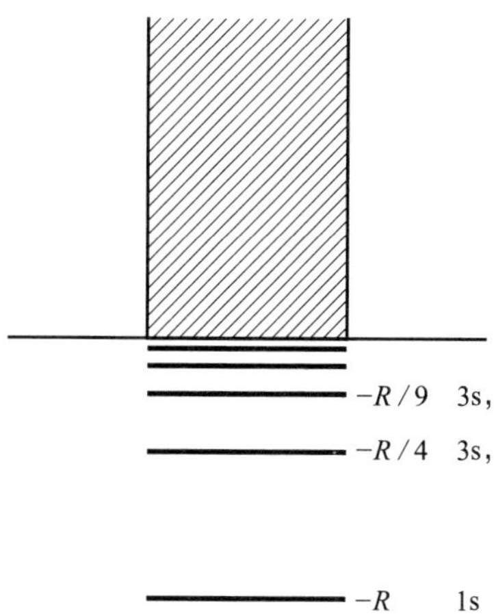

图 8 氢原子和类氢原子的分立能谱和连续能谱

由之前的分析我们知道，1 个波函数由 3 个量子数描述，分别为 n、l、m。主量子数 n 唯一确定波函数的能量本征值，所以由 l 和 m 区分的不同的本征态是简并的。我们知道，当 n 确定后，l 的取值为 $l=0$，1，2，…，$n-1$，一共有 n 个不同的状态，即有 n 重简并，这种简并是由库仑场带来的。而当 l 确定后，我们知道磁量子数 m 的限制条件为 $|m| \leqslant l$，一共有 $2l+1$ 个状态，即 $2l+1$ 重简并。综上所述，我们可以计算出主量子数为 n 的系统的总简并度为

$$\sum_{l=0}^{n-1}(2l+1)=n^2$$

8.2 修正的库仑势能

现在我们考虑将库仑势能稍加修正。当我们考虑介质中电子之间的相互作用时，电子受到的势能就不是严格和距离成反比了，而需要加上一个小的修正项，比如下面这种情况

$$U(r)=-\frac{Ze^2}{r}\left(1+\frac{\beta}{r}\right) \tag{8.28}$$

这时径向的波函数变为

$$v''+\left[-\frac{1}{4}+\frac{A}{x}+\frac{2A\beta}{r_0}\cdot\frac{1}{x^2}-\frac{l(l+1)}{x^2}\right]v=0 \tag{8.29}$$

令

$$l'(l'+1)=l(l+1)-\frac{2A\beta}{r_0}=l(l+1)-\frac{2\beta}{a} \tag{8.30}$$

只要做代换$l'\to l$，关于v的方程（8.29）就变为类似式（8.5）的形式。不同的是，方程（8.5）中的l是整数，而这里的l'是非整数。

容易求得此时方程的本征值为

$$\begin{aligned}A&=n'+l'+1\\&=n'+1+l-(l-l')\\&=n-(l-l')\\&=n-a_l\end{aligned}\tag{8.31}$$

其中n'为整数。这样算出的能量为

$$E_{nl}=-\frac{me^4Z^2}{2\hbar^2(n-a_l)^2}\tag{8.32}$$

可以看出，由于库仑势能的修正，体系的简并度减小了一部分（我们只是考虑了一部分，此时能级的数量减少了，但是我们并不知道l的取值情况）。

8.3 能量为正的本征函数

此时径向方程为

$$R''(r)+\frac{2}{r}R'(r)+\left[\frac{2m}{\hbar^2}\left(E+\frac{Ze^2}{r}\right)-\frac{l(l+1)}{r^2}\right]R(r)=0\tag{8.33}$$

方程的形式解为

$$R(r)=r^l\mathrm{e}^{\mathrm{i}kr}F(z)\tag{8.34}$$

其中$k^2=\dfrac{2mE}{\hbar^2}$，$z=-2\mathrm{i}kr$。将其代入（8.33），得到关于$F(z)$的方程

$$z\frac{\mathrm{d}^2F(z)}{\mathrm{d}z^2}+(2l+2-z)\frac{\mathrm{d}F(z)}{\mathrm{d}z}-(l+1-\mathrm{i}\alpha)F(z)=0\tag{8.35}$$

其中

$$\alpha=\frac{me^2Z}{\hbar^2k} \tag{8.36}$$

方程（8.35）的解为“合流超几何函数”（confluential hypergeometric function）

$$F(z)=F(l+1-\mathrm{i}\alpha,\ 2l+2,\ -2\mathrm{i}kr) \tag{8.37}$$

（关于合流超几何函数的定义和性质，我们将在本章的最后作简单的介绍。）

于是，我们可以得到 R_l 的渐近表达式：

$$R_l(r\to 0)\to r^l \tag{8.38}$$

$$R_l(r\to\infty)\to\frac{\mathrm{e}^{-\frac{\pi}{2}\alpha}(2l+1)!}{(2k)^l\left|\Gamma(l+1+\mathrm{i}\alpha)\right|}\cdot\frac{1}{kr}\sin\left[kr+\alpha\ln(2kr)-\frac{l\pi}{2}-\arg\Gamma\right] \tag{8.39}$$

当 $l=0$ 时

$$R_0(r\to 0)\to 1 \tag{8.40}$$

$$R_0(r\to\infty)\to\frac{\mathrm{e}^{-\frac{\alpha}{2}}}{\left|\Gamma(1+\mathrm{i}\alpha)\right|}\cdot\frac{1}{kr}\sin\left[kr+\alpha\ln(2kr)-\arg\Gamma\right] \tag{8.41}$$

其中，Γ 为伽马函数。它有如下性质

$$\Gamma(n)=(n-1)! \tag{8.42}$$

$$\left|\Gamma(1+\mathrm{i}\alpha)\right|^2=\frac{2\pi\alpha}{\mathrm{e}^{\pi\alpha}-\mathrm{e}^{-\pi\alpha}} \tag{8.43}$$

$$\Gamma(1+z)\cdot\Gamma(1-z)=\frac{\pi z}{\sin\pi z} \tag{8.44}$$

合流超几何函数的定义式为

$$F(a,\ b,\ z)=1+\frac{a}{b\cdot 1!}z+\frac{a(a+1)}{b(b+1)\cdot 2!}z^2+\cdots \tag{8.45}$$

它满足以下微分方程

$$zF''(z)+(b-z)F'(z)-aF(z)=0 \tag{8.46}$$

假设 b 为整数，z 为纯虚数，则我们可以得到合流超几何函数的渐近方程

$$F(z\to \mathrm{i}\infty)=\frac{\Gamma(b)}{\Gamma(b-a)}(-z)^{-a}+\frac{\Gamma(b)}{\Gamma(a)}z^{a-b}\mathrm{e}^z \tag{8.47}$$

9 波函数的正交性

9.1 一维情况

对于不含时的波函数 $\psi(x)$，满足定态薛定谔方程，我们可以得到两个方程

$$\begin{cases} \psi_l'' + \dfrac{2m}{\hbar^2}\left[E_l - U(x)\right]\psi_l = 0 \\ \psi_k'' + \dfrac{2m}{\hbar^2}\left[E_k - U(x)\right]\psi_k = 0 \end{cases} \tag{9.1}$$

第一个方程乘以 ψ_k，第二个方程乘以 $-\psi_l$，然后两式相加，得到

$$\begin{aligned} \psi_k\psi_l'' - \psi_l\psi_k'' &= \frac{\mathrm{d}}{\mathrm{d}x}\left(\psi_k\psi_l' - \psi_l\psi_k'\right) \\ &= \frac{2m}{\hbar^2}\left(E_k - E_l\right)\psi_k\psi_l \end{aligned} \tag{9.2}$$

等式两边从 a 到 b 积分，得到

$$\psi_k\psi_l'\Big|_a^b - \psi_l\psi_k'\Big|_a^b = \frac{2m}{\hbar^2}\left(E_k - E_l\right)\int_a^b \psi_k\psi_l \mathrm{d}x \tag{9.3}$$

当 $x \to \pm\infty$ 时，一般情况下 $\psi_k, \psi_l \to 0$。因为定态波函数在全空间需要满足归一化条件，若无穷远处波函数不为 0，会导致积分发散而不满足归一化条件。

现在我们令 $a \to -\infty$， $b \to +\infty$，即对一维的全区域进行积分，就会

得到

$$0=\frac{2m}{\hbar^2}\left(E_k-E_l\right)\int_{-\infty}^{\infty}\psi_k\psi_l\mathrm{d}x \tag{9.4}$$

说明：我们也可以考虑其他类型的边界条件。如周期运动［周期性边界条件为$\psi(x)=\psi(x+T)$］

$$0=\left(E_k-E_l\right)\oint\psi_k\psi_l\mathrm{d}x \tag{9.5}$$

受限制的区域运动（在区域的两端 a 和 b 是无限高势垒）

$$0=\left(E_k-E_l\right)\int_a^b\psi_k\psi_l\mathrm{d}x \tag{9.6}$$

一般情况下，方程可以写为

$$0=\left(E_k-E_l\right)\int\psi_k\psi_l\mathrm{d}x \tag{9.7}$$

这表示对需要求解的全区域进行积分。

当 $E_k\neq E_l$ 时，为了使方程成立，我们得到

$$\int\psi_k\psi_l\mathrm{d}x=0 \tag{9.8}$$

它的含义是两个波函数的内积为 0，即表明波动方程的两个独立的解是彼此正交的，这就是波函数的正交性。

在一维问题中，通常每个能量本征值都对应于一个解（除了常数因子情况）。对于已经归一化的本征函数，有

$$\int\psi_k\psi_l\mathrm{d}x=\delta_{kl} \tag{9.9}$$

这是波函数正交性的完整表达式。

任意一个连续函数可以按本征函数展开成级数形式，其展开式为

$$\begin{cases} f(x)=\sum\limits_{k} C_k\psi_k(x) \\ C_k=\int f(x)\psi_k(x)\mathrm{d}x \end{cases} \tag{9.10}$$

9.2 三维情况

这种情况和一维情况的推导类似，我们先写出两个薛定谔方程

$$\begin{cases} \nabla^2\psi_l+\dfrac{2m}{\hbar^2}(E_l-U)\psi_l=0 \\ \nabla^2\psi_k+\dfrac{2m}{\hbar^2}(E_k-U)\psi_k=0 \end{cases} \tag{9.11}$$

第一个方程乘以 ψ_k，第二个方程乘以 $-\psi_l$，然后两式相加，得到

$$\nabla\cdot(\psi_k\nabla\psi_l-\psi_l\nabla\psi_k)=\frac{2m}{\hbar^2}(E_k-E_l)\psi_k\psi_l \tag{9.12}$$

将方程（9.12）沿着封闭曲面 σ 所包围的三维空间 τ 进行积分，n 为曲面的外法线矢量，应用高斯－奥斯特罗格拉茨基[1]定理，得到

$$\frac{\hbar^2}{2m}\oint\!\!\!\oint_\sigma\left(\psi\frac{\partial}{\partial n}\psi_l-\psi_l\frac{\partial}{\partial n}\psi_k\right)\mathrm{d}\sigma=(E_k-E_l)\oint\!\!\!\oint\!\!\!\oint_\tau\psi_k\psi_l\mathrm{d}\tau \tag{9.13}$$

一般来说，在积分区域 τ 的边界（即曲面 σ）上，波函数 $\psi_k\to 0$，

---

〔1〕约翰·卡尔·弗里德里希·高斯（Johann Carl Friedrich Gauss，1777—1855 年），德国著名数学家、物理学家、天文学家、几何学家、大地测量学家，被誉为“数学王子”。1840 年与韦伯一同画出世界上第一张地球磁场图。米哈伊尔·瓦西里耶维奇·奥斯特罗格拉茨基（Mikhail Vasilievi-ch Ostrogradsky，1801—1862 年），俄国理论力学学派创始人，彼得堡数学学派奠基人之一。

$\psi_l \to 0$，将其代入，我们得到

$$0=(E_k-E_l)\int_\tau \psi_k \psi_l \mathrm{d}\tau \tag{9.14}$$

当$E_k \neq E_l$时

$$\int_\tau \psi_k \psi_l \mathrm{d}\tau = 0 \tag{9.15}$$

如果每个能量本征值只有一个本征函数与之对应，我们称此时系统是非简并的。将本征函数归一化后，我们得到

$$\int_\tau \psi_k \psi_l \mathrm{d}\tau = \delta_{kl} \tag{9.16}$$

这个关系式体现了非简并系统归一化本征函数的正交性。

9.3 简并情况

在这种情况下，我们也可以选取希尔伯特[1]空间中的独立基矢使得关系式成立。

需要注意的是：薛定谔方程是波动方程，是一个线性微分方程，它的解满足叠加定理，即若一系列本征函数ψ_i都对应于相同的本征值E，则由这些本征函数的线性组合所得到的函数依然是原方程的解，且对应于相同的本征值E。

---

〔1〕戴维·希尔伯特（David Hilbert，1862—1943年），德国著名数学家，被誉为“数学世界的亚历山大”和“数学界的无冕之王”。1899年出版的《几何基础》是近代公理化方法的代表作，且由此推动形成了“数学公理化学派”。其提出的“新世纪数学家应当努力解决的23个数学问题”，被认为是20世纪数学的至高点。

举个例子，设

$$E_1 = E_2$$

波函数 ψ_1 本质上不等于 ψ_2，我们将 ψ_1 归一化为单位矢量，令

$$\psi_1^{\text{new}} = \psi_1$$

取一个中间函数，其满足

$$\psi_2^{\text{int}} = \psi_2 - \psi_1 \int \psi_1 \psi_2 \mathrm{d}\tau$$

则函数 ψ_2^{int} 与 ψ_1 是正交的。下面给出证明过程

$$\int \psi_1 \psi_2^{\text{int}} \mathrm{d}\tau = \int \psi_1 \psi_2 \mathrm{d}\tau - \left(\int \psi_1^2 \mathrm{d}\tau \right) \times \int \psi_1 \psi_2 \mathrm{d}\tau = 0$$

利用这些结果，我们令

$$\psi_1^{\text{new}} = \psi_1$$

ψ_2^{new} 等于归一化的 ψ_2^{int}

于是，得到了一套新的正交归一化的本征函数。

结论：即使系统是简并的，我们依然可以且方便地以这种方式选取基矢，并满足本征函数的正交性。

类比公式（9.9），我们可以得到三维情况下的展开式

$$\begin{cases} f(x, y, z) = \sum_k c_k \psi_k (x, y, z) \\ c_k = \int \psi_k f(x, y, z) \mathrm{d}\tau \end{cases} \tag{9.17}$$

这里有几个需注意的要点：

a）一套本征函数需要满足完备性；

b）复数解在这里的作用非常关键；

c）依赖于时间的薛定谔方程的解。

完整的薛定谔方程为

$$i\hbar\frac{\partial\psi(x,t)}{\partial t}=\hat{H}\psi(x,t)$$

哈密顿[1]量一般只和位置有关。我们简单地认为波函数的空间分量和时间分量是可以分离的，即

$$\psi(x,t)=\psi(x)\psi(t)$$

实验证明，在大多数情况下，这样的分解都是对的。将其代入薛定谔方程后，我们得到

$$i\hbar\psi(x)\frac{\mathrm{d}\psi(t)}{\mathrm{d}t}=\psi(t)\hat{H}\psi(x)$$

两边同时除以 $\psi(x)\psi(t)$，得到

$$i\hbar\frac{\mathrm{d}\psi(t)/\mathrm{d}t}{\psi(t)}=\frac{\hat{H}\psi(x)}{\psi(x)}$$

令它们都等于一个常数（记为 E），则我们得到

$$i\hbar\frac{\mathrm{d}\psi(t)}{\mathrm{d}t}=E\psi(t)$$
$$\hat{H}\psi(x)=E\psi(x)$$

上式即为定态薛定谔方程。求解方程，我们得到

〔1〕威廉·罗恩·哈密顿（William Rowan Hamilton，1805—1865 年），爱尔兰数学家、物理学家、力学家。

$$\psi(t)=e^{-\frac{iEt}{\hbar}}$$

所以在求解一个系统时，我们只需要求解定态薛定谔方程，用得到的解乘以上面这个含时因子，就可得到含时薛定谔方程的解。

含时薛定谔方程也是线性微分方程，故它的通解可以表示为全体特解的线性叠加，即

$$\psi=\sum_k c_k e^{-\frac{iE_k}{\hbar}t}\psi_k \tag{9.18}$$

其中，$|c_k|^2$ 的意义为波函数 ψ_k 出现的概率。

10 线性算符

场中可以有很多种函数。什么是场呢？我们可以举几个例子。一维的x轴，由x轴、y轴、z轴组成的三维空间，球面上的点，有限的点集，等等，它们都是场。

函数可以看成矢量。矢量存在的空间可以是有限维或无限维的，这个空间被称为“希尔伯特空间”。

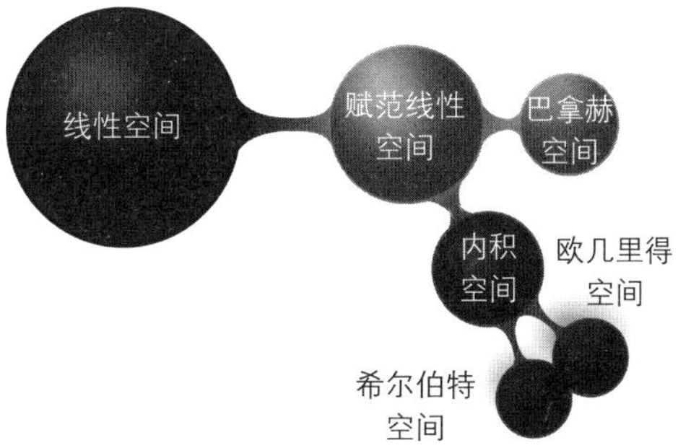

□ 希尔伯特空间

希尔伯特空间（Hilbert space）是一种抽象的矢量空间，其基础是复数域，且具有完备性和内积结构，通常被用于量子力学和泛函分析中。空间中每一个点都可以看作一个矢量或状态，内积定义了两个矢量之间的角度和长度，从而引入了距离的概念。图为希尔伯特空间与线性空间（Linear space）、赋范线性空间（Normed linear space）、内积空间（Inner product space）、欧几里得空间（Euclidean space）、巴拿赫空间（Banach space）之间的关系示意图，例如线性空间定义范数，引入赋范线性空间。希尔伯特空间便是在线性空间的基础上加入了几个限定条件。

10.1 线性算符概述

在物理学中，算符可以看成是一种操作，若我们有等式

$$g = \hat{O}f \tag{10.1}$$

其中 $\hat{O}$ 就是一个算符，它表示对函数 f 进行某项操作后，就可以得到函数 g。例如对于 $g = f^2$，$\hat{O}$ 表示平方操作，对于 $g = 3f^2$，$\hat{O}$ 表示平方后再乘以 3 这个操作，还有微分操作 $g = \frac{\mathrm{d}f}{\mathrm{d}x}$，$g = \frac{\mathrm{d}^2 f}{\mathrm{d}x^2}$，以及其他更复杂的操作。

非常重要的是：有一类算符被称为“单位算符”或“恒等算符”，我们常用 1 或 I 表示。它作用在任何事物上都只得到它本身，即

$$g = 1f = f \tag{10.2}$$

单位算符保持函数不变。

在量子力学中，线性算符非常重要，它的性质由如下关系式定义

$$\hat{O}(af + bg) = aOf + bOg \tag{10.3}$$

其中，a 和 b 都是常数。以下算符都是线性算符

单位算符：$\hat{O} = 1$

乘以 3 的算符：$\hat{O} = 3$

乘以函数 $7x$+1 的算符：$\hat{O} = 7x + 1$

微分算符：$\hat{O} = \frac{\mathrm{d}}{\mathrm{d}x}$ 和 $\hat{O} = \frac{\mathrm{d}^2}{\mathrm{d}x^2}$

然而，做立方操作的算符 $\hat{O}$ 不是线性算符。从现在开始，我们只讨论线性算符。

10.2 线性算符的运算规则

线性算符的和或差，可以看成它们分别作用于函数后再求和或求差，如

$$\left(\hat{A}\pm\hat{B}\right)f=\hat{A}f\pm\hat{B}f \tag{10.4}$$

显然，线性算符也满足加法交换律和加法结合律等性质。

$$\hat{A}+\hat{B}=\hat{B}+\hat{A}$$

$$\hat{A}+\left(\hat{B}+\hat{C}\right)=\left(\hat{A}+\hat{B}\right)+\hat{C}$$

一个数乘以一个算符，可以看成算符作用在函数上后再乘以这个数

$$\left(a\hat{A}\right)f=a\left(\hat{A}f\right) \tag{10.5}$$

两个算符 $\hat{A}$ 和 $\hat{B}$ 的乘积，可以看成算符 $\hat{B}$ 先作用于函数 f，然后算符 $\hat{A}$ 再作用在新的函数 $\hat{B}f$ 上

$$\left(\hat{A}\hat{B}\right)f=\hat{A}\left(\hat{B}f\right) \tag{10.6}$$

显然，算符也满足乘法分配律

$$\hat{A}\left(\hat{B}+\hat{C}\right)=\hat{A}\hat{B}+\hat{A}\hat{C} \tag{10.7}$$

但是一般而言，算符不满足乘法的交换律

$$\hat{A}\hat{B}\neq\hat{B}\hat{A}$$

即算符 $\hat{A}$ 和算符 $\hat{B}$ 是不可交换的。举个例子，我们有乘以 x 的算符 $\hat{A}=x$ 和微分算符 $\hat{B}=\frac{\mathrm{d}}{\mathrm{d}x}$，那么我们可以计算

$$\left(\hat{A}\hat{B}\right)f=\left(x\frac{\mathrm{d}}{\mathrm{d}x}f\right)=x\frac{\mathrm{d}f}{\mathrm{d}x}=xf'$$

但是

$$\left(\hat{B}\hat{A}\right)f=\frac{\mathrm{d}}{\mathrm{d}x}\left(xf\right)=x\frac{\mathrm{d}f}{\mathrm{d}x}+f=xf'+f$$

两者的结果不一样，证明算符确实是不可交换的。

既然算符是不可交换的，那么我们可以定义一个“交换子”（或称为“对易子”）来表示交换算符带来的差别，算符 $\hat{A}$ 和算符 $\hat{B}$ 的对易子为

$$\left[\hat{A},\hat{B}\right]=\hat{A}\hat{B}-\hat{B}\hat{A} \tag{10.8}$$

显然，对易子有如下性质

$$\left[\hat{A},\hat{B}\right]=-\left[\hat{B},\hat{A}\right] \tag{10.9}$$

和之前一样，我们用乘以 x 的算符 $\hat{A}=x$ 和微分算符 $\hat{B}=\frac{\mathrm{d}}{\mathrm{d}x}$ 的对易子作为例子

$$\left[\frac{\mathrm{d}}{\mathrm{d}x},x\right]=1 \tag{10.10}$$

大家可以自行计算，很容易得到以上结果。

算符的幂 $\hat{A}^n$，表示 n 个算符 $\hat{A}$ 连续作用在函数上，即

$$\hat{A}^n f=\underset{1}{\hat{A}}\Big[\underset{2}{\hat{A}}\cdots\underset{n-1}{\hat{A}}\Big(\underset{n}{\hat{A}}f\Big)\Big] \tag{10.11}$$

举个例子，对于微分算符 $\hat{A}=\frac{\mathrm{d}}{\mathrm{d}x}$，它的二次幂为 $\hat{A}^2=\frac{\mathrm{d}^2}{\mathrm{d}x^2}$，它的 n 次幂为 $\hat{A}^n=\frac{\mathrm{d}^n}{\mathrm{d}x^n}$。

显然，算符的幂有如下性质

$$\hat{A}^{n+m}=A^n \cdot A^m \tag{10.12}$$

$$\left[\hat{A}^n, \hat{A}^m\right]=0 \tag{10.13}$$

这表明，同一算符的不同幂次组成的算符是彼此对易的。

算符 $\hat{A}$ 的逆算符为 $\hat{A}^{-1}$，逆算符只有在方程

$$\hat{A}f=g$$

对于 f 是可解的情况下才是可以定义的。根据定义，我们可以得到

$$f=\hat{A}^{-1}g \tag{10.14}$$

易知逆算符有如下性质

$$\left(\hat{A}^{-1}\hat{A}\right)f=\hat{A}^{-1}\left(\hat{A}f\right)=\hat{A}^{-1}g=f$$

即

$$\hat{A}^{-1}\hat{A}=1\equiv 1 \tag{10.15}$$

同样，我们可以进行类似的推导

$$\left(\hat{A}\hat{A}^{-1}\right)g=\hat{A}\left(\hat{A}^{-1}g\right)=\hat{A}f=g$$

这表明

$$\hat{A}\hat{A}^{-1}=1 \tag{10.16}$$

从式（10.15）和（10.16）中我们可以推出

$$\left[\hat{A},\ \hat{A}^{-1}\right]=0 \tag{10.17}$$

10.3 算符的函数

从形式上定义：设一函数 $F(x)$ 有解析形式，例如 $F(x)=\sin x$，$F(x)=\mathrm{e}^{ax}$，$F(x)=\dfrac{x^2}{1-x}$ 等，可以称 $F(x)$ 为“解析函数”，并有一算符 $\hat{A}$，那么我们可以定义

$$F\left(\hat{A}\right)=\sum_{0}^{\infty}\frac{F^{(n)}(0)}{n!}\hat{A}^n \tag{10.18}$$

这就是算符 $\hat{A}$ 的函数。但是我们应该注意到，这个定义并不总是有意义的。

举个例子，对于微分算符

$$\hat{A}=\frac{\mathrm{d}}{\mathrm{d}x}$$

它的指数函数的展开式为

$$\begin{aligned}\mathrm{e}^{\alpha\hat{A}}&=1+\alpha\hat{A}+\frac{\alpha^2}{2!}\hat{A}^2+\cdots+\frac{\alpha^n}{n!}\hat{A}^n+\cdots\\&=1+\alpha\frac{\mathrm{d}}{\mathrm{d}x}+\frac{\alpha^2}{2!}\frac{\mathrm{d}^2}{\mathrm{d}x^2}+\cdots+\frac{\alpha^n}{n!}\frac{\mathrm{d}^n}{\mathrm{d}x^n}+\cdots\end{aligned}$$

将算符 $\hat{A}$ 代入并作用在一个函数上，我们得到

$$\mathrm{e}^{\alpha\frac{\mathrm{d}}{\mathrm{d}x}}f(x)=\sum_{n=0}^{\infty}\frac{\alpha^n}{n!}\frac{\mathrm{d}^n}{\mathrm{d}x^n}f(x)$$

这正好是 $f(x+\alpha)$ 的泰勒[1]展开式，故

$$e^{\alpha\frac{d}{dx}}f(x)=f(x+\alpha) \tag{10.19}$$

就得到了平移算符，它可以对函数的自变量做一个平移。

另一个例子是乘以 x 的算符 $\hat{A}=x$ ，那么我们得到

$$F(\hat{A})=F(x) \tag{10.20}$$

这是乘以 $F(x)$ 的算符。

两个（或多个）算符的函数。我们尝试推广公式

$$F(\hat{A},\hat{B})=\sum_{n,m=0}^{\infty}\frac{F^{(n,m)}(0,0)}{n!m!}\hat{A}^n\hat{B}^m \tag{10.21}$$

其中

$$F^{(n,m)}(x,y)=\frac{\partial^{n+m}F(x,y)}{\partial x^n\partial y^m}$$

然而，只有当算符 $\hat{A}$，$\hat{B}$ 对易的时候，这个分解才是唯一的。否则，我们知道

$$\hat{A}^2\hat{B}\neq\hat{A}\hat{B}\hat{A}\neq\hat{B}\hat{A}^2$$

---

〔1〕布鲁克·泰勒（Brook Taylor，1685—1731 年），英国数学家，主要以泰勒公式和泰勒级数闻名。

所以我们规定在这种情况下，有时使用算符乘积的对称形式，如

$$\hat{A}\hat{B} \to \frac{\hat{A}\hat{B} + \hat{B}\hat{A}}{2}$$

$$\hat{A}^2\hat{B} \to \frac{\hat{A}^2\hat{B} + \hat{A}\hat{B}\hat{A} + \hat{B}\hat{A}^2}{3} \tag{10.22}$$

等等。

11　本征值和本征函数

这节我们要求解本征值问题。我们可以把这个问题描述为如下方程的求解

$$\hat{A}\psi = a\psi \tag{11.1}$$

其中，$\hat{A}$ 是线性算符，a 是一个数，ψ 是函数。即我们需要寻找一类函数，当算符与其作用后，得到的只是这类函数与一个数的乘积。我们把这类函数称为这个算符的“本征函数”。

我们通常认为这类函数应该满足正交性和单值性。对于函数 ψ 有标准限制，我们要求 ψ 在任何地方（包括无限远点）都是有限值。在有界区域中（如一条线段），边界条件要求 ψ 在边界处为零值。一般而言，方程仅对 a 的某些特殊值有解。我们把 a 称为算符 $\hat{A}$ 的“本征值”，写成方程形式就是

$$\hat{A}\psi_n = a_n\psi_n \tag{11.2}$$

其中，a_n 表示第 n 个本征值，ψ_n 表示第 n 个本征函数。

举个例子，与时间无关的薛定谔方程为

$$\left(-\frac{\hbar^2}{2m}\nabla^2 + U\right)\psi = E\psi \tag{11.3}$$

我们可以把 $-\frac{\hbar^2}{2m}\nabla^2+U$ 看成一个算符，E 就是这个算符的本征值，而 ψ 就是对应的本征函数。

首先，我们要考虑简并的情况。若每个本征值只对应于一个本征函数（除了常数因子情况外），则我们称之为“非简并系统”。相反，若每个本征值对应于两个、三个甚至多个本征函数，我们称这个本征值是“简并的”（二重简并、三重简并等）。

下面探讨一下本征函数的正交性。假设方程中所有的本征值为 a_1，a_2，…，a_n，…（本征值彼此重合的个数我们称之为“简并度”），相对应的本征函数为 ψ_1，ψ_2，…，ψ_n，…。若选取算符 $\hat{A}$ 为系统的能量算符，根据第9讲的内容，则我们知道方程中的 ψ_n 组成了一个正交函数系。

我们定义函数 f 和 g 的标量积

$$(g\,|\,f)=\int g^* f \tag{11.4}$$

其中，积分号根据函数 g，f 的性质来确定：若函数是一维的，则积分号表示一维积分 $\int \mathrm{d}x$；若函数是三维的，则积分号表示三维积分 $\iiint \mathrm{d}x\mathrm{d}y\mathrm{d}z$；若函数是离散的，则积分号表示对所有的离散点求和，即 $\int=\sum$。需要注意的是

$$(g\,|\,f)=(f\,|\,g)^*$$

接着我们定义正交关系：当

$$(g\,|\,f)=0 \text{ 或 } \int g^* f=0 \tag{11.5}$$

时，函数 g 和 f 是正交的。

下面给出一个思考题：在什么情况下，对应于不同本征值的本征函数是彼此正交的？

答：它的充要条件是：算符 $\hat{A}$ 是一个厄米算符。

什么是厄米算符？满足以下关系

$$\left(g \mid \hat{A}f\right)=\left(\hat{A}g \mid f\right) \text{ 或 } \int g^{*}\hat{A}f=\int\left(\hat{A}g\right)^{*}f \tag{11.6}$$

的算符 $\hat{A}$ 可称为“厄米算符”，或称为“厄米的”。

下面举几个厄米算符的例子

$$x,\ \frac{\hbar}{\mathrm{i}}\frac{\partial}{\partial x},\ \nabla^{2},\ -\frac{\hbar^{2}}{2m}\nabla^{2}+U\left(x,\ y,\ z\right)$$

这些算符只有在满足相应的边界条件后才会变成厄米算符。

引理一 若算符 $\hat{A}$ 是厄米的，则 $\left(f \mid \hat{A}f\right)$ 是一个实数。

证明 由厄米算符的定义我们知道

$$\left(f \mid \hat{A}f\right)=\left(\hat{A}f \mid f\right)=\left(f \mid \hat{A}f\right)^{*} \tag{11.7}$$

得证。

定理一 若算符 $\hat{A}$ 是厄米的，则它的本征值都是实数。

证明 我们已知

$$\hat{A}\psi_{n}=a_{n}\psi_{n}$$

等式两边同时和 ψ_{n} 进行左标量积运算，得到

$$\left(\psi_{n} \mid \hat{A}\psi_{n}\right)=a_{n}\left(\psi_{n} \mid \psi_{n}\right)$$

利用引理一，得出

$$a_n = \frac{\left(\psi_n \mid \hat{A}\psi_n\right)}{\left(\psi_n \mid \psi_n\right)} = \frac{\text{实数}}{\text{实数}} = \text{实数} \tag{11.8}$$

得证。

定理二　若算符 $\hat{A}$ 是厄米的，且 $a_n \neq a_m$，则相应的本征函数 ψ_n 和 ψ_m 是正交的。

证明　对两个本征函数，易知有

$$\hat{A}\boldsymbol{\psi}_n = a_n\boldsymbol{\psi}_n$$

$$\hat{A}\psi_m = a_m\psi_m$$

由于 a_m 是实数，对式子取复共轭后得到

$$\left(\hat{A}\psi_m\right)^* = a_m\psi_m^*$$

两个本征函数分别左乘 $\int\psi_m^*$，$-\int\psi_n$，然后把得到的两个方程相加，得到

$$\int\psi_m^*\left(\hat{A}\psi_n\right) - \int\left(A\psi_m\right)^*\psi_n = \left(a_n - a_m\right)\int\psi_m^*\psi_n = \left(a_n - a_m\right)\left(\psi_m \mid \psi_n\right)$$

由于 $\hat{A}$ 是厄米算符，等式左边等于 0，因此

$$\left(a_n - a_m\right)\left(\psi_m \mid \psi_n\right) = 0 \tag{11.9}$$

当 $a_n \neq a_m$ 时

$$\left(\psi_m \mid \psi_n\right) = 0 \tag{11.10}$$

得证。

准定理一 如果对所有的函数f，标量积$\left(f\,|\,\hat{A}f\right)$都是实数，则算符$\hat{A}$是厄米算符。这个准定理也可以看成引理一的逆过程。

准定理二 如果对所有的$a_n \neq a_m$，其相应的本征函数的标量积

$$\left(\psi_n\,|\,\psi_m\right)=0$$

则算符$\hat{A}$是厄米算符。这个准定理可以看成定理二的逆定理。

对于正交归一化的本征函数，若算符$\hat{A}$为厄米算符，其本征值为

$$a_1,\ a_2,\ \cdots,\ a_n,\ \cdots \tag{11.11}$$

相应的本征函数为

$$\psi_1,\ \psi_2,\ \cdots,\ \psi_n,\ \cdots \tag{11.12}$$

当$a_r \neq a_s$时，ψ_r和ψ_s是正交的。

如果是简并的情况，则按照第 9 讲的内容处理。

现在考虑归一化的问题。要把函数归一化，只需要把每个ψ_n除以$\sqrt{\left(\psi_n\,|\,\psi_n\right)}$即可。得到的所有新的函数依然满足正交关系

$$\left(\psi_r\,|\,\psi_s\right)=\delta_{rs} \tag{11.13}$$

准定理三 任意的函数f可以按本征函数ψ_n展开

$$f=\sum_n c_n\psi_n \tag{11.14}$$

其中

$$c_n=\left(\psi_n\,|\,f\right)$$

或者我们可以等价地写为

$$f=\sum_n(\psi_n\,|\,f)\psi_n \tag{11.15}$$

若展开式对所有函数都成立，则我们称之为“正交完备归一基”。

定义 算符 $\hat{A}$ 对于函数 ψ 的平均值 $\overline{A}$ 为

$$\overline{A}=\frac{(\psi\,|\,\hat{A}\psi)}{(\psi\,|\,\psi)} \tag{11.16}$$

举个例子，如果算符为 $\hat{A}=x$，函数 ψ 已经归一化，那么

$$\overline{x}=\int\psi^*x\psi=\int x|\psi|^2\,\mathrm{d}\tau \tag{11.17}$$

因此，计算 x 平均值的统计权重为 $|\psi|^2$。

定理三 厄米算符的平均值是实数。

这可以由引理一和公式（11.16）推导出。

准定理四 若一个算符对所有函数的平均值都是实数，则该算符是厄米算符。这个准定理可以很容易通过公式（11.15）得到证明。

我们将在后面证明这些准定理的可靠性。

下面我们要介绍一个非常重要的内容：狄拉克 $\delta(x)$ 函数。

δ 函数是一类特殊的函数，当积分区域包含 $x=0$ 的点时（见图9），有

$$\int\delta(x)\mathrm{d}x=1 \tag{11.18}$$

若积分区域不包括零点，则

$$\int\delta(x)\mathrm{d}x=0$$

我们可以通过极限来构造一些 δ 函数

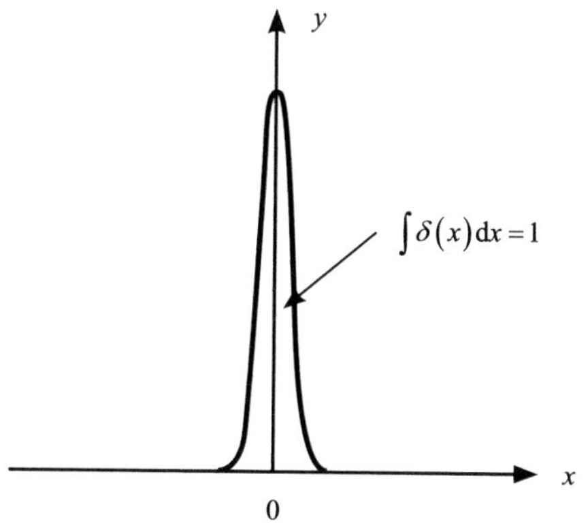

图 9 δ 函数示意图

$$\delta(x) = \lim_{\alpha \to \infty} \sqrt{\frac{\alpha}{\pi}} \mathrm{e}^{-\alpha x^2} \tag{11.19}$$

或

$$\delta(x) = \lim_{\alpha \to \infty} \frac{\sin \alpha x}{\pi x} \tag{11.20}$$

还有很多别的定义方法。

δ 函数有如下基本性质

$$\int_{-\infty}^{\infty} f(x)\delta(x-a)\mathrm{d}x = f(a) \tag{11.21}$$

将（11.21）两边对 a 求导，得到

$$-\int_{-\infty}^{\infty} f(x)\delta'(x-a)\mathrm{d}x = f'(a) \tag{11.22}$$

注意！使用这个性质的时候要谨慎一些！

我们现在考虑 δ 函数的傅里叶变换

$$\delta(x) = \frac{1}{2\pi}\int_{-\infty}^{\infty} \mathrm{e}^{\mathrm{i}kx}\mathrm{d}k \tag{11.23}$$

我们也可以做和表达式（11.15）类似的操作，把δ函数按照本征函数展开

$$\delta(x-x')=\sum_{n}\left[\psi_{n}(x)|\delta(x-x')\right]\psi_{n}(x) \tag{11.24}$$

考虑到δ函数的性质（11.21），我们可以得到

$$\delta(x-x')=\sum_{n}\psi_{n}^{*}(x')\psi_{n}(x) \tag{11.25}$$

12 质点的算符

12.1 质点的算符

关于函数 $\psi(x,y,z)$ 有 6 个算符

$\hat{x},\hat{y},\hat{z}$

$$\frac{\hbar}{\mathrm{i}}\frac{\partial}{\partial x}=\hat{p}_x,\ \frac{\hbar}{\mathrm{i}}\frac{\partial}{\partial y}=\hat{p}_y,\ \frac{\hbar}{\mathrm{i}}\frac{\partial}{\partial z}=\hat{p}_z \tag{12.1}$$

所有这 6 个算符都是厄米的。我们现在考虑把它们作用在系统的波函数上。

假设 ψ 描述的是很小的波包（见图 10），则

$\psi \sim \mathrm{e}^{\frac{\mathrm{i}}{\lambda}n\cdot r}$

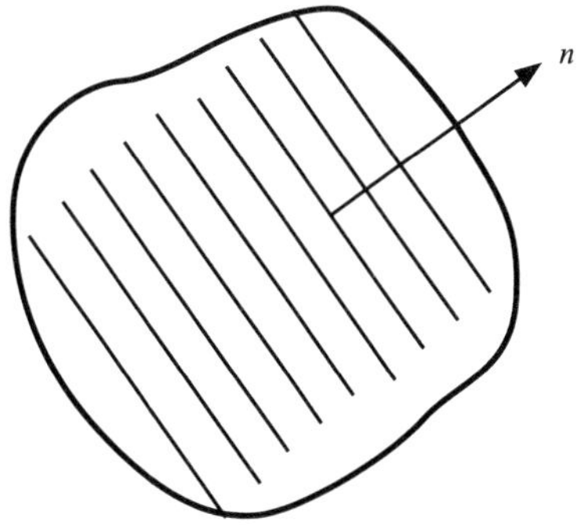

图 10　小波包示意图

其中，$r = r(x, y, z)$ 表示位置矢量，n 表示传播方向的单位矢量，波长 $\lambda \approx \dfrac{\hbar}{mv}$。

显然，由式（11.16）我们可以计算算符的平均值

$$\begin{cases} \overline{x}, \overline{y}, \overline{z} \\ \overline{p}_x, \overline{p}_y, \overline{p}_z \end{cases} \tag{12.2}$$

$\overline{x}, \overline{y}, \overline{z}$ 是波包的近似坐标，$\overline{p}_x, \overline{p}_y, \overline{p}_z$ 是动量矢量 $mv\vec{n}$ 的近似分量。

坐标算符的平均值很容易得出。下面给出动量分量的推导

$$\overline{p}_x = \frac{\left(\psi \mid \frac{\hbar}{\mathrm{i}} \frac{\partial}{\partial x} \psi\right)}{(\psi \mid \psi)}$$

由于

$$\frac{\hbar}{\mathrm{i}} \frac{\partial}{\partial x} \psi \approx \frac{\hbar}{\mathrm{i}} \frac{\partial}{\partial x} \mathrm{e}^{\frac{\mathrm{i}}{\lambda} n_x \cdot x} = \frac{\hbar}{\lambda} n_x \psi$$

故

$$\overline{p}_x \approx \frac{\hbar}{\lambda} n_x = mvn_x$$

这表明量子力学中算符的平均值和经典情况是可以对应起来的。

由上面的计算我们可以知道，算符的平均值表明，量子力学中的算符与经典力学中的坐标和动量分量是有联系的！这也从另一个方面展示了量子力学的正确性。

下面进一步讨论。系统的总能量为质点的动能加势能，其为

$$E = \frac{1}{2m}\left(p_x^2 + p_y^2 + p_z^2\right) + U(x, y, z) = \hat{H}(x, \cdots, p_x, \cdots) \tag{12.3}$$

我们可以把上式理解为算符的函数。这个算符的函数也是根据式（10.21）的规则来定义的。在此，函数的定义非常清楚，因为没有不对易的乘积项算符，故我们做代换

$$\begin{cases} U(x,y,z) \to \hat{U}(x,y,z) \\ p_x^2+p_y^2+p_z^2 \to \hat{p}_x^2+\hat{p}_y^2+\hat{p}_z^2=\left(\dfrac{\hbar}{\mathrm{i}}\right)^2\left(\dfrac{\partial}{\partial x}\dfrac{\partial}{\partial x}+\cdots\right) \end{cases} \tag{12.4}$$

$$=-\hbar^2\left(\frac{\partial^2}{\partial x^2}+\cdots\right)=-\hbar^2\nabla^2$$

势能算符表示乘以势能 $U(x,y,z)$ 的操作。

因此我们可以得到总能量的算符为

$$\hat{H}=-\frac{\hbar^2}{2m}\nabla^2+\hat{U} \tag{12.5}$$

它是一个厄米算符。将其作用在函数 ψ 上，我们便得到

$$\hat{H}\psi=-\frac{\hbar^2}{2m}\nabla^2\psi+\hat{U}\psi \tag{12.6}$$

其中，$\hat{U}\psi$ 表示通常坐标下的函数 $U(x,y,z)$ 乘以波函数 ψ。算符 $\hat{H}$ 被称为“能量算符”或“哈密顿算符”。

从前面的例子（特别是线性谐振子和氢原子）中我们发现，哈密顿算符 $\hat{H}$ 的本征值就是系统的能级！

我们可以联想到一些推广和假设。

考虑系统状态的经典函数，如 y 坐标，动量的 z 轴分量，动能 T，角动量的 x 分量 L_x 和一些类似的量，所有这些函数在经典情况下都可以表现为变量 x，y，z，px，py，pz 的函数。我们可以把它们换成对应的

□ **《四元数原本》封面**

《四元数原本》的作者是爱尔兰数学家哈密顿。他的一生成就卓然，例如他所提出的哈密顿量，可用于描述量子系统的时间演化，帮助理解和计算量子系统的各种性质。他因发现四元数而闻名，四元数也为之后的量子力学应用提供了描述自旋1/2的粒子的最佳工具。

算符，就可得到

$$\begin{cases} \hat{x},\ \hat{p}_x = \dfrac{\hbar}{\mathrm{i}}\dfrac{\partial}{\partial z},\ \hat{T} = -\dfrac{\hbar^2}{2m}\nabla^2 \\ \hat{L}_x = \hat{y}\hat{p}_x - \hat{z}\hat{p}_y = \dfrac{\hbar}{\mathrm{i}}\left(y\dfrac{\partial}{\partial z} - z\dfrac{\partial}{\partial y}\right) \end{cases}$$

需要注意的是：所有这些算符都必须是厄米的。因为它们都是可观测的物理量，它们的本征值必须为实数。

假设 1　对一个依赖于坐标和动量的函数 $F=F(x, y, z, p_x, p_y, p_z)$ 进行测量，结果只可能是其相应厄米算符的本征值。

此处有兴趣的读者可以讨论一下经典力学和量子力学中态的意义。

假设 2　量子力学中的态是由函数 ψ 决定的，然而，两个相互成正比的函数 ψ 表示同一个态。函数 ψ 随着时间的演化，可以用含时薛定谔方程来描述。

我们要如何选取函数 ψ 的初始值呢？测量一个物理量 $F(\boldsymbol{x}, \boldsymbol{p})$，测量的结果应该是算符 $\hat{F}$ 的本征值中的一个，可以将其记为 F_n。若 F_n 是非简并的，则 ψ 在测量后立刻变成算符 $\hat{F}$ 的对应本征值 F_n 的本征函数。如果是简并的情况，我们就需要更多的测量，关于这一点，我们将在后面的内容中介绍。

12.2 本征值问题

$$\hat{G}g_n(\boldsymbol{x}) = G_n g_n(\boldsymbol{x}) \tag{12.7}$$

其中，$\hat{G}$ 是和 $\boldsymbol{x}$，$\boldsymbol{p}$ 有关的厄米算符；G_n 是它的本征值，是一个数；$g_n(\boldsymbol{x})$ 是它的本征函数。将 ψ 按本征函数 $g_n(\boldsymbol{x})$ 展开，可以得到

$$\begin{cases} \psi = \sum_n b_n g_n(\boldsymbol{x}) \\ b_n = (g_n \mid \psi) = \int g_n^* \psi \, \mathrm{d}\tau \end{cases} \tag{12.8}$$

其中，展开系数 b_n 是一个数，ψ 是系统在 t 时刻的状态。

假设 3 当物理量 $G(x, p)$ 已经被测量后，得到 $G = G_n$ 这个结果的概率是正比于 $|b_n|^2$ 的。

我们观察到，若 ψ 已经归一化，则

$$\sum_n |b_n|^2 = 1 \tag{12.9}$$

证明

$$1 = (\psi \mid \psi) = \left(\sum_n b_n g_n \middle| \sum_s b_s g_s \right) = \sum_{ns} b_n^* b_s (g_n \mid g_s)$$
$$= \sum_{n,s} b_n^* b_s \delta_{ns} = \sum_n b_n^* b_n = \sum_n |b_n|^2$$

因此，若函数 ψ 已经归一化，则 $|b_n|^2$ 表示测量 G 后得到 G_n 的概率。

所以，测量物理量 G 后所有可能结果的平均值（波函数 ψ 已经归一化）为

$$
\begin{aligned}
\bar{G} &= \sum_n |b_n|^2 G_n = \sum_n b_n^* b_n G_n = \sum_{n,s} b_s^* G_n b_n \delta_{ns} \\
&= \sum_{n,s} b_s^* G_n b_n (g_s \mid g_n) = \left(\sum_s b_s g_s \mid \sum_n b_n g_n G_n \right) \\
&= \left(\psi \mid \sum_n b_n G_n g_n \right) = \left(\psi \mid G \sum_n b_n g_n \right) = (\psi \mid G\psi) \\
&= \frac{(\psi \mid G\psi)}{(\psi \mid \psi)}
\end{aligned}
\tag{12.10}
$$

由于波函数ψ已经归一化，所以分母$(\psi \mid \psi) = 1$。

于是我们得到一个定理：根据公式（11.16）定义的意义，算符$\hat{G}$的平均值等于物理量$G(\boldsymbol{x}, \boldsymbol{p})$所有可能的结果与其相应的权重因子的乘积。

考虑一些复杂情况，如算符$\hat{G}$的本征值都是连续的情况。

第 1 个例子，考虑坐标算符$\hat{x}$

$$\hat{x} f(x) = x' f(x)$$

其中，x'为一个数。解得

$$f(x) = \delta(x - x')$$

这就是x'对应的本征函数。**注意**：$\delta(x - x')$是不能归一化的。

然而，对于公式（12.8）这样的求和，如果我们用积分来代替，就会得到

$$
\begin{cases}
n \to x' \\
g_n(x) \to \delta(x - x') \\
b_n = (g_n \mid \psi) \to \left(\delta(x - x') \mid \psi\right) \mathrm{d}x' \\
\sum_n \to \int
\end{cases}
$$

那么，通常波函数没有归一化的问题就可以借助微元$\mathrm{d}x'$来补偿，从而

所有的公式都能被系统地建立。因此，质点在 $x=x'$ 处的概率密度为

$$\left|\left[\delta\left(x-x'\right)\middle|\psi\left(x\right)\right]\right|^2=\left|\int\delta\left(x-x'\right)\psi\left(x\right)\mathrm{d}x\right|^2=\left|\psi\left(x'\right)\right|^2 \tag{12.11}$$

这是我们非常熟悉的结果。坐标 x 的平均值的定义为

$$\overline{x}=\left(\psi\mid x\psi\right)=\int x\left|\psi\right|^2\mathrm{d}x \tag{12.12}$$

此处的 ψ 已经归一化了。

第 2 个例子，研究质点的动量算符，它对应的算符为

$$\hat{p}=\frac{\hbar}{\mathrm{i}}\frac{\mathrm{d}}{\mathrm{d}x} \tag{12.13}$$

其本征方程为

$$\hat{p}f\left(x\right)=p'f\left(x\right) \tag{12.14}$$

其中，$\hat{p}$ 为算符，p' 为数。或可以写为

$$\frac{\hbar}{\mathrm{i}}f'\left(x\right)=p'f\left(x\right)$$

此方程的通解为

$$f\left(x\right)=\mathrm{e}^{\frac{\mathrm{i}}{\hbar}p'x} \tag{12.15}$$

这是本征值为 p' 的本征函数。本征值可以取任意值

$$-\infty<p'<\infty$$

在这种情况下，归一化有困难，所以不能直接进行归一化。此时，式（12.15）中的符号要做如下代换

$$n\to p'$$

$$g_n(x) \to e^{\frac{i}{\hbar}p'x}$$

$$b_n = (g_n^* | \psi) \to \left(e^{\frac{i}{\hbar}p'x} | \psi \right)$$

$$\sum_n \to \int \frac{dp'}{2\pi\hbar}$$

$$\delta(x-x') = \sum_n g_n^*(x') g_n(x) \to \int \frac{dp'}{2\pi\hbar} e^{\frac{i}{\hbar}p'(x-x')} = \delta(x-x') \tag{12.16}$$

其中，要注意的是因子 $\overline{p} = \frac{1}{2\pi\hbar}\int p' dp' \left| \int e^{-\frac{i}{\hbar}p'x} \psi(x) dx \right|^2$ 的引入，这个因子是为了完备性而引入的，可以参考式（11.24）和式（11.25）。

系统的动量在 $(p',\ p'+dp')$ 之间的概率为

$$\frac{dp'}{2\pi\hbar} \left| \left(e^{\frac{i}{\hbar}p'x} | \psi(x) \right) \right|^2 \tag{12.17}$$

或

$$\frac{dp'}{2\pi\hbar} \left| \int e^{-\frac{i}{\hbar}p'x} \psi(x) dx \right|^2 \tag{12.18}$$

需要注意的是，由此我们可以得出一个结论：所求的概率正比于傅里叶展开系数的模的平方。根据求和，我们可以相信总概率等于 1。

对于动量的平均值，我们可以写出两种形式，根据式（12.18）可以得出

$$\overline{p} = \frac{1}{2\pi\hbar}\int p' dp' \left| \int e^{-\frac{i}{\hbar}p'x} \psi(x) dx \right|^2 \tag{12.19}$$

或者从平均值的定义式我们可以得到

$$\overline{p}=\left(\psi\mid\hat{p}\psi\right)=\frac{\hbar}{\mathrm{i}}\left(\psi\mid\psi'\right)=\frac{\hbar}{\mathrm{i}}\int\psi^{*}\psi'\mathrm{d}x$$
$$=-\frac{\hbar}{\mathrm{i}}\int\psi'^{*}\psi\mathrm{d}x=\frac{\hbar}{2\mathrm{i}}\int\left(\psi^{*}\psi'-\psi'^{*}\psi\right)\mathrm{d}x \tag{12.20}$$

读者可以自行证明一下，式（12.19）和式（12.20）是等价的。

我们需要知道，式（12.19）右边是对 x 和 p' 的二重积分应用式（12.17）而得出的。

13 不确定性原理

假设一个质点有确定的位置 x，当其运动到 x' 处时，即 $x = x'$，这表明它的波函数应该为

$$\psi(x) = \delta(x - x')$$

它的傅里叶展开式的每一项都有着相同的系数。因此，此时动量的取值是没有限制的，无论动量取值多少，它出现的概率都一样。所以我们可以将它写成

$$\delta x = 0 \to \delta p = \infty \quad (13.1)$$

那么，假设一个质点有确定的动量 p，当它的动量 $p = p'$ 时，波函数可以写为

$$\psi(x) = e^{\frac{i}{\hbar}p'x}$$

容易算得

$$|\psi|^2 = 1$$

因此，质点在空间中位置的取值是没有限制的，即质点的位置是不确定的。所以我们可以得到

$$\delta p = 0 \to \delta x = \infty \quad (13.2)$$

处于这两种状态中间的情况（见图 11）为

$$\psi(x)=\begin{cases}e^{ikx}, & |x|<a\\ 0, & |x|>a\end{cases}$$

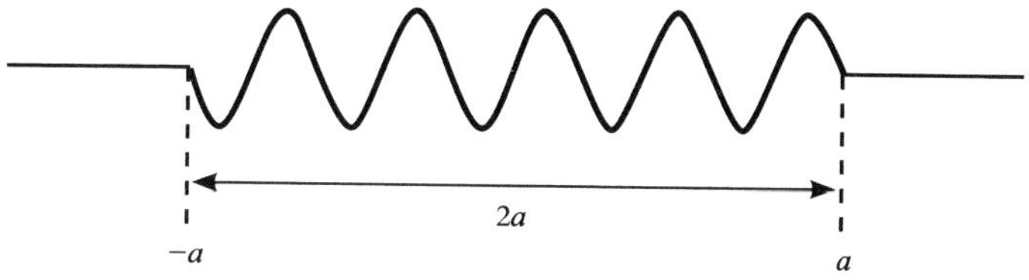

图 11　宽度为 2a 的一维波包

即

$$\delta x = a \tag{13.3}$$

由公式（12.18）我们可以得到

$$\int_{-a}^{a} e^{-\frac{i'}{\hbar}p'x} e^{ikx} dx = \int_{-a}^{a} e^{i\left(k-\frac{p'}{\hbar}\right)x} dx = \frac{\sin\left[\left(p'-\hbar k\right)\frac{a}{\hbar}\right]}{p'-\hbar k} \times 2\hbar$$

动量 p' 的概率分布正比于下式

$$\frac{\sin^2\left[\left(p'-\hbar k\right)\frac{a}{\hbar}\right]}{\left(p'-\hbar k\right)^2}$$

其分布如图 12 所示。因此，我们可以大致认为动量的变化量为

$$\delta p' = \frac{\pi\hbar}{a} \tag{13.4}$$

由公式（13.3）和公式（13.4），我们得到

$$\delta x \delta p \approx a\frac{\pi\hbar}{a} \approx \pi\hbar$$

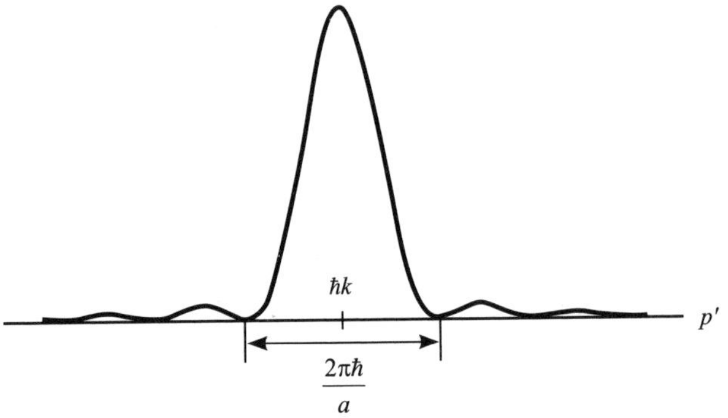

图 12　当 $\delta x = a$ 时，动量的概率密度分布

如果忽略常数 π，则得到

$$\delta x \delta p \approx \hbar \tag{13.5}$$

这就是量子力学中的“不确定性原理”（uncertainty principle）。我们可以严格证明，对于任意的波函数 ψ 满足

$$\delta x \delta p \geqslant \frac{\hbar}{2} \tag{13.6}$$

（对此的证明，参见 Persico，Enrico. *Fundamentals of quantum mechanics*.1963，110–119）关于一些相关例子的讨论，参见 Schiff, Leonard I. *Quantum Mechanics* 3rd，7–15。通过方程，我们发现位置 x 和动量 p 是“互补的”（或称为“共轭的”）。

下面我们研究时间 t 和能量 E 的互补性。它们满足的方程为

$$\delta t \delta E \approx \hbar \tag{13.7}$$

这意味着：

a）对于一个短时可观测量（持续时长为 δt）的频率，它的频带宽度

为 $\delta\omega$，类似于和的推导，我们可以得到

$$\delta t\delta\omega \approx 1 \tag{13.8}$$

在量子力学中，我们知道 $E = \hbar\omega$，因此可以推出（13.7）。

一个寿命很短的系统的能量不能超过由公式（13.7）严格定义的范围。

b）测量过程中的分析证明，为了精确地测量能量(δE)，我们需要的时间间隔至少为

$$\delta t \approx \frac{\hbar}{\delta E}$$

所有这些结论，我们将在之后做更详细的讨论。

14 矩 阵

14.1 有限场的矩阵表示

只含有 n 个点（分别为 1，2，⋯，n）的场，我们称为“有限场”。有限场中的函数 f 是 n 个复数 f_1，f_2，⋯，f_n 的集合。

我们可以进行一些讨论：连续场中的函数可以看成是只有有限数量点的场的极限情况。对于有限场，我们可以用一个矩阵来描述 $f(x)$。

现在我们考虑的是只有 n 个点的有限场。

我们可以把

$$\boldsymbol{f} \equiv (f_1, f_2, \cdots, f_n) \tag{14.1}$$

看成其分量为复数的一个 n 维矢量。取 $n \to \infty$ 的极限情况（甚至是连续无穷的情况），我们就可把函数 $\boldsymbol{f}$ 视为希尔伯特空间中的矢量。我们将建立有限 n 维情况中的定理，在很多情况下，这些结论是可以被推广的。

我们首先引入函数 $\boldsymbol{f} \equiv (f_1, f_2, \cdots, f_n)$ 和函数 $\boldsymbol{g} \equiv (g_1, g_2, \cdots, g_n)$ 的标量积，它可以表示为

$$(\boldsymbol{g} \mid \boldsymbol{f}) = \sum_{s=1}^{n} \boldsymbol{g}_s^* \boldsymbol{f}_s \tag{14.2}$$

类似于公式（11.4），我们可以发现

$$(\boldsymbol{g}\mid\boldsymbol{f})=(\boldsymbol{f}\mid\boldsymbol{g})^{*} \tag{14.3}$$

我们定义矢量f的模为

$$|\boldsymbol{f}|^{2}=(\boldsymbol{f}\mid\boldsymbol{f})=\sum_{s=1}^{n}|\boldsymbol{f}_{s}|^{2} \tag{14.4}$$

单位矢量即模为 1 的矢量，可以表示为

$$(\boldsymbol{e}\mid\boldsymbol{e})=1 \tag{14.5}$$

当

$$(\boldsymbol{f}\mid\boldsymbol{g})=0 \tag{14.6}$$

或者等价地，当

$$(\boldsymbol{g}\mid\boldsymbol{f})=0$$

时，我们称 $\boldsymbol{f}$ 和 $\boldsymbol{g}$ 是正交的。

基矢　　我们可以引入 n 个线性无关的矢量

$$\boldsymbol{e}^{1},\ \boldsymbol{e}^{2},\cdots,\ \boldsymbol{e}^{n} \tag{14.7}$$

作为基矢。基矢需要满足的条件：对所有的基矢 $\boldsymbol{e}^{i}$ 来说，不存在任何为零的线性组合，除非所有基矢的系数都为零。这可以表示为[1]

$$\det\left(\boldsymbol{e}_{k}^{i}\right)\neq 0 \tag{14.8}$$

于是，任意 $\boldsymbol{f}$ 都可以表示为基矢 $\boldsymbol{e}^{i}$ 的线性组合

---

〔1〕原手稿使用‖ ‖来表示矩阵，现在‖ ‖多用于表示矩阵的范数，而使用圆括号( )来表示矩阵，故本书有所修改，特此说明。

$$\boldsymbol{f}=\sum_i a_i \boldsymbol{e}^i \tag{14.9}$$

我们可以通过求解 n 个线性方程组成的方程组并令它们的系数组成的行列式不等于 0，来决定系数 a_i 的值。

14.1.1 正交基

当两个基矢满足

$$\left(\boldsymbol{e}^i \mid \boldsymbol{e}^k\right)=\delta_{ik} \tag{14.10}$$

我们称这两个基矢是"正交的"。如果上式满足，则我们可以很容易得到展开式的系数

$$a_i=\left(\boldsymbol{e}^i f\right) \tag{14.11}$$

因为其余的基矢和 $\boldsymbol{e}^i$ 是正交的，所以它们的内积都为 0，只有 $\boldsymbol{e}^i$ 和 $\boldsymbol{e}^i$ 的内积不为 0。所以等价地，我们可以得到

$$\boldsymbol{f}=\sum_i a_i \boldsymbol{e}^i=\sum_i\left(\boldsymbol{e}^i \mid \boldsymbol{f}\right) \boldsymbol{e}^i \tag{14.12}$$

14.1.2 算符

算符 $\hat{H}$ 可以看成一种变换规则，它使得矢量 $\boldsymbol{f}$ 变成同一场中的另一个矢量 $\boldsymbol{g}$，用公式可以表示为

$$\boldsymbol{g}=\hat{H} \boldsymbol{f} \tag{14.13}$$

即矢量 $\boldsymbol{g}$ 等于算符 $\hat{H}$ 作用于矢量 $\boldsymbol{f}$ 上。

因此，矢量 $\boldsymbol{g}$ 的分量是矢量 $\boldsymbol{f}$ 的函数，即

$$g_k=\hat{H}_k\left(f_1, f_2, \cdots, f_n\right) \tag{14.14}$$

其中，H_1，H_2，…，H_n 是分别依赖于 n 个变量的 n 个函数，它们中的每一个都是算符 $\hat{H}$ 的定义式。

14.1.3 线性算符

在第 10 讲中，我们曾提到线性算符的一些性质，即满足

$$\hat{H}\left(a\boldsymbol{f}+b\boldsymbol{g}\right)=a\hat{H}\boldsymbol{f}+b\hat{H}\boldsymbol{g} \tag{14.15}$$

则为线性算符。其中，a 和 b 为常数，$\boldsymbol{f}$ 和 $\boldsymbol{g}$ 为任意矢量。

定理 对于有限场来说，最普遍的线性算符是线性和齐次代换，如对于

$$\boldsymbol{g}=\hat{H}\boldsymbol{f}$$

我们有

$$\begin{cases} g_1 = a_{11}f_1+\cdots+a_{1n}f_n \\ g_2 = a_{21}f_1+\cdots+a_{2n}f_n \\ \qquad\cdots \\ g_n = a_{n1}f_1+\cdots+a_{nn}f_n \end{cases}$$

或写成更紧凑的形式

$$g_k=\sum_{l=1}^{n}a_{kl}f_l \tag{14.16}$$

其中，系数 a_{kl} 为常数。

显然，式（14.16）中的算符是线性算符。

证明 表达式（14.16）只需要考虑线性算符的情况。

假设由（14.14）定义的算符为 $\hat{H}$ 线性算符，应用性质（14.15），我们可以得到

$$\hat{H}\left(\boldsymbol{p}+\varepsilon\boldsymbol{f}\right)=\hat{H}\boldsymbol{p}+\varepsilon\hat{H}\boldsymbol{f} \tag{14.17}$$

其中，$\boldsymbol{p}$ 和 $\boldsymbol{f}$ 都是函数，ε 为一无穷小常量。我们知道上式的分量分别为

$$\left(\hat{H}\boldsymbol{p}\right)_k = \hat{H}_k\left(p_1,\ p_2,\cdots,\ p_n\right)$$

$$\left(\hat{H}\boldsymbol{f}\right)_k = \hat{H}_k\left(f_1,\ f_2,\cdots,\ f_n\right)$$

$$\begin{aligned}\left[\hat{H}\left(\boldsymbol{p}+\varepsilon\boldsymbol{f}\right)\right]_k &= \hat{H}_k\left(p_1+\varepsilon f_1,\cdots,\ p_n+\varepsilon f_n\right)\\ &= \hat{H}_k\left(p_1,\ p_2,\cdots,\ p_n\right)+\varepsilon\left[\frac{\partial\hat{H}_k\left(\boldsymbol{p}\right)}{\partial p_1}f_1+\frac{\partial\hat{H}_k\left(\boldsymbol{p}\right)}{\partial p_2}f_2+\cdots\right]\end{aligned}$$

最后一步使用了泰勒展开。与式（14.17）比较后我们可以得到

$$\left(\hat{H}\boldsymbol{f}\right)_k = \sum\frac{\partial\hat{H}_k\left(\boldsymbol{p}\right)}{\partial p_i}f_i$$

其中，f_i 的系数和 f_i 无关，于是得到了我们想证明的结果。

从此以后，我们只考虑像这样的线性算符。

下面我们把线性算符表示成由系数组成的 $n\times n$ 的方阵

$$\hat{H} = \begin{pmatrix} a_{11} & a_{12} & \cdots & a_{1n}\\ a_{21} & a_{22} & \cdots & a_{2n}\\ \vdots & \vdots & \ddots & \vdots\\ a_{n1} & a_{n2} & \cdots & a_{nn}\end{pmatrix} \tag{14.18}$$

此处须注意，不要和行列式混淆了，行列式是一个数。

也有矩形的矩阵（如 n 行 m 列），如矢量 $\boldsymbol{f}$ 就可以表示成垂直一列的矩阵（$1\times n$）

$$\boldsymbol{f} = \begin{pmatrix} f_1\\ f_2\\ \vdots\\ f_n\end{pmatrix} \tag{14.19}$$

14.2 矩阵代数

14.2.1 矩阵的运算规则

首先，矩阵的运算法则的定义如下。

矩阵的数乘 矩阵和一个数 a 相乘等于 a 乘以矩阵所有的元素，即

$$a\left(a_{ik}\right)=\left(aa_{ik}\right) \tag{14.20}$$

矩阵的加法和减法（只有当两个矩阵的行数和列数完全相同时才能进行加和减的运算） 矩阵相加（或相减）后依然是一个矩阵，它每个位置的元素为原先两个矩阵相应位置元素的和（或差）。举个例子：

$$\begin{pmatrix} a_{11} & a_{12} & a_{13} \\ a_{21} & a_{22} & a_{23} \end{pmatrix}+\begin{pmatrix} b_{11} & b_{12} & b_{13} \\ b_{21} & b_{22} & b_{23} \end{pmatrix}=\begin{pmatrix} a_{11}+b_{11} & a_{12}+b_{12} & a_{13}+b_{13} \\ a_{21}+b_{21} & a_{22}+b_{22} & a_{23}+b_{23} \end{pmatrix} \tag{14.21}$$

定理一 矩阵拥有和算符一样的基本性质。

矩阵的积 两个矩阵 $\boldsymbol{A}$ 和 $\boldsymbol{B}$ 的乘积仍然是一个矩阵，我们称之为 $\boldsymbol{C}$。

$$\boldsymbol{AB}=\boldsymbol{C} \tag{14.22}$$

只有当 $\boldsymbol{A}$ 的列数和 $\boldsymbol{B}$ 的行数相等时，矩阵的乘法才是有定义的。下面我们给出定义：

矩阵 $\boldsymbol{A}$ 可以写成

$$\boldsymbol{A}=\left(a_{ik}\right), i=1,2,\cdots,n;\ k=1,2,\cdots,m$$

其中，n 为总的行数，m 为总的列数。同理可得

$$\boldsymbol{B}=\left(b_{jl}\right), j=1,2,\cdots,m;\ l=1,2,\cdots,p$$

其中，m 为总的行数，p 为总的列数。此时 $\boldsymbol{A}$ 的列数和 $\boldsymbol{B}$ 的行数是相等的。两个矩阵的乘积为 $\boldsymbol{C}=\boldsymbol{AB}$，它可以写成

$$\boldsymbol{C}=\left(c_{rs}\right),\ r=1,\ 2,\cdots,\ n;\ s=1,\ 2,\cdots,\ p \tag{14.23}$$

矩阵 $\boldsymbol{A}$ 和矩阵 $\boldsymbol{B}$ 的乘积有着与矩阵 $\boldsymbol{A}$ 相同的行数，与矩阵 $\boldsymbol{B}$ 相同的列数。这个运算规则可以很简单地用图 13 来表示。

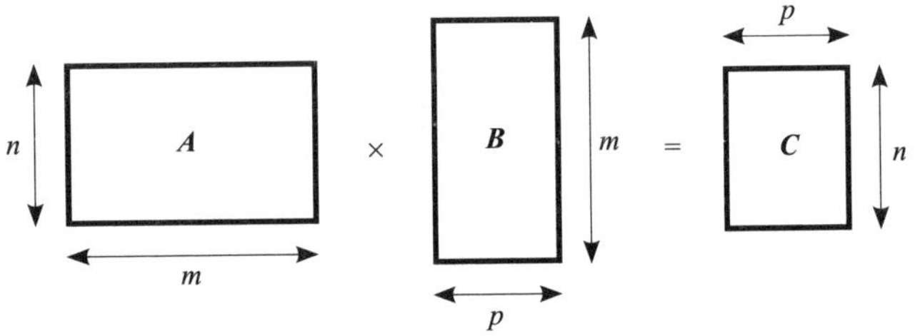

图 13　矩阵乘积示意图

相乘后的矩阵的元素可以由以下规则得到

$$c_{rs}=\sum_{k=1}^{m}a_{rk}b_{ks} \tag{14.24}$$

乘积的元素满足的规则：矩阵 $\boldsymbol{A}$ 的第 r 行乘以矩阵 $\boldsymbol{B}$ 的第 s 列。

最重要的特殊情况——方阵（每一边的数量都是 n，如矩阵 14.18）的乘积有如下性质：

a）矩阵 $\boldsymbol{A}$ 和 $\boldsymbol{B}$ 的乘积仍是一个 n 阶方阵[1]。

〔1〕n 行 n 列的方阵即为 n 阶方阵。

b）两个矩阵的逆序乘积也是有定义的，即 $\boldsymbol{BA}$，它也是一个方阵。但是在一般情况下，$\boldsymbol{BA}$ 和 $\boldsymbol{AB}$ 是不同的，这从定义上就可以看出

$$(\boldsymbol{AB})_{rs}=\sum_k a_{rk}b_{ks} \tag{14.25}$$

$$(\boldsymbol{BA})_{rs}=\sum_k b_{rk}a_{ks} \tag{14.26}$$

定理二 两个方阵乘积的行列式等于两个方阵行列式的乘积，即

$$\det(\boldsymbol{AB})=\det(\boldsymbol{A})\times\det(\boldsymbol{B}) \tag{14.27}$$

它们相等是因为方阵的乘积和行列式一样有着行乘以列的运算规则。

易子的定义（对于方阵） 两个矩阵的对易关系的定义为

$$[\boldsymbol{A},\boldsymbol{B}]=\boldsymbol{AB}-\boldsymbol{BA} \tag{14.28}$$

显然它满足以下性质

$$[\boldsymbol{A},\boldsymbol{B}]=[\boldsymbol{B},\boldsymbol{A}]$$

单位矩阵的定义 单位矩阵可以写成

$$\boldsymbol{I}=\begin{pmatrix}1 & 0 & \cdots & 0\\ 0 & 1 & \cdots & 0\\ \vdots & \vdots & & \vdots\\ 0 & 0 & \cdots & 1\end{pmatrix} \tag{14.29}$$

即主对角线上的元素都是 1 的对角方阵。

直接由表达式（14.24）或者表达式（14.25）和（14.26）我们可以知道，单位矩阵满足以下性质

$$\boldsymbol{IA}=\boldsymbol{AI}=\boldsymbol{A}$$

$$[\boldsymbol{I},\boldsymbol{A}]=[\boldsymbol{A},\boldsymbol{I}]=0 \tag{14.30}$$

方阵的逆 我们把方阵的逆记为

$$B = A^{-1}$$

它由以下等式定义

$$A^{-1}A = AA^{-1} = I \tag{14.31}$$

我们可以提出一个问题：什么情况下逆矩阵才存在？

答案是：当 $\det A \neq 0$ 时。因为矩阵的逆满足以下规则：

$$\left(A^{-1}\right)_{rs} = \frac{\operatorname{adj}\left(A_{rs}\right)}{\det A} \tag{14.32}$$

其中，adj（A_{rs}）表示矩阵元 A_{rs} 的代数余子式（algebraic complementminor）。

逆矩阵有下列性质

$$\det A^{-1} = \frac{1}{\det A} \tag{14.33}$$

$$\left[A^{-1}, A\right] = 0 \tag{14.34}$$

14.2.2 重要性质

对于类似的矩阵算符，上述定义的所有代数运算，都可以从第 10 讲所定义的算符代数中得到，并且它们是一致的（各位可以自行一一验证）。特别是对于方阵，与第 10 讲最后一部分的过程一样，一个矩阵可以是另一个矩阵的函数。

我们可以用一个列数为 1 的列矩阵乘以一个方阵［就像式（14.18）和式（14.19）］，得到

$$\hat{\boldsymbol{H}}\boldsymbol{f} = \boldsymbol{g} \tag{14.35}$$

可以用图 14 表示该运算。

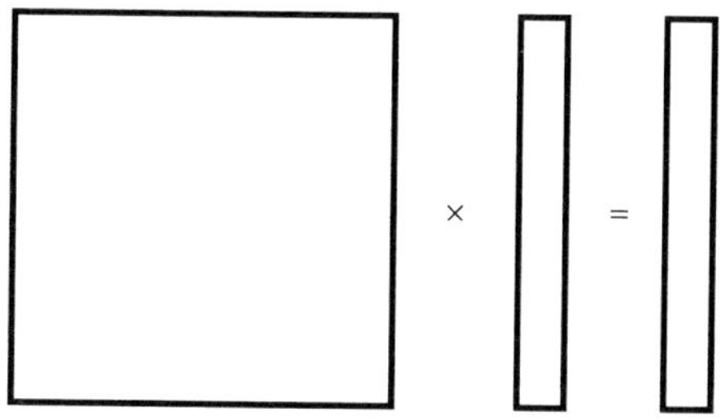

图 14　方阵与列矩阵相乘示意图

公式（14.35）中，$\boldsymbol{g}$ 是一个列矩阵，这是由矩阵乘积公式（14.25）得到的，就像式（14.16）那样。

因此，式（14.35）也可以理解为如下等价的结果

方阵 $\hat{\boldsymbol{H}}$ × 列矩阵 $\boldsymbol{f}$ = 列矩阵 $\boldsymbol{g}$

或者

$$\text{算符 } \hat{\boldsymbol{H}} \text{ 作用在函数 } f \text{ 上} = \text{函数 } g \tag{14.36}$$

转置矩阵　矩阵 $\boldsymbol{A}$ 的转置可以表示为 $\boldsymbol{A}^{\mathrm{T}}$，即转置矩阵，它的定义为调换矩阵 $\boldsymbol{A}$ 的行和列后所得到的矩阵。或者等价地，我们可以将其写为[1]

$$\left(\boldsymbol{A}^{\mathrm{T}}\right)_{ik} = A_{ik} \tag{14.37}$$

〔1〕原书使用 $\boldsymbol{A}^{\mathrm{trans}}$ 表示转置矩阵，现多用 $\boldsymbol{A}^{\mathrm{T}}$ 表示。

特殊情况 若 $\boldsymbol{A}$ 是一个方阵（如矩阵算符），则 $\boldsymbol{A}^{\mathrm{T}}$ 可以通过把矩阵 $\boldsymbol{A}$ 中每个元素和它关于主对角线对称的元素对换来得到。

若 $\boldsymbol{f}$ 是一个列矩阵（函数或者矢量），则 $\boldsymbol{f}$ 的转置矩阵 $\boldsymbol{f}^{\mathrm{T}}$ 为一个行矩阵，即

$$\boldsymbol{f}=\left(f_1,f_2,\cdots,f_n\right)$$

复共轭矩阵 矩阵 $\boldsymbol{A}$ 的复共轭可以表示为 $\boldsymbol{A}^*$，即复共轭矩阵，它的定义为：矩阵 $\boldsymbol{A}$ 中的每一个元素都变为它的复共轭。我们可以将其写为

$$\left(\boldsymbol{A}^*\right)_{ik}=A_{ik}^* \tag{14.38}$$

共轭转置矩阵 矩阵 $\boldsymbol{A}$ 的（复）共轭转置矩阵（又称为“厄米共轭矩阵”）是一个非常重要的概念。我们把一个矩阵的共轭转置矩阵记为 $\boldsymbol{A}^\dagger$[1]。它的定义为：矩阵 $\boldsymbol{A}$ 先进行一次转置，然后每个元素取复共轭（也可以称为取“厄米共轭”）。即

$$\left(\boldsymbol{A}^\dagger\right)_{ik}=A_{ki}^* \tag{14.39}$$

举个例子，我们有矩阵

$$\boldsymbol{A}=\begin{pmatrix}1 & 2+\mathrm{i} & 3\\ 2 & 1+\mathrm{i} & 1-\mathrm{i}\\ 0 & 0 & 1\end{pmatrix}$$

---

〔1〕原书使用 $\tilde{\boldsymbol{A}}$ 表示，现多用 $\boldsymbol{A}^\dagger$ 表示。

它的厄米共轭矩阵为

$$A^{\dagger}=\begin{pmatrix}1 & 2 & 0\\ 2-\mathrm{i} & 1-\mathrm{i} & 0\\ 3 & 1+\mathrm{i} & 1\end{pmatrix}$$

另一个例子是，我们有一个列矩阵

$$\boldsymbol{f}=\begin{pmatrix}f_1\\ f_2\\ f_3\end{pmatrix}$$

它的厄米共轭矩阵为

$$\boldsymbol{f}^{\dagger}=\left(f_1^{*},\ f_2^{*},\ f_3^{*}\right) \tag{14.40}$$

若 $\boldsymbol{f}$ 和 $\boldsymbol{g}$ 都为列矩阵，即函数，则 $\boldsymbol{g}^{\dagger}\boldsymbol{f}$ 是一个 1 行 1 列的矩阵［可以参考式（14.23）和式（14.24）］，这就是一个数，即

$$\boldsymbol{g}^{\dagger}\boldsymbol{f}=\sum_{s=1}^{n}g_s^{*}f_s=(\boldsymbol{g}\mid\boldsymbol{f}) \tag{14.41}$$

设矩阵 $\boldsymbol{A}$，$\boldsymbol{B}$，$\boldsymbol{C}$，…，$\boldsymbol{K}$，$\boldsymbol{L}$，它们的行数和列数需满足一定的要求，使得乘积矩阵

$$\boldsymbol{P}=\boldsymbol{ABC}\cdots\boldsymbol{KL}$$

是有定义的，即需要每个矩阵的列数等于紧跟着它之后的矩阵的行数。那么我们可以得到

$$\boldsymbol{P}^{\dagger}=\boldsymbol{L}^{\dagger}\boldsymbol{K}^{\dagger}\cdots\boldsymbol{C}^{\dagger}\boldsymbol{B}^{\dagger}\boldsymbol{A}^{\dagger}$$

这表明，矩阵乘积的厄米共轭矩阵等于每个矩阵的厄米共轭矩阵逆序相乘。这个结论可以很容易从定义中推出。

对于这种 1 行 1 列的矩阵 $\boldsymbol{g}^{\dagger}\boldsymbol{f}$，对它取厄米共轭就是它的复共轭，即

$$\left(\boldsymbol{g}^{\dagger}\boldsymbol{f}\right)^{\dagger}=\left(\boldsymbol{g}^{\dagger}\boldsymbol{f}\right)^{*}=\boldsymbol{f}^{\dagger}\boldsymbol{g}=\left(\boldsymbol{f}\mid\boldsymbol{g}\right)$$

15　厄米矩阵——本征值问题

15.1　关于厄米矩阵的一些定理及性质

若一个方阵（$n \times n$）中的每个元素都是它关于矩阵主对角线对称的元素的复共轭，则我们称这个方阵是“厄米的”。若矩阵 $\boldsymbol{A}$ 是厄米的，则

$$a_{ik} = a_{ki}^{*} \tag{15.1}$$

因此，一个厄米矩阵等于它的共轭转置矩阵，反之亦然（故可称其为“自共轭”）。当矩阵 $\boldsymbol{A}$ 是厄米的时，我们有

$$\boldsymbol{A} = \boldsymbol{A}^{\dagger} \tag{15.2}$$

以下所有矩阵

$$\begin{pmatrix} 1 & 0 \\ 0 & -1 \end{pmatrix}$$

$$\begin{pmatrix} 0 & 1 & 1 \\ 1 & 0 & 0 \\ 1 & 0 & 0 \end{pmatrix}$$

$$\begin{pmatrix} 0 & -\mathrm{i} & \mathrm{e}^{\mathrm{i}\alpha} \\ \mathrm{i} & 0 & \mathrm{e}^{-\mathrm{i}\beta} \\ \mathrm{e}^{-\mathrm{i}\alpha} & \mathrm{e}^{\mathrm{i}\beta} & 0 \end{pmatrix}$$

$$\begin{pmatrix} 0 & -\mathrm{i} \\ \mathrm{i} & 0 \end{pmatrix}$$

都是厄米的。

可以发现，厄米矩阵的对角线元素都是实数，即

$$a_{ii} \in \mathbf{R} \tag{15.3}$$

从定义出发，我们可以得到一些显然成立的定理。

定理一　若 $\boldsymbol{A}$，$\boldsymbol{B}$，$\boldsymbol{C}$，…都是厄米矩阵[1]，并且 a，b，c，…都是实数，则

$$a\boldsymbol{A} + b\boldsymbol{B} + c\boldsymbol{C} + \cdots \tag{15.4}$$

也是厄米矩阵。

定理二　若矩阵 $\boldsymbol{A}$ 是厄米的，则它的所有幂次都是厄米的。即

$$\boldsymbol{A}^s = \left(\boldsymbol{A}^s\right)^\dagger \tag{15.5}$$

□ **埃尔米特**

夏尔・埃尔米特（1822—1901年），法国数学家。其研究领域涉及数论、线性泛函分析（一种无穷维线性代数）、不变量理论、正交多项式、椭圆函数、代数学等。以他命名的“厄米矩阵”（物理学领域的规范译名，数学领域则称之为“埃尔米特矩阵”）在量子力学中有着至关重要的作用，所有与量子力学实验相关的数值预测都可以通过厄米算符得到，它是理解和计算量子系统中可观测量的关键工具。

证明

$$\left(\boldsymbol{A}^s\right)^\dagger = \left(\boldsymbol{A}\boldsymbol{A}\cdots\boldsymbol{A}\right)^\dagger = \boldsymbol{A}^\dagger\boldsymbol{A}^\dagger\cdots\boldsymbol{A}^\dagger = \left(\boldsymbol{A}^\dagger\right)^s = \boldsymbol{A}^s$$

〔1〕所有的矩阵需要阶数相同。

定理三　　若矩阵 $\boldsymbol{A}$ 是厄米的，则它的行列式是实数，即

$$\det \boldsymbol{A} \in \mathbf{R} \tag{15.6}$$

证明

$$\det \boldsymbol{A} = \det\left(\boldsymbol{A}^{\mathrm{T}}\right) = \left[\det\left(\boldsymbol{A}^{\dagger}\right)\right]^{*} = \left[\det \boldsymbol{A}\right]^{*}$$

定理四　　若矩阵 $\boldsymbol{A}$ 是厄米的，则 $\boldsymbol{A}^{-1}$ 也是厄米的，即

$$\boldsymbol{A}^{-1} = \left(\boldsymbol{A}^{-1}\right)^{\dagger} \tag{15.7}$$

证明

$$\boldsymbol{I} = \boldsymbol{A}\boldsymbol{A}^{-1}$$

由于 $\boldsymbol{I}$ 是厄米的，两边取厄米共轭后得到

$$\boldsymbol{I} = \left(\boldsymbol{A}^{-1}\right)^{\dagger} \boldsymbol{A}^{\dagger}$$

又由于 $\boldsymbol{A}$ 是厄米的，故

$$\boldsymbol{I} = \left(\boldsymbol{A}^{-1}\right)^{\dagger} \boldsymbol{A}^{\dagger} = \left(\boldsymbol{A}^{-1}\right)^{\dagger} \boldsymbol{A}$$

由逆矩阵的定义，$\left(\boldsymbol{A}^{-1}\right)^{\dagger}$ 和 $\boldsymbol{A}$ 相乘等于 $\boldsymbol{I}$，所以 $\left(\boldsymbol{A}^{-1}\right)^{\dagger}$ 就是 $\boldsymbol{A}$ 的逆矩阵，即

$$\left(\boldsymbol{A}^{-1}\right)^{\dagger} = \boldsymbol{A}^{-1}$$

得证。

从这些定理我们可以推出：

重要的定理　　若 $F(x)$ 是实变量 x 的实函数，通过第 10 讲最后部分的内容，我们可以由矩阵 $\boldsymbol{A}$ 定义一个矩阵 $\boldsymbol{F}(\boldsymbol{A})$。若 $\boldsymbol{A}$ 是厄米的，

则 $\boldsymbol{F}(\boldsymbol{A})$ 也是厄米的，即

$$\boldsymbol{F}(\boldsymbol{A})^\dagger=\boldsymbol{F}(\boldsymbol{A}) \quad (15.8)$$

证明　因为函数 $F(x)$ 的级数展开式的系数都是实数，结合式（15.4）和（15.5），我们就可以得到上述定理。

如果矩阵 $\boldsymbol{A}$ 和 $\boldsymbol{B}$ 都是厄米的，一般来说，它们的乘积矩阵 $\boldsymbol{AB}$ 不是厄米的，但是对称的乘积形式 $\frac{1}{2}(\boldsymbol{AB}+\boldsymbol{BA})$ 是厄米的，即

$$\boldsymbol{C}=\frac{1}{2}(\boldsymbol{AB}+\boldsymbol{BA})=\boldsymbol{C}^\dagger \quad (15.9)$$

证明

$$\boldsymbol{C}^\dagger=\frac{1}{2}(\boldsymbol{AB}+\boldsymbol{BA})^\dagger=\frac{1}{2}(\boldsymbol{B}^\dagger\boldsymbol{A}^\dagger+\boldsymbol{A}^\dagger\boldsymbol{B}^\dagger)=\frac{1}{2}(\boldsymbol{BA}+\boldsymbol{AB})=\boldsymbol{C}$$

这就允许我们在许多情况下都能定义出一个关于两个（甚至多个）矩阵的函数 $\boldsymbol{F}(\boldsymbol{A},\boldsymbol{B})$。如果 F 是一个关于变量的实函数，且矩阵 $\boldsymbol{A}$ 和 $\boldsymbol{B}$ 都是厄米的，则 $\boldsymbol{F}(\boldsymbol{A},\boldsymbol{B})$ 也是厄米的，即

$$\boldsymbol{F}(\boldsymbol{A},\boldsymbol{B})=\boldsymbol{F}^\dagger(\boldsymbol{A},\boldsymbol{B}) \quad (15.10)$$

当 $\boldsymbol{A}$ 和 $\boldsymbol{B}$ 对易时，我们可以很容易得到这个结论。

定理五　设矩阵 $\boldsymbol{A}$ 和 $\boldsymbol{B}$ 是厄米的，且 $\boldsymbol{AB}=\boldsymbol{BA}$，则乘积矩阵

$$\boldsymbol{P}=\boldsymbol{ABAABB} \quad (15.11)$$

或者其他乘积因子为 $\boldsymbol{A}$ 和 $\boldsymbol{B}$ 的相似矩阵，都是厄米的。

证明　对 $\boldsymbol{P}$ 取厄米共轭，然后使用定理中的假设条件，就可以推出 $\boldsymbol{P}^\dagger=\boldsymbol{P}$。

性质 厄米算符的定义（11.6）和厄米矩阵的定义是一致的。

因为若 $\boldsymbol{A}=\boldsymbol{A}^{\dagger}$，则

$$(\boldsymbol{g}\mid \boldsymbol{A}\boldsymbol{f})=\boldsymbol{g}^{\dagger}\boldsymbol{A}\boldsymbol{f}=\boldsymbol{g}^{\dagger}\boldsymbol{A}^{\dagger}\boldsymbol{f}=(\boldsymbol{A}\boldsymbol{g})^{\dagger}\boldsymbol{f}=(\boldsymbol{A}\boldsymbol{g}\mid \boldsymbol{f}) \tag{15.12}$$

15.2 厄米矩阵算符的本征值问题

15.2.1 本征值

设 $\boldsymbol{A}=\boldsymbol{A}^{\dagger}$，我们需要求解的问题转化为方程

$$\hat{A}\boldsymbol{\psi}=a\boldsymbol{\psi}$$

其中，a 为本征值。将上述矩阵方程展开，可以得到

$$\begin{cases} a_{11}\psi_1+a_{12}\psi_2+\cdots a_{1n}\psi_n=a\psi_1 \\ a_{21}\psi_1+a_{22}\psi_2+\cdots a_{2n}\psi_n=a\psi_2 \\ \cdots \\ a_{n1}\psi_1+a_{n2}\psi_2+\cdots a_{nn}\psi_n=a\psi_n \end{cases} \tag{15.13}$$

方程有解的条件为

$$\begin{vmatrix} a_{11}-a & a_{12} & \cdots & a_{1n} \\ a_{21} & a_{22}-a & \cdots & a_{2n} \\ \vdots & \vdots & \ddots & \vdots \\ a_{n1} & a_{n2} & \cdots & a_{nn}-a \end{vmatrix}=0 \tag{15.14}$$

（注意：这里是行列式而不是矩阵。）这是一个关于 a 的 n 阶代数方程（我们称之为“久期方程”或“特征方程”）。一般情况下，方程有 n 个根，然而在简并情况下，它们中的一些根是相等的。其所有的根都是实数

［可以通过类似式（11.8）的方法证明］。

因此，一个厄米矩阵算符有 n 个为实数的本征值，它们中有些值可能是相等的。本征值可以分别表示为

a_1，a_2，…，a_n

对应的本征矢量为

$$\boldsymbol{\psi}_1, \boldsymbol{\psi}_2, \cdots, \boldsymbol{\psi}_n \tag{15.15}$$

定理一　对应于不同本征值的本征函数是正交的。（15.16）

证明　可以用类似第 72 页定理二中证明 $\hat{A}\boldsymbol{\psi}_n = a_n\boldsymbol{\psi}_n$ 的方法证明。

定理二　若久期方程的 n 个根都是单根，那么对于每一个本征值 a_s，除了本征函数为常数的情况，都只有一个本征函数 ψ_s 和它对应。

证明　用行列式的代数规则很容易证明。

15.2.2 构造 ψ_s 的规则

在久期方程的行列式（15.14）中，若我们用具体的本征值 a_s 代替 a，则这个行列式任意一行的 n 个元素的代数余子式按顺序组成的数对正比于本征函数 ψ_s。

问题：计算以下矩阵的本征矢量并把它们归一化。

$$\boldsymbol{A} = \begin{pmatrix} 0 & 1 & 0 \\ 1 & 0 & 1 \\ 0 & 1 & 0 \end{pmatrix}$$

$$\begin{pmatrix} 0 & 1 \\ 1 & 0 \end{pmatrix}$$

$$\begin{pmatrix} 0 & -\mathrm{i} \\ \mathrm{i} & 0 \end{pmatrix}$$

$$\begin{pmatrix} 1 & 0 \\ 0 & -1 \end{pmatrix}$$

15.2.3 简并情况

在求解本征方程的久期方程时，若一个本征值是 q 重简并的，则它对应于 q 个线性无关的本征函数（这是由行列式的代数性质决定的）。它们的形式是不唯一的，我们可以通过恰当的选择，使得这 q 个本征函数是正交且归一化的。

（此处我们可以讨论一下其与椭圆的几何性质的相似性。）

取正交的本征函数集为

$$\begin{cases} \psi^{(1)}, \psi^{(2)}, \cdots, \psi^{(n)} \\ \psi^{(r)\dagger}\psi^{(s)} = \delta_{rs} \end{cases} \tag{15.17}$$

把它们作为矢量空间的基矢。

将任意函数 f 按基矢展开后，得到

$$f = \sum_s \left(\psi^{(s)} \mid f\right)\psi^{(s)} \tag{15.18}$$

这证明了第 11 讲中的准定理三，而此讲中所有其他的准定理都可以通过简单的代数性质来证明。

类比于方程（11.23），对于方程（15.18），我们有

$$f_\rho = \delta_{\rho\sigma}$$

其中，σ 为固定的指标，ρ 为变化的指标。于是我们得到

$$f_\rho = \begin{pmatrix} 0 \\ 0 \\ \vdots \\ 1 \\ 0 \\ \vdots \end{pmatrix}$$

其中 1 位于第 σ 行。也可以得到

$$\left(\psi^{(s)} \mid f\right) = \psi_\sigma^{*(s)}$$

因此

$$\delta_{\rho\sigma} = \sum_s \psi_\sigma^{*(s)} \psi_\rho^{(s)} \tag{15.19}$$

同时，我们也可以把上式写为

$$\sum_s \psi^{(s)} \psi^{\dagger(s)} = 1 \tag{15.20}$$

其中，右边的 1 是一个 $n \times n$ 的单位矩阵。

我们注意到：只要给出一个矩阵的本征矢量和相应的本征值，我们就可以定义一个矩阵算符。因为

$$\hat{A} f = \sum_s a_s \left(\psi^{(s)} \mid f\right) \psi^{(s)} \tag{15.21}$$

就完整地定义了这个矩阵。

16　幺正矩阵和变换

16.1　幺正矩阵

设 $\boldsymbol{A}$ 是一个厄米矩阵，$\boldsymbol{B}$ 也是一个厄米矩阵。

$$\begin{cases}\boldsymbol{\psi}^{(1)},\ \boldsymbol{\psi}^{(2)},\cdots,\ \boldsymbol{\psi}^{(n)}\\ a_1,\ a_2,\cdots,\ a_n\end{cases} \tag{16.1}$$

是矩阵 $\boldsymbol{A}$ 的本征函数和本征值，它的本征函数组成一个正交集。对于矩阵 $\boldsymbol{B}$，它的本征函数和本征值为

$$\begin{cases}\boldsymbol{\varphi}^{(1)},\ \boldsymbol{\varphi}^{(2)},\cdots,\ \boldsymbol{\varphi}^{(n)}\\ b_1,\ b_2,\cdots,\ b_n\end{cases} \tag{16.2}$$

这些本征函数也是一个正交集。

现在的问题是：我们要找一个变换矩阵 $\boldsymbol{T}$，把 $\boldsymbol{\varphi}^{(s)}$ 变为 $\boldsymbol{\psi}^{(s)}$，即

$$\hat{\boldsymbol{T}}\boldsymbol{\varphi}^{(s)}=\boldsymbol{\psi}^{(s)} \tag{16.3}$$

下面进行求解。我们在方程两边同时右乘 $\boldsymbol{\varphi}^{(s)\dagger}$，得到

$$\hat{\boldsymbol{T}}\boldsymbol{\varphi}^{(s)}\boldsymbol{\varphi}^{(s)\dagger}=\boldsymbol{\psi}^{(s)}\boldsymbol{\varphi}^{(s)\dagger}$$

对 s 求和，且利用关系式（15.20），我们得到

$$\hat{\boldsymbol{T}}=\sum_s\boldsymbol{\psi}^{(s)}\boldsymbol{\varphi}^{(s)\dagger} \tag{16.4}$$

可以把它和坐标变换进行类比。

定义 我们把满足性质

$$\boldsymbol{Q}^{\dagger}\boldsymbol{Q}=\boldsymbol{I} \text{ 或 } \boldsymbol{Q}^{\dagger}=\boldsymbol{Q}^{-1} \tag{16.5}$$

的矩阵称为“幺正矩阵”。这也是幺正矩阵的定义。

定理一 变换矩阵 $\boldsymbol{T}$ 为幺正矩阵，即

$$\boldsymbol{T}^{\dagger}\boldsymbol{T}=\boldsymbol{I} \tag{16.6}$$

证明 变换矩阵的厄米共轭矩阵为

$$\boldsymbol{T}^{\dagger}=\left(\sum\boldsymbol{\psi}^{(s)}\boldsymbol{\varphi}^{(s)\dagger}\right)^{\dagger}=\sum\boldsymbol{\varphi}^{(s)}\boldsymbol{\psi}^{(s)\dagger}$$

利用公式（15.17）和（15.20），我们得到

$$\boldsymbol{T}^{\dagger}\boldsymbol{T}=\sum_{s,\sigma}\boldsymbol{\varphi}^{(s)}\boldsymbol{\psi}^{(s)\dagger}\boldsymbol{\psi}^{(\sigma)}\boldsymbol{\varphi}^{(\sigma)\dagger}=\sum_{s,\sigma}\boldsymbol{\varphi}^{(s)}\delta_{s\sigma}\boldsymbol{\varphi}^{(\sigma)\dagger}=\sum_{s}\boldsymbol{\varphi}^{(s)}\boldsymbol{\varphi}^{(s)\dagger}=\boldsymbol{I}$$

定理二 若变换矩阵 $\boldsymbol{T}$ 是幺正的，则

$$\left(\hat{\boldsymbol{T}}f\,\middle|\,\hat{\boldsymbol{T}}g\right)=\left(f\,|\,g\right) \tag{16.7}$$

证明

$$\left(\hat{\boldsymbol{T}}f\mid\boldsymbol{T}g\right)=\left(\boldsymbol{T}f\right)^{\dagger}\boldsymbol{T}g=f^{\dagger}\boldsymbol{T}\ \boldsymbol{T}g=f\ \ g=\left(f\mid g\right)$$

定理三 若变换矩阵 $\boldsymbol{T}$ 是幺正的，且 $\boldsymbol{\psi}^{(s)}$ 是 n 个矢量的正交集，则

$$\hat{\boldsymbol{T}}\boldsymbol{\psi}^{(s)}=\boldsymbol{\varphi}^{(s)}$$

也组成一个正交集。 (16.8)

证明 显然，我们可以从定理二中推出此定理。

因此，幺正变换使得一个正交集变为另一个正交集。

下面我们具体分析一个正交集的变换。如我们有正交集

$$\boldsymbol{e}^{(1)}=\begin{pmatrix}1\\0\\\vdots\\\vdots\\0\end{pmatrix}$$

$$\boldsymbol{e}^{(2)}=\begin{pmatrix}0\\1\\\vdots\\\vdots\\0\end{pmatrix}$$

$$\boldsymbol{e}^{(n)}=\begin{pmatrix}0\\0\\\vdots\\\vdots\\1\end{pmatrix}$$

幺正变换

$$\hat{\boldsymbol{T}}\boldsymbol{e}^{(s)}=\boldsymbol{\psi}^{(s)}$$

可以通过幺正矩阵

$$\boldsymbol{T}=\sum_{s}\boldsymbol{\psi}^{(s)}\boldsymbol{e}^{(s)\dagger}=\begin{pmatrix}\psi_1^{(1)} & \psi_1^{(2)} & \cdots & \psi_1^{(n)}\\ \psi_2^{(1)} & \psi_2^{(2)} & \cdots & \psi_2^{(n)}\\ \vdots & \vdots & & \vdots\\ \psi_n^{(1)} & \psi_n^{(2)} & \cdots & \psi_n^{(n)}\end{pmatrix}$$

或

$$\boldsymbol{T}_{ik}=\psi_i^{(k)} \tag{16.9}$$

来实现。

16.2 矢量 $\boldsymbol{f}$ 的坐标变换

设矢量 $\boldsymbol{f}$ 为

$$\boldsymbol{f}=\begin{pmatrix}x_1\\x_2\\\vdots\\x_n\end{pmatrix}=\sum_{\mathrm{i}}x_i\boldsymbol{e}^{(i)}$$

在新的坐标系 $\boldsymbol{\psi}^{(k)}$ 中，矢量 $\boldsymbol{f}$ 可以写为

$$\boldsymbol{f}=\sum_k x_k'\boldsymbol{\psi}^{(k)} \tag{16.10}$$

其中，x_i 为旧坐标系中的坐标值，x_k' 为新坐标中的坐标值。

下面我们研究新坐标和旧坐标之间的联系。新坐标可以写为

$$x_k'=\boldsymbol{\psi}^{(k)\dagger}\boldsymbol{f}=\sum_s\boldsymbol{\psi}_s^{*(k)}x_s$$

利用式（16.9），得到

$$x_k'=\left(\boldsymbol{T}^{\dagger}\right)_{ks}x_s$$

或者使用矩阵来表示，我们将其写成列矩阵

$$\begin{cases}\boldsymbol{x}=\begin{pmatrix}x_1\\x_2\\\vdots\\x_n\end{pmatrix}\\ \boldsymbol{x}'=\begin{pmatrix}x_1'\\x_2'\\\vdots\\x_n'\end{pmatrix}\end{cases}$$

那么坐标之间的变换可以写为

$$\begin{cases} \boldsymbol{x}' = \boldsymbol{T}^{\dagger}\boldsymbol{x} = \boldsymbol{T}^{-1}\boldsymbol{x} \\ \boldsymbol{x} = \boldsymbol{T}\boldsymbol{x}' \end{cases} \tag{16.11}$$

我们注意到：坐标的变换是基矢的幺正变换的逆变换。

现在我们考虑矩阵算符 $\hat{\boldsymbol{A}}$ 的变换。我们提出一个问题：矩阵算符 $\hat{\boldsymbol{A}}$ 定义了某个矢量的坐标 x 的一个线性变换，那么当同一矢量用坐标 x' 来描述时，其相应的线性变换 $\boldsymbol{A}'$ 是什么呢?

下面进行解答。由式（16.11）我们知道

$$\boldsymbol{x} = \boldsymbol{T}\boldsymbol{x}'$$

由以上问题的定义我们知道

$$\hat{\boldsymbol{A}}\boldsymbol{x} = \boldsymbol{T}\boldsymbol{A}\boldsymbol{x}'$$

对于方程的左边，由坐标变换可以得到

$$\hat{\boldsymbol{A}}\boldsymbol{x} = \boldsymbol{A}\boldsymbol{T}\boldsymbol{x}'$$

将其代回原方程，并将两边同时左乘 $\boldsymbol{T}^{-1}$，得到

$$\boldsymbol{T}^{-1}\hat{\boldsymbol{A}}\boldsymbol{T}\boldsymbol{x}' = \boldsymbol{A}'\boldsymbol{x}'$$

这对于任意的 x' 都是成立的。因此我们得到

$$\hat{\boldsymbol{A}}' = \boldsymbol{T}^{-1}\hat{\boldsymbol{A}}\boldsymbol{T} = \boldsymbol{T}^{\dagger}\hat{\boldsymbol{A}}\boldsymbol{T} \tag{16.12}$$

或可以得到逆变换

$$\hat{\boldsymbol{A}} = \boldsymbol{T}\hat{\boldsymbol{A}}'\boldsymbol{T}^{-1} = \boldsymbol{T}\hat{\boldsymbol{A}}'\boldsymbol{T}^{\dagger}$$

由此，算符 $\hat{\boldsymbol{A}}$ 通过矩阵 $\boldsymbol{T}$ 变成了算符 $\hat{\boldsymbol{A}}'$ 。

16.3 变换的性质

a）若

$$\hat{A}' = T^{-1}\hat{A}T$$

$$\hat{B}' = T^{-1}\hat{B}T$$

则

$$\hat{A}' \pm \hat{B}' = T^{-1}\left(\hat{A} \pm \hat{B}\right)T$$

$$\hat{A}'\hat{B}' = T^{-1}\left(\hat{A}\hat{B}\right)T$$

$$\hat{A}'^{n} = T^{-1}\hat{A}^{n}T$$

$$F\left(\hat{A}'\right) = T^{-1}F\left(\hat{A}\right)T$$

$$1 = T^{-1}1T \tag{16.13}$$

还有其他相似的性质，这些性质都可以很直接地被证明。

b）算符 $\hat{A}'$，$\hat{B}'$，$\cdots$ 的代数运算和算符 $\hat{A}$，$\hat{B}$，$\cdots$ 的代数运算是一样的。

c）算符 $\hat{A}'$ 有着和算符 $\hat{A}$ 一样的本征值，它们的本征函数为

$$\psi'^{(s)} = T^{-1}\psi^{(s)} = T^{\dagger}\psi^{(s)}$$

或

$$T\psi'^{(s)} = \psi(s) \tag{16.14}$$

各位可以自行验证。

16.4 迹

矩阵 $\boldsymbol{A}$（方阵）的迹为[1]

$$\operatorname{tr}(\boldsymbol{A})=\sum_{s=1}^{n}\boldsymbol{A}_{ss} \tag{16.15}$$

即对矩阵主对角线上的元素进行求和。

定理一　$\boldsymbol{A}$ 和 $\boldsymbol{A}'$ 有着相同的迹，即

$$\operatorname{tr}(\boldsymbol{A})=\operatorname{tr}(\boldsymbol{A}') \tag{16.16}$$

证明

$$\begin{aligned}\operatorname{tr}(\boldsymbol{A}')&=\operatorname{tr}\left(\boldsymbol{T}^{\dagger}\boldsymbol{A}\boldsymbol{T}\right)=\sum_{ikr}\left(\boldsymbol{T}^{\dagger}\right)_{ik}A_{kr}\boldsymbol{T}_{ri}\\&=\sum_{kr}A_{kr}\left(\boldsymbol{T}\boldsymbol{T}^{\dagger}\right)_{rk}=\sum_{kr}A_{kr}\delta_{kr}\\&=\sum_{k}A_{kk}=\operatorname{tr}(\boldsymbol{A})\end{aligned}$$

问题：我们有一个厄米矩阵 $\boldsymbol{A}$，一个幺正矩阵 $\boldsymbol{T}$，令矩阵 $\boldsymbol{A}'$ 为

$$\boldsymbol{A}'=\boldsymbol{T}^{\dagger}\boldsymbol{A}\boldsymbol{T}$$

如何得到使 $\boldsymbol{A}'$ 对角化的 $\boldsymbol{T}$？

解答：由式（16.9）我们知道

$$\boldsymbol{T}=\sum_{s}\boldsymbol{\psi}^{(s)}\boldsymbol{e}^{(s)\dagger}$$

---

〔1〕原书使用 Sp 表示矩阵的迹，现多用 tr 表示，故统一修改。

因为

$$\boldsymbol{A}' = \boldsymbol{T}^\dagger \boldsymbol{A}\boldsymbol{T} = \sum_{s\sigma} \boldsymbol{e}^{(s)}\boldsymbol{\psi}^{(s)\dagger}\boldsymbol{A}\boldsymbol{\psi}^{(\sigma)}\boldsymbol{e}^{(\sigma)}$$

而$\boldsymbol{\psi}^{(\sigma)}$是$\boldsymbol{A}$的本征函数，所以

$$\boldsymbol{A}\boldsymbol{\psi}^{(\sigma)} = a_\sigma \boldsymbol{\psi}^{(\sigma)}$$

将其代入，得到

$$\boldsymbol{A}' = \sum_{s\sigma} a_\sigma \boldsymbol{e}^{(s)}\boldsymbol{\psi}^{(s)\dagger}\boldsymbol{\psi}^{(\sigma)}\boldsymbol{e}^{(\sigma)\dagger}$$

易知

$$\boldsymbol{\psi}^{(s)\dagger}\boldsymbol{\psi}^{(\sigma)} = \delta_{s\sigma}$$

故

$$\boldsymbol{A}' = \sum_{s\sigma} a_\sigma \boldsymbol{e}^{(s)}\delta_{s\sigma}\boldsymbol{e}^{(\sigma)\dagger} = \sum_s a_s \boldsymbol{e}^{(s)}\boldsymbol{e}^{(s)\dagger}$$

$$= \sum_s a_s \begin{pmatrix} 0 & \cdots & 0 & 0 & 0 & \cdots & 0 \\ \vdots & & \vdots & \vdots & \vdots & \vdots & \vdots \\ 0 & \cdots & 0 & 0 & 0 & \cdots & 0 \\ 0 & \cdots & 0 & 1 & 0 & \cdots & 0 \\ 0 & \cdots & 0 & 0 & 0 & \cdots & 0 \\ \vdots & \vdots & \vdots & \vdots & \vdots & & \vdots \\ 0 & \cdots & 0 & 0 & 0 & \cdots & 0 \end{pmatrix}$$

矩阵中的1处在第s行第s列，矩阵的其余元素全为0。求和后得到

$$A' = \begin{pmatrix} a_1 & 0 & \cdots & 0 \\ 0 & a_2 & \cdots & 0 \\ \vdots & \vdots & & \vdots \\ 0 & 0 & \cdots & a_n \end{pmatrix} \tag{16.17}$$

于是我们把矩阵$\boldsymbol{A}$变换成了对角矩阵$\boldsymbol{A}'$，其主对角线上的元素为$\boldsymbol{A}$的

本征值。矩阵 $\boldsymbol{T}$ 把原先的基矢 $\boldsymbol{e}^{(s)}$ 变换为 $\boldsymbol{\psi}^{(s)}$ 。这意味着：我们可以通过这种变换把矩阵 $\boldsymbol{A}$ 的本征函数作为新坐标系的基矢，使得矩阵 $\boldsymbol{A}$ 对角化。

定理二 矩阵的迹等于它所有本征值的和，即

$$\mathrm{tr}(\boldsymbol{A})=\sum_{s=1}^{n}a_s \qquad (16.18)$$

证明 从上述内容以及公式（16.16）可以很容易得到这个定理。

现在，我们给出矩阵 $\boldsymbol{F}(\boldsymbol{A})$ 的新定义。一共有三步：

第一步，把矩阵 $\boldsymbol{A}$ 变换成像（16.17）那样的对角矩阵 $\boldsymbol{A}'$

$$\boldsymbol{A}'=\boldsymbol{T}^{\dagger}\boldsymbol{A}\boldsymbol{T}$$

$$\boldsymbol{A}=\boldsymbol{T}\boldsymbol{A}'\boldsymbol{T}^{\dagger}$$

第二步，将函数 F 作用在 $\boldsymbol{A}'$ 上

$$\boldsymbol{F}(\boldsymbol{A}')=\begin{pmatrix} F(a_1) & 0 & 0 & \cdots & 0 \\ 0 & F(a_2) & 0 & \cdots & 0 \\ 0 & 0 & F(a_3) & \cdots & 0 \\ \vdots & \vdots & \vdots & & \vdots \\ 0 & 0 & 0 & \cdots & F(a_n) \end{pmatrix}$$

第三步，变换回原来的基矢，得到

$$\boldsymbol{F}(\boldsymbol{A})=\boldsymbol{T}\boldsymbol{F}(\boldsymbol{A}')\boldsymbol{T}^{\dagger} \qquad (16.19)$$

利用式（16.13）的性质很容易证明此关系式。这里的定义和之前第 10 讲给出的普遍定义是等价的。在任何情况下，第 10 讲给出的定义都是有意义的，而定义对函数 F 也没有任何限制。

定理三 当我们使用新定义的矩阵 $\boldsymbol{F}(\boldsymbol{A})$ 时，其满足关系式

$$\left[\boldsymbol{A}, \boldsymbol{F}(\boldsymbol{A})\right]=0 \tag{16.20}$$

证明 由于 $\boldsymbol{A}'$ 和 $\boldsymbol{F}$（$\boldsymbol{A}'$）都是对角矩阵，所以

$$\left[\boldsymbol{A}', \boldsymbol{F}(\boldsymbol{A}')\right]=0$$

然后使用性质（16.13）即可证明。

定理四 这个定理是定理三的逆定理。若矩阵 $\boldsymbol{A}$ 和矩阵 $\boldsymbol{B}$ 是对易的，且 $\boldsymbol{A}$ 是非简并矩阵，则存在关系式

$$\boldsymbol{B}=\boldsymbol{F}(\boldsymbol{A}) \tag{16.21}$$

证明 类似（16.17），我们将矩阵 $\boldsymbol{A}$ 转换为对角矩阵 $\boldsymbol{A}'$

$$\boldsymbol{A}'=\boldsymbol{T}^{\dagger}\boldsymbol{A}\boldsymbol{T}=\begin{pmatrix} a_1 & 0 & \cdots & 0 \\ 0 & a_2 & \cdots & 0 \\ \vdots & \vdots & & \vdots \\ 0 & 0 & \cdots & a_n \end{pmatrix}$$

$$\boldsymbol{B}'=\boldsymbol{T}^{\dagger}\boldsymbol{B}'\boldsymbol{T}$$

由于

$$[\boldsymbol{A}, \boldsymbol{B}]=0$$

我们可以得到

$$[\boldsymbol{A}', \boldsymbol{B}']=0$$

其分量式为

$$[\boldsymbol{A}', \boldsymbol{B}']_{ik}=(a_i-a_k)b'_{ik}=0$$

当 $i \neq k$ 时，$a_i \neq a_k$，由此我们可以得到当 $i \neq k$ 时，$b'_{ik}=0$。因此 $\boldsymbol{B}'$ 也是对角矩阵，即

$$\boldsymbol{B}'=\begin{pmatrix} b_1 & 0 & \cdots & 0 \\ 0 & b_2 & \cdots & 0 \\ \vdots & \vdots & & \vdots \\ 0 & 0 & \cdots & b_n \end{pmatrix}$$

因此我们可以得到

$$\boldsymbol{B}'=F(\boldsymbol{A}')$$

其中的函数 F 是无穷个函数中满足 $F(a_1)=b_1$，$F(a_2)=b_2$，…，$F(a_n)=b_n$ 的那个函数。再利用定理二进行逆变换，我们就证明了定理四。

不经意间，我们在以上过程中顺带证明了以下定理：

定理五　若矩阵 $\boldsymbol{A}$ 是对角矩阵，矩阵 $\boldsymbol{B}$ 是非简并矩阵，且 $\boldsymbol{A}$ 和 $\boldsymbol{B}$ 是对易的，则矩阵 $\boldsymbol{B}$ 也一定是对角化的。

定理六　若定理五中的矩阵 $\boldsymbol{A}$ 是简并的，那么矩阵 $\boldsymbol{B}$ 不一定是对角矩阵，但是 $\boldsymbol{B}$ 必须有如下例子中所展示的结构。这个结论很容易推广。

若矩阵 $\boldsymbol{A}$ 为

$$\boldsymbol{A}=\begin{pmatrix} a_1 & 0 & 0 & 0 & 0 \\ 0 & a_1 & 0 & 0 & 0 \\ 0 & 0 & a_2 & 0 & 0 \\ 0 & 0 & 0 & a_2 & 0 \\ 0 & 0 & 0 & 0 & a_2 \end{pmatrix}$$

则矩阵 $\boldsymbol{B}$ 应该有如下结构

$$\boldsymbol{B}=\begin{pmatrix} b_{11} & b_{12} & 0 & 0 & 0 \\ b_{21} & b_{22} & 0 & 0 & 0 \\ 0 & 0 & b_{33} & b_{34} & b_{35} \\ 0 & 0 & b_{43} & b_{44} & b_{45} \\ 0 & 0 & b_{53} & b_{54} & b_{55} \end{pmatrix}$$

此时矩阵 $\boldsymbol{B}$ 是分块的，可以把 $\boldsymbol{B}$ 看成是由左上角一个 2 × 2 的矩阵和右下角一个 3 × 3 的矩阵组成，其余元素都为 0。

这个定理有非常重要的应用。假设 $\boldsymbol{A}$ 和 $\boldsymbol{B}$ 是厄米矩阵，且满足 $[\boldsymbol{A},\boldsymbol{B}]=0$，我们可以像第 15 讲那样求解 $\boldsymbol{A}$ 的本征值问题。接着像式（16.17）那样，把 $\boldsymbol{A}$ 变换成对角矩阵的形式

$$\boldsymbol{A}'=\boldsymbol{T}^{\dagger}\boldsymbol{A}\boldsymbol{T}$$

对 $\boldsymbol{B}$ 做同样的变换

$$\boldsymbol{B}'=\boldsymbol{T}^{\dagger}\boldsymbol{B}\boldsymbol{T}$$

易知矩阵 $\boldsymbol{A}'$ 和 $\boldsymbol{B}'$ 满足对易关系。那么：

若 $\boldsymbol{A}$ 是非简并的矩阵，由定理五我们可以得到 $\boldsymbol{B}'$ 是对角矩阵，并且这就是 $\boldsymbol{B}$ 的本征值问题的答案。

若 $\boldsymbol{A}$ 是简并的矩阵，则 $\boldsymbol{B}'$ 是类似定理六中 $\boldsymbol{B}$ 的形式。此时 $\boldsymbol{B}'$ 的久期方程会分裂成几个简单的方程，其中每个方程矩阵的阶数就是矩阵 $\boldsymbol{A}$ 相应本征值的简并度。

17　可观测量

可观测量即为系统状态的函数。

a）在量子力学中，对于每个可观测量 Q，我们都可以构造一个对应的线性算符（可以用 $\hat{Q}$ 来表示，注意两者的区别）。若可观测量本质上是一个实数，则算符 $\hat{Q}$ 是一个厄米算符。

b）对可观测量 Q 的一次测量会得到一个 Q 的值，这个值是算符 $\hat{Q}$ 的一个本征值。

$$\hat{Q}f_{q'} = q'f_{q'} \tag{17.1}$$

其中，q' 为算符 $\hat{Q}$ 的本征值，$f_{q'}$ 为算符 $\hat{Q}$ 的本征函数。

c）系统状态可以用态矢量 ψ 来描述（ψ 通常是归一化的，归一化系数是不重要的）。

d）那么要如何确定 ψ 呢？

测量可观测量 Q，我们发现

$$Q = q'$$

那么，若本征值 q' 是非简并的，则

$$\psi = f_{q'} \tag{17.2}$$

若本征值 q' 是简并的，则 ψ 为本征值 q' 所对应的所有本征函数的线性叠加，ψ 属于由 q' 的本征矢量所张成的子空间。方程

$$\hat{Q}\psi = q'\psi \tag{17.3}$$

即定义了 q' 的子空间。

为了得到在子空间 q' 中的 ψ，我们选取一个和 Q 对易的新的可观测量 P，其满足

$$\left[\hat{P},\hat{Q}\right]=0 \tag{17.4}$$

定理一　设有两个可观测量 P 和 Q，它们满足 $\left[\hat{P},\hat{Q}\right]=0$，且

$$\hat{Q}\psi = q'\psi$$

即 ψ 属于 q' 的子空间，则 $\hat{P}\psi$ 也属于 q' 的子空间，即

$$\hat{Q}\left(\hat{P}\psi\right)=q'\left(P\psi\right) \tag{17.5}$$

证明

$$\begin{aligned}\hat{Q}\left(\hat{P}\psi\right)&=QP\psi=PQ\psi\\&=\hat{P}q'\psi=q'\left(P\psi\right)\end{aligned}$$

下面考虑 $\hat{P}$ 也是子空间 q' 中的算符的情况。同时求解方程

$$\hat{Q}\psi = q'\psi$$

$$\hat{P}\psi = p'\psi \tag{17.6}$$

其中，p' 为算符 $\hat{P}$ 在 $Q = q'$ 的子空间中的本征值，我们将得到和子空间 q' 的维数一样的本征值和本征函数。式（17.6）定义了一个“子子空

间”（sub-sub-space）（$Q=q'$，$P=p'$）。若这个“子子空间”是一维的，则式（17.6）确定了不考虑常数系数的本征函数 ψ。否则，ψ 就限制在子子空间中，再测量另一个可观测量 R，使得

$$\begin{cases}\left[\hat{R},\hat{Q}\right]=0\\ \left[\hat{R},\hat{P}\right]=0\end{cases}\tag{17.7}$$

这样算符 $\hat{R}$ 也在“子子空间”中。于是方程组

$$\begin{cases}\hat{Q}\psi=q'\psi\\ \hat{P}\psi=p'\psi\\ \hat{R}\psi=r'\psi\end{cases}\tag{17.8}$$

定义了“子子子空间”（sub-sub-sub-space）。若此时这个“子子子空间”是一维的，则本征函数 ψ 已经确定了；若不是一维的，则继续上述步骤，直到获得一个一维空间为止。

e）若本征函数 ψ 是已知的，此时测量可观测量 $\hat{A}$，那么获得 $A=a'$ 的概率为

$$\left|\left(f_{a'}\,|\,\psi\right)\right|^2$$

f）考虑“态矢量” ψ 的时间演化。设算符 $\hat{H}$ 为哈密顿算符（它是厄米算符），那么含时薛定谔方程为

$$\mathrm{i}\hbar\dot{\psi}=\hat{H}\psi\tag{17.9}$$

可以观察到

$$-\mathrm{i}\hbar\dot{\psi}^{\dagger}=\psi^{\dagger}\hat{H}^{\dagger}=\psi^{\dagger}\hat{H}\tag{17.10}$$

定理二 $\psi^\dagger\psi$（即归一化常数）在时间演化下是一个常数。因此，若 $\psi(0)$ 已经是归一化的，那么 $\psi(t)$ 也一定是归一化的。

证明

$$\frac{\partial}{\partial t}\left(\psi^\dagger\psi\right)=\psi\ \dot{\psi}+\dot{\psi}\ \psi$$

将方程（17.9）和（17.10）代入后得到

$$\frac{\partial}{\partial t}\left(\psi^\dagger\psi\right)=\frac{1}{\mathrm{i}\hbar}\psi^\dagger\hat{H}\psi-\frac{1}{\mathrm{i}\hbar}\psi^\dagger\hat{H}\psi=0$$

g）若在经典情况下，哈密顿量可以写成

$$H=H\left(q_1,\ q_2,\ \cdots,\ p_1,\ p_2,\ \cdots\right)$$

在量子力学中，若要得到哈密顿算符 $\hat{H}$，只需做代换

$$p_i\rightarrow\frac{\hbar}{\mathrm{i}}\frac{\partial}{\partial q_i}$$

即可。然而，这种做法并不总是能表述清楚的。

这些算符作用在形式为 $f=f\left(q_1,q_2,\cdots,q_s\right)$ 的函数上。

h）转到用矩阵描述。通常，我们会选一些恰当的算符（如哈密顿算符或无微扰的哈密顿算符）的本征函数作为正交归一基，这样可以方便地把算符变换成矩阵形式。假设现在有一个坐标系，它只有一个广义坐标 q，令 $q=x$。函数的正交归一基为

$$\psi^{(1)}(x),\ \psi^{(2)}(x),\ \cdots,\ \psi^{(n)}(x),\ \cdots \tag{17.11}$$

其幺正变换矩阵为（类似）

$$T=\begin{pmatrix} \psi^{(1)}(x') & \psi^{(2)}(x') & \cdots & \psi^{(n)}(x') & \cdots \\ \psi^{(1)}(x'') & \psi^{(2)}(x'') & \cdots & \psi^{(n)}(x'') & \cdots \\ \vdots & \vdots & & \vdots & \cdots \\ \psi^{(1)}(x^{(n)}) & \psi^{(2)}(x^{(n)}) & \cdots & \psi^{(n)}(x^{(n)}) & \cdots \\ \vdots & \vdots & \vdots & \vdots & \end{pmatrix} \tag{17.12}$$

这是一个两重的无限矩阵!

它的列指标分别为 1，2，…，n，…（可能是连续的，也可能是不连续的）。它的行指标分别为 x'，x''，…，$x^{(n)}$，…（所有 x 的值一般都是连续的且个数是无限的）。在应用的时候需要非常谨慎!

现在，我们有一个“矢量”或者“函数”$f(x)$，将其写成基矢的级数，形式为

$$f(x)=\sum\varphi_n\psi^{(n)}$$

其中

$$\varphi_n=\left(\psi^{(n)}\mid f\right)=\int\psi^{*(n)}f\mathrm{d}x=\int\psi^{\dagger(n)}f\mathrm{d}x$$

这里的 $f(x')$，$f(x'')$，$f(x''')$，…是 f 在旧坐标系下的分量，而 ψ_1，ψ_2，ψ_3，…是 f 在新坐标系下的分量。

算符 $\hat{A}$ 将变为 $T^{\dagger}AT$

$$\hat{A}=\begin{pmatrix} A_{11} & A_{12} & A_{13} & \cdots \\ A_{21} & A_{22} & A_{23} & \cdots \\ A_{31} & A_{32} & A_{33} & \cdots \\ \vdots & \vdots & \vdots & \end{pmatrix} \tag{17.13}$$

□ 狄拉克

保罗·狄拉克，英国理论物理学家，量子力学的奠基人之一，1933年诺贝尔物理学奖获得者之一。1928年，他把相对论引进量子力学，建立了相对论形式的薛定谔方程，也就是著名的狄拉克方程，预言了反粒子的存在，这一预言随后因卡尔·大卫·安德森（Carl David Anderson，1905—1991年）在1932年发现正电子而得到证实。1939年，狄拉克符号作为一套标准符号系统在量子力学中被广泛应用于描述量子态。

其中

$$A_{nm}=\left(\psi^{(n)} \mid A\psi^{(m)}\right)$$
$$=\int\left(\psi^{(n)}(x)\right)^{*} A\psi^{(m)}(x)\mathrm{d}x$$

若算符 $\hat{A}$ 为厄米算符，则

$$A_{nm}=A_{mn}^{*}$$

A_{nm} 为算符 $\hat{A}$ 在态 n 和 m 之间的矩阵元，我们也可以将其写为

$$A_{nm}=\left\langle\psi^{(n)}\middle|\hat{A}\middle|\psi^{(m)}\right\rangle=\left\langle n\middle|A\middle|m\right\rangle \tag{17.14}$$

此处，我们引入一种记号——狄拉克[1]符号，即

$$\psi^{(m)}=\left|m\right\rangle$$

将这个符号称为“右矢”（ket），而

$$\psi^{(n)\dagger}=\left\langle n\right|$$

称为“左矢”（brac）。

〔1〕保罗·阿德里安·莫里斯·狄拉克（Paul Adrien Maurice Dirac，1902—1984年），英国理论物理学家，量子力学的奠基人之一，对量子电动力学的早期发展作出重要贡献。1933年与埃尔温·薛定谔共同获得诺贝尔物理学奖。

举个例子。取谐振子的本征函数为波函数

$$\psi^{(n)}(x)=u_n(x)$$

它们是哈密顿算符

$$\hat{H}=\frac{1}{2m}\hat{p}^2+\frac{m\omega^2}{2}x^2 \tag{17.15}$$

的本征函数。

经过幺正变换（17.12）后，哈密顿算符 $\hat{H}$ 将变成对角矩阵

$$\hat{\boldsymbol{H}}=\begin{pmatrix} \frac{1}{2}\hbar\omega & 0 & 0 & 0 & \cdots \\ 0 & \frac{3}{2}\hbar\omega & 0 & 0 & \cdots \\ 0 & 0 & \frac{5}{2}\hbar\omega & 0 & \cdots \\ 0 & 0 & 0 & \frac{7}{2}\hbar\omega & \cdots \\ \vdots & \vdots & \vdots & \vdots & \end{pmatrix} \tag{17.16}$$

矩阵元可以写为

$$H_{nm}=H_{nn}\delta_{nm}=\hbar\omega\left(n+\frac{1}{2}\right)\delta_{nm}$$

下面我们来确定算符 $\hat{x}$ 和算符 $\hat{p}$ 的矩阵。

由式（17.15）和以下对易关系

$$\hat{p}x-xp=\frac{\hbar}{\mathrm{i}}$$

计算可得

$$\hat{H}\hat{x}-\hat{x}H=\frac{\hbar}{\mathrm{i}m}p \tag{17.17}$$

或可以写成

$$\begin{aligned}\frac{\hbar}{\mathrm{i}m}p_{rs}&=\left(\hat{H}\hat{x}-xH\right)_{rs}\\&=\left(H_{rr}-H_{ss}\right)x_{rs}\\&=\hbar\omega\left(r-s\right)x_{rs}\end{aligned}$$

类似地，由

$$\hat{H}\hat{p}-pH=-\frac{\hbar}{\mathrm{i}}m\omega^2x \tag{17.18}$$

得到

$$-\frac{\hbar}{\mathrm{i}}m\omega^2x_{rs}=\hbar\omega\left(r-s\right)p_{rs}$$

联立求解，可以得到

$x_{rs}=(r-s)\ 2x_{rs}$

因此，当且仅当 $r=s\pm1$ 时，$x_{rs}\neq0$，$p_{rs}\neq0$，同时可以得到

$$p_{r,r+1}=-\mathrm{i}m\omega x_{r,r+1} \tag{17.19}$$

由式（17.15）、（17.16）和（17.19）可以解出

$$\left|x_{r,r+1}\right|^2+\left|x_{r-1,r}\right|^2=\frac{\hbar}{m\omega}\left(r+\frac{1}{2}\right)$$

由对易关系 $\hat{p}x-xp=\frac{\hbar}{\mathrm{i}}$ 和关系式（17.19）我们可以解得

$$\left|x_{r,r+1}\right|^2-\left|x_{r-1,r}\right|^2=\frac{\hbar}{2m\omega}$$

联立以上两式，得到

$$\left|x_{r,r+1}\right|^2=\frac{\hbar}{2m\omega}\left(r+1\right)$$

由于自变量的选择是任意的，所以可以得到

$$
\begin{aligned}
x_{r,r+1} &= x_{r+1,r} = \sqrt{\frac{\hbar}{2m\omega}}\sqrt{r+1} \\
p_{r,r+1} &= -p_{r+1,r} = -\mathrm{i}\sqrt{\frac{\hbar m\omega}{2}}\sqrt{r+1}
\end{aligned}
\tag{17.20}
$$

此时 r 的取值为 $r=0, 1, 2, \cdots$。

将其写为矩阵形式，得到

$$
\hat{\boldsymbol{x}} = \sqrt{\frac{\hbar}{2m\omega}}\begin{pmatrix} 0 & \sqrt{1} & 0 & 0 & \cdots \\ \sqrt{1} & 0 & \sqrt{2} & 0 & \cdots \\ 0 & \sqrt{2} & 0 & \sqrt{3} & \cdots \\ 0 & 0 & \sqrt{3} & 0 & \cdots \\ \vdots & \vdots & \vdots & \vdots & \end{pmatrix}
$$

$$
\hat{\boldsymbol{p}} = \sqrt{\frac{\hbar m\omega}{2}}\begin{pmatrix} 0 & -\mathrm{i}\sqrt{1} & 0 & 0 & \cdots \\ \mathrm{i}\sqrt{1} & 0 & -\mathrm{i}\sqrt{2} & 0 & \cdots \\ 0 & \mathrm{i}\sqrt{2} & 0 & -\mathrm{i}\sqrt{3} & \cdots \\ 0 & 0 & \mathrm{i}\sqrt{3} & 0 & \cdots \\ \vdots & \vdots & \vdots & \vdots & \end{pmatrix}
\tag{17.21}
$$

各位可以利用表达式自行验证其对易关系

$$
\hat{\boldsymbol{p}}\hat{\boldsymbol{x}} - \hat{\boldsymbol{x}}\hat{\boldsymbol{p}} = \frac{\hbar}{\mathrm{i}}
$$

最后，介绍一些重要的线性组合

$$
\boldsymbol{a}^{\dagger} = \sqrt{\frac{m\omega}{2\hbar}}\hat{\boldsymbol{x}} - \frac{\mathrm{i}}{\sqrt{2\hbar m\omega}}\hat{\boldsymbol{p}} = \begin{pmatrix} 0 & 0 & 0 & 0 & \cdots \\ \sqrt{1} & 0 & 0 & 0 & \cdots \\ 0 & \sqrt{2} & 0 & 0 & \cdots \\ 0 & 0 & \sqrt{3} & 0 & \cdots \\ \vdots & \vdots & \vdots & \vdots & \end{pmatrix}
$$

$$\boldsymbol{a}=\sqrt{\frac{m\omega}{2\hbar}}\hat{\boldsymbol{x}}+\frac{\mathrm{i}}{\sqrt{2\hbar m\omega}}\hat{\boldsymbol{p}}=\begin{pmatrix}0 & \sqrt{1} & 0 & 0 & \cdots \\ 0 & 0 & \sqrt{2} & 0 & \cdots \\ 0 & 0 & 0 & \sqrt{3} & \cdots \\ 0 & 0 & 0 & 0 & \cdots \\ \vdots & \vdots & \vdots & \vdots & \end{pmatrix}$$

这里的 $\boldsymbol{a}$ 和 $\boldsymbol{a}^{\dagger}$ 不是厄米算符（在量子场论中，我们将其分别称为“湮灭算符”和“产生算符”）。

各位可以自行验证它们的对易关系

$$\boldsymbol{a}\boldsymbol{a}^{\dagger}-\boldsymbol{a}^{\dagger}\boldsymbol{a}=1$$

18　角动量

现在，我们考虑量子力学中的角动量（或称为“动量矩”）问题。角动量算符的形式和经典情况的角动量是一致的，只是把所有的物理量都变成算符形式

$$\hat{\boldsymbol{M}} = \hat{\boldsymbol{x}} \times \hat{\boldsymbol{p}} \tag{18.1}$$

其分量表达式分别为

$$\begin{cases} \hat{M}_x = \hat{y}\hat{p}_z - \hat{z}\hat{p}_y = \hat{X} \\ \hat{M}_y = \hat{z}\hat{p}_x - \hat{x}\hat{p}_z = \hat{Y} \\ \hat{M}_z = \hat{x}\hat{p}_y - \hat{y}\hat{p}_x = \hat{Z} \end{cases} \tag{18.2}$$

角动量平方的算符为

$$\hat{\boldsymbol{M}}^2 = \hat{M}_x^2 + \hat{M}_y^2 + \hat{M}_z^2 \tag{18.3}$$

很容易证明它们的对易关系为

$$\begin{cases} \left[\hat{M}_x, \hat{M}_y\right] = \mathrm{i}\hbar\hat{M}_z \\ \left[\hat{M}_y, \hat{M}_z\right] = \mathrm{i}\hbar\hat{M}_x \\ \left[\hat{M}_z, \hat{M}_x\right] = \mathrm{i}\hbar\hat{M}_y \end{cases} \tag{18.4}$$

或可以写成

$$\hat{\boldsymbol{M}} \times \hat{\boldsymbol{M}} = \mathrm{i}\hbar\boldsymbol{M} \tag{18.5}$$

$$\left[\hat{M}_x, \hat{\boldsymbol{M}}^2\right]=\left[\hat{M}_y, \hat{\boldsymbol{M}}^2\right]=\left[\hat{M}_z, \hat{\boldsymbol{M}}^2\right]=0 \tag{18.6}$$

$$\left[\hat{r}^2, \hat{\boldsymbol{M}}_x\right]=\left[\hat{r}^2, \hat{\boldsymbol{M}}_y\right]=\left[\hat{r}^2, \hat{\boldsymbol{M}}_z\right]=0 \tag{18.7}$$

$$\left[\hat{r}^2, \hat{\boldsymbol{M}}^2\right]=0 \tag{18.8}$$

使用自然单位制，在这个单位制中，$\hbar=1$，于是对易关系可以简写为

$$\begin{cases}\left[\hat{X}, \hat{Y}\right]=+\mathrm{i}\hat{Z}\\ \left[\hat{Y}, \hat{Z}\right]=+\mathrm{i}\hat{X}\\ \left[\hat{Z}, \hat{X}\right]=+\mathrm{i}\hat{Y}\end{cases} \tag{18.9}$$

选取使算符 $\hat{\boldsymbol{M}}^2$ 为对角矩阵的“表象”[1]，然后求解算符 $\hat{\boldsymbol{M}}^2$ 的本征值。由表达式（18.2）和关系式（18.3），将算符写在极坐标下可以得到

$$\begin{cases}\hat{M}_z=\dfrac{\hbar}{\mathrm{i}}\dfrac{\partial}{\partial\varphi}\\ \hat{\boldsymbol{M}}^2=-\hbar^2\Lambda\end{cases} \tag{18.10}$$

其中，Λ 为拉普拉斯算符的角向部分。

由先前的知识我们知道，只有对易的算符可以同时对角化。而此处由关系式我们知道，角动量的三个分量 $\hat{M}_x$，$\hat{M}_y$，$\hat{M}_z$ 两两之间都是不对易的，所以在任意表象中，我们都只能对角化角动量的一个分量。但是

〔1〕一种“表象”即为矢量空间中的一套离散的或连续的正交归一基。

由关系式（18.3）可以发现，算符 $\hat{\boldsymbol{M}}^2$ 和角动量的所有分量都是对易的。故在求解问题时，我们一般对角动量的一个分量（如 $\hat{M}_z$）和 $\hat{\boldsymbol{M}}^2$ 同时对角化，这两个量是可以同时观测的物理量。

因此，求解后得到算符 $\hat{\boldsymbol{M}}^2$ 的本征值为

$$\hbar^2 l(l+1),\ l=0,1,2,\cdots$$

算符 $\hat{M}_z$ 的本征值为

$$\hbar m,\ m=-l,\cdots,-2,-1,0,1,2,\cdots,l$$

这里的 l 为之前提到过的角量子数，m 为磁量子数。

取 $\hbar=1$，算符 $\hat{\boldsymbol{M}}^2$ 的本征函数为

$$\begin{cases} M^2=l(l+1) \\ \psi=f(r)Y_{lm}(\theta,\varphi) \end{cases}$$

这里的本征函数是简并的，除了径向 r 的简并，本征函数对磁量子数 m 有 $2l+1$ 重简并。

对于 $M^2=l(l+1)$ 中的任意一个本征值，我们发现

$$\hat{M}_z=m=(l,l-1,l-2,\cdots,-l)$$

此时，我们可以得到分量算符 $\hat{M}_x$，$\hat{M}_y$，$\hat{M}_z$ 的矩阵形式

$$\hat{\boldsymbol{M}}_z=\hbar\begin{pmatrix} l & 0 & 0 & \cdots & 0 \\ 0 & l-1 & 0 & \cdots & 0 \\ 0 & 0 & l-2 & \cdots & 0 \\ \vdots & \vdots & \vdots & & \vdots \\ 0 & 0 & 0 & \cdots & -l \end{pmatrix}$$

$$\hat{\boldsymbol{M}}_x = \frac{\hbar}{2}\begin{pmatrix} 0 & b_l & 0 & 0 & \cdots & 0 & 0 \\ b_l & 0 & b_{l-1} & 0 & \cdots & 0 & 0 \\ 0 & b_{l-1} & 0 & b_{l-2} & \cdots & 0 & 0 \\ 0 & 0 & b_{l-2} & 0 & & \vdots & \vdots \\ \vdots & \vdots & \vdots & & & b_{-l+2} & 0 \\ 0 & 0 & 0 & \cdots & b_{-l+2} & 0 & b_{-l+1} \\ 0 & 0 & 0 & \cdots & 0 & b_{-l+1} & 0 \end{pmatrix}$$

$$\hat{\boldsymbol{M}}_y = \frac{\hbar}{2}\begin{pmatrix} 0 & -\mathrm{i}b_l & 0 & 0 & \cdots & 0 & 0 \\ \mathrm{i}b_l & 0 & -\mathrm{i}b_{l-1} & 0 & \cdots & 0 & 0 \\ 0 & \mathrm{i}b_{l-1} & 0 & -\mathrm{i}b_{l-2} & \cdots & 0 & 0 \\ 0 & 0 & \mathrm{i}b_{l-2} & 0 & & \vdots & \vdots \\ \vdots & \vdots & \vdots & & & -\mathrm{i}b_{-l+2} & 0 \\ 0 & 0 & 0 & \cdots & \mathrm{i}b_{-l+2} & 0 & -\mathrm{i}b_{-l+1} \\ 0 & 0 & 0 & \cdots & 0 & \mathrm{i}b_{-l+1} & 0 \end{pmatrix}$$

其中

$$b_s = \sqrt{(l+s)(l+1-s)}$$

以上公式可以由球谐函数的性质直接证明，或使用对易关系也可以直接证明。后面我们将对任意的角动量进行更一般的讨论。

下面我们举几个例子。

当角量子数 $l=0$ 时，本征值为

$$M^2 = 0$$

角动量算符的分量为

$$\hat{M}_z = M_x = M_y = (0) \tag{18.11}$$

当角量子数 $l=1$ 时，本征值为

$$M^2 = 2$$

角动量算符的分量分别为

$$\hat{\boldsymbol{M}}_z = \begin{pmatrix} 1 & 0 & 0 \\ 0 & 0 & 0 \\ 0 & 0 & -1 \end{pmatrix}$$

$$\hat{\boldsymbol{M}}_x = \begin{pmatrix} 0 & \frac{1}{\sqrt{2}} & 0 \\ \frac{1}{\sqrt{2}} & 0 & \frac{1}{\sqrt{2}} \\ 0 & \frac{1}{\sqrt{2}} & 0 \end{pmatrix}$$

$$\hat{\boldsymbol{M}}_y = \begin{pmatrix} 0 & -\frac{\mathrm{i}}{\sqrt{2}} & 0 \\ \frac{\mathrm{i}}{\sqrt{2}} & 0 & -\frac{\mathrm{i}}{\sqrt{2}} \\ 0 & \frac{\mathrm{i}}{\sqrt{2}} & 0 \end{pmatrix}$$

同时可以得到

$$\hat{\boldsymbol{M}}_x + \mathrm{i}\hat{\boldsymbol{M}}_y = \begin{pmatrix} 0 & \sqrt{2} & 0 \\ 0 & 0 & \sqrt{2} \\ 0 & 0 & 0 \end{pmatrix}$$

$$\hat{\boldsymbol{M}}_x - \mathrm{i}\hat{\boldsymbol{M}}_y = \begin{pmatrix} 0 & 0 & 0 \\ \sqrt{2} & 0 & 0 \\ 0 & \sqrt{2} & 0 \end{pmatrix} \tag{18.12}$$

角动量算符的分量可以看成以上两个非厄米算符的线性组合。这两个算符的矩阵元为

$$\begin{cases} \frac{1}{\hbar}\left\langle m+1 \middle| \hat{\boldsymbol{M}}_x + \mathrm{i}\boldsymbol{M}_y \middle| m \right\rangle = \sqrt{(l+m+1)(l-m)} \\ \frac{1}{\hbar}\left\langle m-1 \middle| \hat{\boldsymbol{M}}_x - \mathrm{i}\boldsymbol{M}_y \middle| m \right\rangle = \sqrt{(l+m)(l+1-m)} \end{cases} \tag{18.13}$$

其余所有的矩阵元都是 0！

通过上述表达式我们发现，算符 $\hat{\boldsymbol{M}}_x+\mathrm{i}\hat{\boldsymbol{M}}_y$ 作用在态 $|m\rangle$ 上，使其变为了 $\sqrt{(l+m+1)(l-m)}|m+1\rangle$ 1。可以通过反证法证明：若它变成了其他的态 $|n\rangle$，而这些态和态 $|m\rangle$ 都是正交的，所以它们的内积 $\langle m+1|n\rangle$ 一定为 0，与等式结果不符。同理，可以得到算符 $\hat{\boldsymbol{M}}_x-\mathrm{i}\hat{\boldsymbol{M}}_y$ 的作用，将它们写为

$$\left|\hat{\boldsymbol{M}}_x+\mathrm{i}\hat{\boldsymbol{M}}_y|m\right\rangle=\sqrt{(l+m+1)(l-m)}|m+1\rangle$$
$$\left|\hat{\boldsymbol{M}}_x-\mathrm{i}\hat{\boldsymbol{M}}_y|m\right\rangle=\sqrt{(l+m)(l+1-m)}|m-1\rangle$$

算符 $\hat{\boldsymbol{M}}_x+\mathrm{i}\hat{\boldsymbol{M}}_y$ 和算符 $\hat{\boldsymbol{M}}_x-\mathrm{i}\hat{\boldsymbol{M}}_y$ 分别使得 m 的值增加或减少 1 个单位。

19 可观测量与时间的关系，海森堡[1]表象

19.1 含时的幺正变换

含时薛定谔方程为

$$i\hbar\dot{\psi}=\hat{H}\boldsymbol{\psi} \tag{19.1}$$

这可以用来定义以下含时的幺正变换

$$\hat{\boldsymbol{S}}(t) \tag{19.2}$$

这个变换 $\hat{\boldsymbol{S}}(t)$ 把 $t=0$ 时刻的矢量 $\boldsymbol{\varphi}(0)$ 变为 t 时刻的矢量 $\boldsymbol{\varphi}(t)$。我们可以通过对方程

$$i\hbar\dot{\boldsymbol{\varphi}}=\hat{H}\boldsymbol{\varphi} \tag{19.3}$$

从 0 到 t 积分，取 $\boldsymbol{\varphi}(0)$ 作为 φ 的初值，最后得到 $\boldsymbol{\varphi}(t)$。

在第 17 讲定理二中，我们已经证明了变换 $\hat{\boldsymbol{S}}(t)$ 是一个幺正变换。

---

〔1〕沃纳·卡尔·海森堡（Werner Karl Heisenberg，1901—1976 年），德国著名物理学家，量子力学的主要创始人，哥本哈根学派的代表人物，1932 年获诺贝尔物理学奖。其《量子论的物理学基础》是量子力学领域的经典著作。

它满足

$$\begin{cases}\boldsymbol{\varphi}(t)=\hat{\boldsymbol{S}}(t)\boldsymbol{\varphi}(0)\\ \boldsymbol{\varphi}(0)=\hat{\boldsymbol{S}}^{-1}(t)\boldsymbol{\varphi}(t)=\boldsymbol{S}^{\dagger}(t)\boldsymbol{\varphi}(t)\end{cases} \tag{19.4}$$

特别是对于波函数 $\boldsymbol{\psi}$，我们有

$$\begin{cases}\boldsymbol{\psi}(t)=\hat{\boldsymbol{S}}(t)\boldsymbol{\psi}(0)\\ \boldsymbol{\psi}(0)=\hat{\boldsymbol{S}}^{\dagger}(t)\boldsymbol{\psi}(t)\end{cases} \tag{19.5}$$

当哈密顿算符 $\hat{H}$ 是不含时的时候，$\hat{\boldsymbol{S}}(\boldsymbol{t})$ 的形式为

$$\hat{\boldsymbol{S}}(t)=\mathrm{e}^{-\frac{\mathrm{i}}{\hbar}\hat{H}t} \tag{19.6}$$

将其代入式（19.3）和式（19.4）后可以直接得到证明。对表达式取厄米共轭后得到

$$\hat{\boldsymbol{S}}^{\dagger}(t)=\mathrm{e}^{\frac{\mathrm{i}}{\hbar}\hat{H}t}$$

因为哈密顿算符 $\hat{H}$ 为厄米算符，所以 $\hat{H}^{\dagger}=H$ 。一般情况下，$\hat{S}(t)$ 由以下方程决定

$$\begin{cases}\dot{\hat{\boldsymbol{S}}}(t)=-\frac{\mathrm{i}}{\hbar}\hat{H}\hat{\boldsymbol{S}}(t)\\ \dot{\hat{\boldsymbol{S}}}^{\dagger}(t)=\frac{\mathrm{i}}{\hbar}\hat{\boldsymbol{S}}\ \ (t)\hat{H}\end{cases} \tag{19.7}$$

19.2 薛定谔表象

在这个表象中，我们使用含时的态矢量 $\psi(t)$ 来描述一个系统，它的

各个含时的坐标分量可以用不含时的基矢 $B(0)$

$$e^{(1)}=\begin{pmatrix}1\\0\\\vdots\\\vdots\\0\end{pmatrix},\ e^{(2)}=\begin{pmatrix}0\\1\\\vdots\\\vdots\\0\end{pmatrix},\cdots \tag{19.8}$$

进行描述。

□ **海森堡**

卡尔·海森堡，德国著名物理学家，量子力学的主要创始人。1932年，因其对量子理论的巨大贡献而荣获诺贝尔物理学奖。其代表作《量子论的物理学基础》是量子力学领域的经典著作。量子力学术语“海森堡表象”（又称“海森堡绘景”）也因他得名，它为解决例如量子力学中的散射等一系列物理问题提供了基础。

任意一个不含时的可观测量 $\hat{A}$（如位置算符 $\hat{x}$，动量算符 $\hat{p}$，或任意一个坐标算符和动量算符的函数）在基矢 $\boldsymbol{B}(0)$ 中可以被描述为一个矩阵，这个矩阵的矩阵元都是不含时的。然而，在 t 时刻进行测量得到某个可观测量的概率是含时的，这是因为态矢量 $\boldsymbol{\psi}(t)$ 是含时的。

19.3 海森堡表象

此时，含时的态矢量 $\boldsymbol{\psi}(t)$

$$\boldsymbol{\psi}(t)=\hat{\boldsymbol{S}}(t)\boldsymbol{\psi}(0) \tag{19.9}$$

可以由一套含时的基矢 $B(t)$

$$\boldsymbol{e}^{(s)}(t)=\hat{\boldsymbol{S}}(t)\boldsymbol{e}^{(s)} \tag{19.10}$$

进行描述。

态矢量$\boldsymbol{\psi}(t)$在基矢$\boldsymbol{B}$（t）中的坐标是不含时的，并且和$\boldsymbol{\psi}(0)$在基矢$\boldsymbol{B}$（0）中的坐标是一样的。因为它们满足关系式

$$\begin{aligned}\left[\boldsymbol{e}^{(s)}(t)\right]^{\dagger}\boldsymbol{\psi}(t)&=\left[\hat{\boldsymbol{S}}(t)\boldsymbol{e}^{(s)}\right]^{\dagger}\boldsymbol{S}(t)\boldsymbol{\psi}(0)\\&=\boldsymbol{e}^{(s)\dagger}\hat{\boldsymbol{S}}\ (t)\boldsymbol{S}(t)\boldsymbol{\psi}(0)\\&=\boldsymbol{e}^{(s)\dagger}\boldsymbol{\psi}(0)\end{aligned}\tag{19.11}$$

我们通常将其简称为“态矢量是不含时的”，而不是说“态矢量可以由一个随着它运动的坐标系描述”；如果以这个坐标系作为参考系，则它的坐标都是常数。

可观测量A的矩阵元是坐标和动量的函数，但是并不含时，即它们在基矢$\boldsymbol{B}$（0）中是不随时间t变化的。然而，在海森堡表象的含时基矢$\boldsymbol{B}$（t）中，它们是会随时间t变化的。

可观测量A的矩阵表示可以写为

$$\begin{cases}\hat{A}(t)=\boldsymbol{S}^{\dagger}(t)A\boldsymbol{S}(t)\\\hat{A}=\boldsymbol{S}(t)A(t)\boldsymbol{S}^{\dagger}(t)\end{cases}\tag{19.12}$$

其中，$\hat{A}$为可观测量在薛定谔表象基矢$\boldsymbol{B}$（0）下的不含时矩阵。

我们发现

$$\frac{\mathrm{d}}{\mathrm{d}t}\hat{A}(t)=\boldsymbol{S}^{\dagger}(t)A\dot{\hat{\boldsymbol{S}}}(t)+\dot{\boldsymbol{S}}\ (t)A\hat{\boldsymbol{S}}(t)$$

利用表达式（19.10），我们得到

$$\frac{\mathrm{d}}{\mathrm{d}t}\hat{A}(t)=\frac{\mathrm{i}}{\hbar}\left(\boldsymbol{S}^{\dagger}\hat{H}\hat{A}\boldsymbol{S}-\hat{\boldsymbol{S}}\ \hat{A}\hat{H}\boldsymbol{S}\right)$$

类似表达式（19.12），我们得到

$$\hat{H}(t)=\hat{\boldsymbol{S}}^{\dagger}H\boldsymbol{S} \tag{19.13}$$

可以发现

$$\frac{\mathrm{d}\hat{A}(t)}{\mathrm{d}t}=\frac{\mathrm{i}}{\hbar}\left[\hat{H}(t),\hat{A}(t)\right] \tag{19.14}$$

这就是对不含时算符的海森堡运动方程！$\hat{A}(t)$ 的意义：在 $t=0$ 时刻的态 $\boldsymbol{\psi}(0)$ 上测量算符 $\hat{A}(t)$，和在未来的一个态 $\boldsymbol{\psi}(t)$ 上测量算符 $\hat{A}$ 是等价的。

若哈密顿算符 $\hat{H}$ 不含时，则从方程我们可以发现

$$\frac{\mathrm{d}\hat{H}(t)}{\mathrm{d}t}=\frac{\mathrm{i}}{\hbar}\left[\hat{H}(t),\hat{H}(t)\right]=0$$

即

$$\hat{H}(t)=\mathrm{Constant}=H(0)=H \tag{19.15}$$

这个方程只有在哈密顿算符不含时的时候是正确的。

19.4 方程（19.14）和哈密顿方程的关系

设哈密顿算符是不含时的

$$\hat{H}=\hat{H}(q_1,\ q_2,\ \cdots,\ p_1,\ p_2,\ \cdots)$$

其对易关系为

$$[\hat{p}_s,\hat{q}_s]=\frac{\hbar}{\mathrm{i}}$$

在简单的情况下，我们可以推出

$$\begin{cases} \left[\hat{H}, \hat{q}_s\right] = \dfrac{\hbar}{\mathrm{i}} \dfrac{\partial H}{\partial p_s} \\ \left[\hat{H}, \hat{p}_s\right] = -\dfrac{\hbar}{\mathrm{i}} \dfrac{\partial H}{\partial q_s} \end{cases}$$

然后由方程（19.14），我们可以推出

$$\begin{cases} \dfrac{\mathrm{d}q_s}{\mathrm{d}t} = \dfrac{\mathrm{i}}{\hbar}\left[\hat{H}, \hat{q}_s\right] = \dfrac{\partial H}{\partial p_s} \\ \dfrac{\mathrm{d}p_s}{\mathrm{d}t} = \dfrac{\mathrm{i}}{\hbar}\left[\hat{H}, \hat{p}_s\right] = -\dfrac{\partial H}{\partial q_s} \end{cases} \tag{19.16}$$

我们就得到了哈密顿方程，它和经典力学中的形式是一样的。

20　守恒定律

20.1　对称变换算符

在本讲中，我们假设哈密顿算符是不含时的。

对于其他的算符 A，B，C，…也做相同的假设。

于是，由（19.15），我们知道

$H = \text{constant}$

这就是能量守恒定律。

同样，由（19.14）我们知道，当 $[H, A]=0$ 时，物理量 A 是守恒的。

这意味着，“现在”测量 A 或在一个离“现在”有限远的时间点测量 A，将得到一样的结果。

经典的动量守恒定律和角动量守恒定律都和物理空间的对称性质有关，即动量守恒↔平移对称性，角动量守恒↔转动对称性。

平移对称性告诉我们，对于一个参考系，将其平移到任何地方，其和原参考系都是等价的，其中的物理规律也是不变的，这表明空间在平移方向上是均匀的。而转动对称性告诉我们，对于一个参考系，将其在空间中任意转动后，其和原参考系是等价的，其中的物理规律保持不变，这表明空间在转动方向上是均匀的。

假设系统有对称变换算符。举个例子：

a）平移变换（对称性只存在于仅有内力的情况下）；

b）旋转变换（对称性只存在于仅有内力的情况下，或在中心力的作用下绕着中心力的力心旋转的情况下）；

c）绕 z 轴旋转（任何情况都适用）；

d）关于对称平面的反射变换。

对于这里介绍的每一种情况，我们都可以引进一个算符 $\hat{T}$，它的定义为

$$\hat{T}f\text{（初始位置）}=f\text{（对称变换作用后所处的位置）} \tag{20.1}$$

如果此时的算符为关于 xy 平面的反射，那么我们可以将其写为

$$\hat{T}f\left(x_1, y_1, z_1, x_2, y_2, z_2, \cdots\right)=f\left(x_1, y_1, -z_1, x_2, y_2, -z_2, \cdots\right)$$

定理一　算符 $\hat{T}$ 是幺正的。

$$\hat{T}^{\dagger}\hat{T}=1 \tag{20.2}$$

证明　这是非常明显的，因为 $\hat{T}$ 显然保证了函数 f 的归一化。

定理二　算符 $\hat{T}$ 和哈密顿算符 $\hat{H}$ 是对易的。

$$\left[\hat{H}, \hat{T}\right]=0 \tag{20.3}$$

证明　因为当我们考虑哈密顿算符 $\hat{H}$ 的一个本征值 E_n 时，哈密顿算符 $\hat{H}$ 对应于本征值 E_n 的（一个或几个）本征函数所定义的一个矢量子空间，而变换算符 $\hat{T}$ 在子空间内。这意味着在哈密顿算符的能量表象下，当 $E_r \neq E_s$ 时，算符 $\hat{T}$ 的矩阵元 T_{rs} 都为 0。这和关系式（20.3）是

等价的。

定理三 对称变换算符的厄米共轭 $\hat{T}^\dagger$ 和哈密顿算符 $\hat{H}$ 是对易的。

$$\left[\hat{H},\hat{T}^\dagger\right]=0 \tag{20.4}$$

证明 因为 $\hat{T}^\dagger=\hat{T}^{-1}$，这也是一个对称操作（表示 $\hat{T}$ 的逆变换）。

定理四 一个幺正矩阵 $\hat{T}$ 有着正交的本征函数（类似于厄米矩阵的本征函数），并且它们的本征值的模为 1。

证明

$$\hat{T}=\frac{\hat{T}+T^\dagger}{2}+\mathrm{i}\frac{T-T}{2\mathrm{i}}$$

其中，算符 $\frac{\hat{T}+\hat{T}^\dagger}{2}$ 和 $\frac{\hat{T}-\hat{T}^\dagger}{2\mathrm{i}}$ 都是厄米算符，且是对易的。因此它们有一套共同的本征函数，这些本征函数是正交的。它们同样是算符 $\hat{T}$ 的本征函数（定理的第一部分已经证明完毕）。把这些本征矢作为基矢，并把 $\hat{T}$ 变为对角矩阵形式。由 $\hat{T}T^\dagger=1$，我们可以得到对角矩阵元的模都是 1（这是定理的第二部分）。

因此，我们得到：

算符 $\hat{T}$ 的本征值为 $e^{\mathrm{i}\alpha_s}$

算符 $\hat{T}^\dagger$ 的本征值为 $e^{-\mathrm{i}\alpha_s}$

算符 $\frac{\hat{T}+\hat{T}^\dagger}{2}$ 的本征值为 $\cos\alpha_s$

算符 $\frac{\hat{T}-\hat{T}^\dagger}{2\mathrm{i}}$ 的本征值为 $\sin\alpha_s$

其中，α_s 为一个实数。这些本征值都属于同一个波函数 $\psi^{(s)}$ 。

上述 4 个矩阵都互相对易，且都和 $\hat{H}$ 对易。因此，它们在时间演化下都是不变的，并且我们可以把它们的波函数 $\psi^{(s)}$ 选取为和能量的波函数一致。

20.2 对称群

对称群是所有有特定对称性质的变换的集合。举个例子，所有绕 x 轴、y 轴和 z 轴的转动组成了转动群。

下面对群论和量子力学做一些讨论。

群的表示　群的表示是对应于所有群操作且拥有相同代数的幺正矩阵的集合。

不可约表示　对于一个表示，若它的所有矩阵无法同时变换为一个分块的矩阵（图 15），那么我们把这个表示称为“不可约表示”。

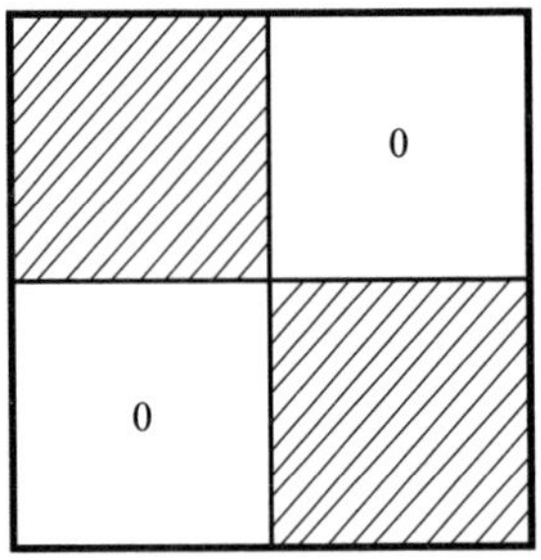

图 15　可分块矩阵示意图

性质　不可约表示是由群的抽象结构唯一决定的。

一般比较方便的是取一套基矢集合

$\boldsymbol{\varphi}^{(1)}$，$\boldsymbol{\varphi}^{(2)}$，$\cdots$

将它们分裂为一系列子集

$\boldsymbol{\varphi}^{(l_1)}$，$\boldsymbol{\varphi}^{(l_2)}$，$\cdots$，$\boldsymbol{\varphi}^{(l_g)}$

子集 l 中的每一个矢量，在对称群中相对应的一个不可约表示 R_l 的所有操作的作用下，都将变换为它自己。

维格纳[1] **定理**　若一个物理量 A 和一个群的所有变换操作都是对易的（如哈密顿算符 $\hat{H}$），取以上矢量作为基矢，当两个矢量 $\boldsymbol{\varphi}^{(i)}$ 和 $\boldsymbol{\varphi}^{(k)}$ 对应于不同的不可约表示时，$\hat{A}$ 的矩阵元 $\varphi^{\dagger(i)}\hat{A}\varphi^{(k)}$ 将变为 0，否则

$$\left\langle \varphi^{(l_i)} \middle| \hat{A} \middle| \varphi^{(\lambda_k)} \right\rangle = a_{l,\lambda}\delta_{ik}$$

其中，l 和 λ 为不可约表示的指标，i 和 k 为同一个不可约表示的子集的指标，其中 $a_{l\lambda}$ 是规定 $R_l = R_\lambda$ 的一个数，它可以看成 $\delta_{l\lambda}$ 乘以一个常数 $c_{l\lambda}$。

应用 1　平移对称性和动量守恒定律

对于只有内力的封闭系统（这意味着物理空间是均匀的），平移变换

$$\hat{T}(\vec{a}) = \hat{T}(a, b, c) \tag{20.5}$$

表示坐标平移 $\boldsymbol{a} \equiv (a, b, c)$ 的距离。

---

[1] 尤金·保罗·维格纳（Eugene Paul Wigner，1902—1995 年），美籍匈牙利裔理论物理学家，1963 年获诺贝尔物理学奖。曾参与“曼哈顿计划”，与恩利克·费米等人共同建立了世界上第一座核反应堆（芝加哥 1 号堆）。

我们注意到：对应于不同矢量 $\boldsymbol{a}$ 和 $\boldsymbol{a}'$，平移变换 $\hat{T}$ 相互之间是对易的（这表明平移群是一个阿贝尔[1]群），当然和哈密顿算符 $\hat{H}$ 也是对易的。因此，我们可以选取一个“表象”，使得 $\hat{H}$ 和所有的平移变换算符 $\hat{T}$ 都是对角化的。对一个波函数 ψ ，我们有

$$\hat{T}(\boldsymbol{a})\psi = \mathrm{e}^{\mathrm{i}\alpha(\boldsymbol{a})}\psi$$

其中 $\alpha(\boldsymbol{a})$ 为矢量 $\boldsymbol{a}$ 的函数。

由

$$\hat{T}(\boldsymbol{a})T(\boldsymbol{a}') = T(\boldsymbol{a}+\boldsymbol{a}')$$

可以推出

$$\alpha(\boldsymbol{a}) + \alpha(\boldsymbol{a}') = \alpha(\boldsymbol{a}+\boldsymbol{a}')$$

即

$$\alpha = \boldsymbol{k} \cdot \boldsymbol{a} = k_x a + k_y b + k_z c \tag{20.6}$$

其中，$\boldsymbol{k}$ 对于给定的波函数 ψ 是一个常矢量；如果对于另一个波函数，它又会变成另一个常矢量。因此

$$\hat{T}(\boldsymbol{a}) = \mathrm{e}^{\mathrm{i}\boldsymbol{k}\cdot\boldsymbol{a}} \tag{20.7}$$

是平移群的一个不可约表示。

我们可以发现：$\hbar\boldsymbol{k}$ 是系统的动量。

---

〔1〕尼尔斯·亨利克·阿贝尔（Niels Henrik Abel，1802—1829 年），挪威数学家。

证明 我们沿着 x 做一个无限小位移 ε，即 $a=\varepsilon$，$b=0$，$c=0$，则

$$\hat{T}=\mathrm{e}^{\mathrm{i}k_x\varepsilon}=1+\mathrm{i}k_x\varepsilon$$

于是

$$\hat{T}\psi(x_1, y_1, z_1, x_2, y_2, z_2, \cdots)=(1+\mathrm{i}k_x\varepsilon)\psi=\psi+\mathrm{i}k_x\varepsilon\psi$$

又由泰勒展开，我们得出

$$\hat{T}\psi(x_1, y_1, z_1, x_2, y_2, z_2, \cdots)=\psi(x_1+\varepsilon, y_1, z_1, x_2+\varepsilon, y_2, z_2, \cdots)$$
$$=\psi+\varepsilon\left(\frac{\partial\psi}{\partial x_1}+\frac{\partial\psi}{\partial x_2}+\cdots\right)$$

从以上两个等式，我们可以得到

$$k_x\psi=\frac{1}{\mathrm{i}}\left(\frac{\partial\psi}{\partial x_1}+\frac{\partial\psi}{\partial x_2}+\cdots\right)=\frac{1}{\hbar}\left[\hat{p}_x^{(1)}\psi+p_x^{(2)}\psi+\cdots\right]$$

由此，可以得出

$$\hbar k_x=\sum_s\hat{p}_x^{(s)}$$

$$\hbar\boldsymbol{k}=\sum_s\hat{\boldsymbol{p}}^{(s)}$$

其中的 s 对所有的质点求和。

下面我们考虑动量 $\boldsymbol{p}$ 的波函数，其形式为

$$\psi=\mathrm{e}^{\frac{\mathrm{i}}{\hbar}\boldsymbol{p}\cdot\boldsymbol{x}_1}\varphi(\boldsymbol{x}_2-\boldsymbol{x}_1, \boldsymbol{x}_3-\boldsymbol{x}_1\ \cdots) \tag{20.8}$$

这里的 $\boldsymbol{p}$ 是一个分量为数而不是算符的矢量，它的分量分别为算符 $\hat{p}_x$，$\hat{p}_y$ 和 $\hat{p}_z$ 的本征值。

通常我们把某坐标变换到一个运动的参考系（根据情况选择伽利略变

换或洛伦兹[1]变换）是为了把系统简化到质心系里。

在质心系中，$\boldsymbol{p}=0$ 且波函数 ψ 只依赖于质点和坐标系的相对坐标。这样做有更好的普遍性。

应用 2　　旋转对称性和角动量守恒定律

对于只有内力或也有中心力的系统来说，旋转中心就是中心力的力心。

我们取 $\hat{T}$ 为绕着 z 轴旋转无穷小角度 ω_z 的算符，此时变换的结果为

$$x \to x-\omega_z y$$

$$y \to y+\omega_z x$$

$$z \to z$$

将 $\hat{T}$ 作用在波函数上后得到

$$\hat{T}\psi\left(x_1,\ y_1,\ z_1;\ x_2,\ y_2,\ z_2;\cdots\right)=\psi\left(x_1-\omega_z y_1,\ y_1+\omega_z x_1,\ z_1;\cdots\right)$$

由此我们可以定义一个厄米算符

$$\hat{M}_z=\frac{\hbar}{\omega_z}\cdot\frac{\hat{T}-\hat{T}^{\dagger}}{2\mathrm{i}} \tag{20.9}$$

同样可以得到 $\hat{M}_x$ 和 $\hat{M}_y$，以及

[1] 亨德里克·安东·洛伦兹（Hendrik Antoon Lorentz，1853—1928 年），近代著名理论物理学家、数学家，经典电子论的创立者。1902 年与其同胞塞曼共同获得诺贝尔物理学奖。他推导出了爱因斯坦的狭义相对论基础的变换方程，即著名的“洛伦兹变换”。

$$\hat{M}^2 = \hat{M}_x^2 + \hat{M}_y^2 + \hat{M}_z^2 \tag{20.10}$$

于是我们得到了物理量

$$M_x,\ M_y,\ M_z,\ M^2 \tag{20.11}$$

这些量在运动中都是常数，这就是角动量守恒定律。

同样，由它们的定义我们知道，它们满足以下对易关系

$$\begin{cases} \left[\hat{M}_x, \hat{M}_y\right] = \dfrac{\hbar}{\mathrm{i}}\hat{M}_z \\ \left[\hat{M}_y, \hat{M}_z\right] = \dfrac{\hbar}{\mathrm{i}}\hat{M}_x \\ \left[\hat{M}_z, \hat{M}_x\right] = \dfrac{\hbar}{\mathrm{i}}\hat{M}_y \\ \hat{\boldsymbol{M}} \times \hat{\boldsymbol{M}} = \dfrac{\hbar}{\mathrm{i}}\hat{\boldsymbol{M}} \\ \left[\hat{M}_x, \hat{\boldsymbol{M}}\right] = \left[\hat{M}_y, \hat{\boldsymbol{M}}\right] = \left[\hat{M}_z, \hat{\boldsymbol{M}}\right] = 0 \end{cases} \tag{20.12}$$

这就像一个单质点的角动量（详见第 18 讲）。

我们可以证明，在第 18 讲中发现的矩阵结构是由对易关系唯一确定和得到的，因此对于维格纳定理有一个例外。在第 18 讲中，轨道量子数 l 是一个整数。然而，一般情况下，l 也可以取半奇数 $\dfrac{2n+1}{2}$。这对量子理论中的自旋非常重要！

如绕 z 旋转 α 角的变换 $\hat{T}(\alpha)$ 可以表示为

$$T(\alpha)\psi = \mathrm{e}^{\mathrm{i}m\alpha}\psi \tag{20.13}$$

在 M_z 和 M^2 都是对角矩阵的表象下，m 可以取整数或半整数。

应用 3　反射（或反演）对称性和宇称守恒

对于只有内力或中心力的系统，我们假设其只有一种反射对称性 T，

它对应于

$$x \to -x$$

$$y \to -y$$

$$z \to -z$$

即关于原点的反射对称 。这表明右手坐标系和左手坐标系在物理上是等价的!

由此，我们可以得到

$$\begin{aligned}&\hat{T}\psi(x_1, y_1, z_1, x_2, y_2, z_2, \cdots)\\&=\psi(-x_1,-y_1,-z_1,-x_2,-y_2,-z_2,\cdots)\end{aligned} \tag{20.14}$$

显然

$$\hat{T}^2=1 \tag{20.15}$$

同时，$\hat{T}$ 和式（20.11）中的算符都是对易的，显然它和哈密顿算符 $\hat{H}$ 也是对易的。

通常我们取算符 $\hat{\boldsymbol{M}}^2$，$\hat{M}_z$，$\hat{T}$ 的本征函数作为基矢（因为它们相互对易）。

一般需要由求解方程才能得到算符 $\hat{T}$ 的本征值，现在变为 ±1，这让我们可以对态进行分类：偶宇称——当 $T=+1$ 时，奇宇称——当 $T=-1$ 时。宇称是系统的性质，只要系统仅受内力或有心力，宇称就是不变的[1]。

〔1〕在费米讲授此讲义之后，李政道和杨振宁提出了“弱相互作用中宇称不守恒”假说，这一假说在之后吴健雄的实验中得到证实。

21 定态微扰理论

对于有的系统，我们发现可以把系统的哈密顿算符写为

$$\hat{H}=\hat{H}_0+\hat{\mathcal{H}} \tag{21.1}$$

其中，$\hat{H}_0$ 为无微扰项，$\hat{\mathcal{H}}$ 相对于 $\hat{H}_0$ 来说很小，且不含时，所以将其称为“定态微扰项”。

无微扰哈密顿算符 $\hat{H}_0$ 的本征方程为

$$\hat{H}_0\psi_0^{(n)}=E_0^{(n)}\psi_0^{(n)} \tag{21.2}$$

其中，$\psi_0^{(n)}$ 为哈密顿算符的本征函数。

我们可以将哈密顿算符写成更为普遍的形式

$$\hat{H}=H_0+\lambda\hat{\mathcal{H}} \tag{21.3}$$

其中，λ 为一个描述微扰强度的参数，它是无量纲的。最后令 $\lambda\to 1$ 即可。

将总哈密顿算符 $\hat{H}$ 的本征函数和本征值按 λ 展开成幂级数

$$\psi^{(n)}=\psi_0^{(n)}+\lambda\psi_1^{(n)}+\lambda^2\psi_2^{(n)}+\cdots \tag{21.4}$$

$$E^{(n)}=E_0^{(n)}+\lambda E_1^{(n)}+\lambda^2E_2^{(n)}+\cdots \tag{21.5}$$

易知总哈密顿算符的本征方程为

$$\left(\hat{H}_0+\lambda\hat{\mathcal{H}}\right)\psi^{(n)}=E^{(n)}\psi^{(n)} \tag{21.6}$$

将本征函数和本征值的幂级数代入，由 λ 同幂次的项应该相等，得到

$$\hat{H}_0\psi_0^{(n)}=E_0^{(n)}\psi_0^{(n)} \tag{21.7}$$

$$\hat{H}_0\psi_1^{(n)}-E_0^{(n)}\psi_1^{(n)}-E_1^{(n)}\psi_0^{(n)}=-\hat{\mathcal{H}}\psi_0^{(n)} \tag{21.8}$$

$$\hat{H}_0\psi_2^{(n)}-E_0^{(n)}\psi_2^{(n)}-E_1^{(n)}\psi_1^{(n)}-E_2^{(n)}\psi_0^{(n)}=-\hat{\mathcal{H}}\psi_1^{(n)}+E_1^{(n)}\psi_1^{(n)} \tag{21.9}$$

$\cdots$

其中我们可以发现，方程（21.7）就是方程（21.2）。

将各项本征函数按无微扰哈密顿算符 $\hat{H}_0$ 的本征函数 $\psi_0^{(n)}$ 展开为级数形式，得到

$$\begin{cases}\psi_1^{(n)}=\sum\limits_m{}' c_{nm}^{(1)}\psi_0^{(m)}\\ \psi_2^{(n)}=\sum\limits_m{}' c_{nm}^{(2)}\psi_0^{(m)}\end{cases} \tag{21.10}$$

其中，$\sum\limits_m{}'$ 表示对所有的 m 求和，除了 $m=n$ 的情况。

讨论：为什么我们使用 $\sum\limits_m{}'$ 而不是 $\sum\limits_m$？

若写成 $\sum\limits_m$，则波函数可以写为

$$\psi_1^{(n)}=\sum_m c_{nm}^{(1)}\psi_0^{(m)}$$

此处我们不要求 $\psi_1^{(n)}$ 满足归一化，所以，所有的 $c_{nm}^{(1)}$ 可以相差任意的系数，这里我们取 $c_{nm}^{(1)}=1$，于是得到

$$\psi_1^{(n)}=\psi_0^{(n)}+\sum_m{}' c_{nm}^{(1)}\psi_0^{(m)}$$

所以式（21.10）使用$\sum_{m}'$，它表明此处波函数的修正项都不含有$\psi_0^{(n)}$项，因此这些修正项与无微扰波函数是正交的，即

$$\left\langle \psi_0^{(n)} \middle| \psi_1^{(n)} \right\rangle = 0$$

这个条件在之后可以简化运算。

将方程（21.2）或（21.7）代入方程（21.8）和（21.9），得到

$$\sum_{m}' c_{nm}^{(1)}\left(E_0^{(m)} - E_0^{(n)}\right)\psi_0^{(m)} - E_1^{(n)}\psi_0^{(n)} = -\hat{\mathcal{H}}\psi_0^{(n)} \tag{21.11}$$

$$\sum_{m}' c_{nm}^{(2)}\left(E_0^{(m)} - E_0^{(n)}\right)\psi_0^{(m)} - E_2^{(n)}\psi_0^{(n)} = -\hat{\mathcal{H}}\psi_1^{(n)} + E_1^{(n)}\psi_1^{(n)} \tag{21.12}$$

…

微扰项的矩阵元为

$$\begin{aligned}\hat{\mathcal{H}}_{mn} &= \left(\psi_0^{(m)} \mid \mathcal{H}\psi_0^{(n)}\right) = \langle m|\mathcal{H}|n\rangle \\ &= \int \psi_0^{(m)*}\hat{\mathcal{H}}\psi_0^{(n)}\mathrm{d}x \\ &= \psi_0^{\dagger(m)}\hat{\mathcal{H}}\psi_0^{(n)}\end{aligned} \tag{21.13}$$

现求解能量的一阶修正$E_1^{(n)}$。用$\psi_0^{\dagger(n)}$左乘方程，并使用波函数的正交性

$$\psi_0^{\dagger(n)}\psi_0^{(m)} = \delta_{nm} \tag{21.14}$$

解得

$$E_1^{(n)} = \psi_0^{\dagger(n)}\hat{\mathcal{H}}\psi_0^{(n)} = \mathcal{H}_{nm} \tag{21.15}$$

即能量的一阶微扰修正是总哈密顿算符$\hat{H}$关于无微扰态的平均值。

接下来，我们用$\psi_0^{\dagger(m)}$左乘，得到

$$c_{nm}^{(1)}=\frac{\hat{\mathcal{H}}_{mn}}{E_0^{(n)}-E_0^{(m)}} \tag{21.16}$$

或可以得到一阶修正的本征函数为

$$\psi_0^{(n)}+\sum_m{}'\frac{\hat{\mathcal{H}}_{mn}}{E_0^{(n)}-E_0^{(m)}}\psi_0^{(m)} \tag{21.17}$$

对方程做类似的操作，得到

$$E_2^{(n)}=\sum_m{}'\frac{\hat{\mathcal{H}}_{nm}\hat{\mathcal{H}}_{mn}}{E_0^{(n)}-E_0^{(m)}}=\sum_m{}'\frac{\left|\hat{\mathcal{H}}_{mn}\right|^2}{E_0^{(n)}-E_0^{(m)}} \tag{21.18}$$

$$c_{nm}^{(2)}=\sum_s{}'\frac{\hat{\mathcal{H}}_{ms}\hat{\mathcal{H}}_{sn}}{\left(E_0^{(n)}-E_0^{(s)}\right)\left(E_0^{(n)}-E_0^{(m)}\right)}-\frac{\hat{\mathcal{H}}_{mn}\hat{\mathcal{H}}_{nn}}{\left(E_0^{(n)}-E_0^{(m)}\right)^2} \tag{21.19}$$

例 1：恒力 F 微扰下的线性谐振子

此时，系统的微扰哈密顿算符可以写为

$$\hat{\mathcal{H}}=-Fx \tag{21.20}$$

微扰矩阵元为

$$\hat{\mathcal{H}}_{nm}=-Fx_{nm}$$

由式（17.20），我们知道

$$\begin{cases}x_{n,n+1}=\sqrt{\dfrac{\hbar}{2m\omega}}\sqrt{n+1}\\ x_{n,n-1}=\sqrt{\dfrac{\hbar}{2m\omega}}\sqrt{n}\\ E_0^{(n)}=\hbar\omega\left(n+\dfrac{1}{2}\right)\end{cases} \tag{21.21}$$

其他的项

$$\cdots = x_{n,n-3} = x_{n,n-2} = x_{n,n} = x_{n,n+2} = x_{n,n+3} = \cdots = 0$$

然后就可以求解微扰的能量。能量的一阶微扰为

$$E_1^{(n)} = \hat{\mathcal{H}}_{nn} = -Fx_{nn} = 0 \tag{21.22}$$

二阶微扰为

$$\begin{aligned} E_2^{(n)} &= \sum_m{}' \frac{\left|\hat{\mathcal{H}}_{nm}\right|^2}{E_0^n - E_0^m} = F^2\left(\frac{\left|x_{n,n+1}\right|^2}{-\hbar\omega} + \frac{\left|x_{n,n-1}\right|^2}{\hbar\omega}\right) \\ &= \frac{F^2}{\hbar\omega}\left(-\frac{\hbar}{2m\omega}(n+1) + \frac{\hbar}{2m\omega}n\right) \\ &= -\frac{F^2}{2m\omega^2} \end{aligned} \tag{21.23}$$

由此可见，加上微扰之后，所有态的能量都减少了 $\dfrac{F^2}{2m\omega^2}$。

我们可以直接证明

$$\begin{aligned} H &= \frac{1}{2m}p^2 + \frac{m\omega^2}{2}x^2 - Fx \\ &= \frac{1}{2m}p^2 + \frac{m\omega^2}{2}\left(x - \frac{F}{m\omega^2}\right)^2 - \frac{F^2}{2m\omega^2} \end{aligned} \tag{21.24}$$

其中的 $x - \dfrac{F}{m\omega^2}$ 表示平衡位置移动到了 $\dfrac{F}{m\omega^2}$ 处，这并不影响整体的能量，而为了保证哈密顿算符不变，后面就要多一项 $-\dfrac{F^2}{2m\omega^2}$，此项即为对能量的修正。

例 2：自旋为零粒子的塞曼[1]效应

在库仑中心力场中运动的无自旋带电粒子，可以看作是无微扰的系统。现加一外磁场，在现有哈密顿算符的基础上，只需要做代换

$$\boldsymbol{p} \to \boldsymbol{p} - \frac{e}{c}\boldsymbol{A}$$

其中 $\boldsymbol{A}$ 表示磁矢势，磁感应强度为

$$\boldsymbol{B} = \nabla \times \boldsymbol{A}$$

因此，系统的哈密顿算符为

$$\begin{aligned}\hat{H} &= \frac{1}{2M}\left(\boldsymbol{p} - \frac{e}{c}\boldsymbol{A}\right)^2 + U(r) \\ &= \frac{1}{2M}\boldsymbol{p}^2 + U(r) - \frac{e}{Mc}\boldsymbol{p} \cdot \boldsymbol{A} + \frac{e^2}{2Mc^2}\boldsymbol{A}^2\end{aligned} \tag{21.25}$$

我们常忽略最后的二次项。

注意： 在静态情况下，对易子

$$\boldsymbol{p} \cdot \boldsymbol{A} - \boldsymbol{A} \cdot \boldsymbol{p} = \frac{\hbar}{\mathrm{i}}\nabla \cdot \boldsymbol{A} = 0$$

假设磁感应强度 $\boldsymbol{B}$ 平行于 z 轴，取

$$\begin{cases} A_x = -\dfrac{B}{2}y \\ A_y = \dfrac{B}{2}x \\ A_y = 0 \end{cases} \tag{21.26}$$

〔1〕彼得·塞曼（Pieter Zeeman，1865—1943 年），荷兰物理学家，1902 年获诺贝尔物理学奖。

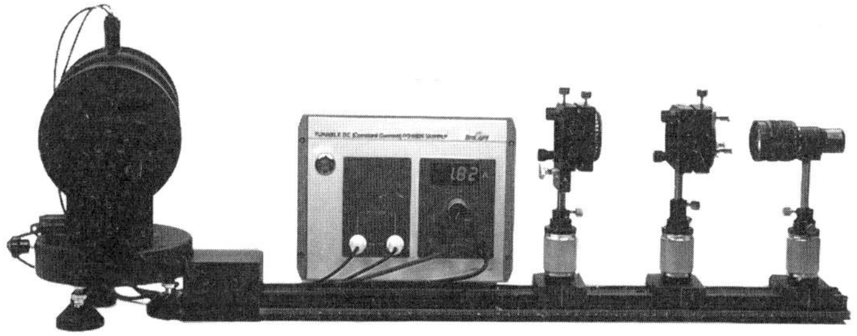

□ **塞曼效应**

1896年，荷兰物理学家彼得·塞曼发现原子光谱线在外磁场发生了分裂，随后亨德里克·安东·洛伦兹在理论上解释了谱线分裂成3条的原因。这种现象后来被称为“塞曼效应”。图为塞曼效应实验装置，该实验装置用于研究汞灯中心波长为546.1 nm谱线的正常塞曼效应。

将其代入总哈密顿算符，得到

$$\hat{H}=\frac{1}{2M}\hat{p}^2+U(r)-\frac{eB}{2Mc}\left(\hat{x}p_y-\hat{y}p_x\right) \tag{21.27}$$

令无微扰哈密顿算符为

$$\hat{H}_0=\frac{1}{2M}\hat{p}^2+U(r)$$

微扰哈密顿算符为

$$\hat{\mathcal{H}}=-\frac{eB}{2Mc}\left(\hat{x}p_y-\hat{y}p_x\right)$$

我们之前已经计算过无微扰哈密顿算符的本征函数为

$$\psi_{n,l,m}(r,\theta,\varphi)=R_{nl}(r)Y_{lm}(\theta,\varphi) \tag{21.28}$$

在这种情况下，做微扰计算是非常容易的，因为这也是系统哈密顿算符的本征函数。

$$\begin{cases} \hat{H}_0\psi_{nlm} = E_{nl}^{(0)}\psi_{nlm} \\ \hat{\mathcal{H}}\psi_{nlm} = -\dfrac{eB}{2Mc}\left(\hat{x}p_y - y\hat{p}_x\right)\psi_{nlm} \\ \qquad = -\dfrac{eB}{2Mc}M_z\psi_{nlm} \\ \qquad = -\dfrac{eB}{2Mc}m\psi_{nlm} \\ E_{nlm} = E_{nl}^{(0)} - \dfrac{eB}{2Mc}m \end{cases} \tag{21.29}$$

这表明，由于外磁场的存在，能级的 m 重简并被打开了，能级的分裂可以由图 16 展示。

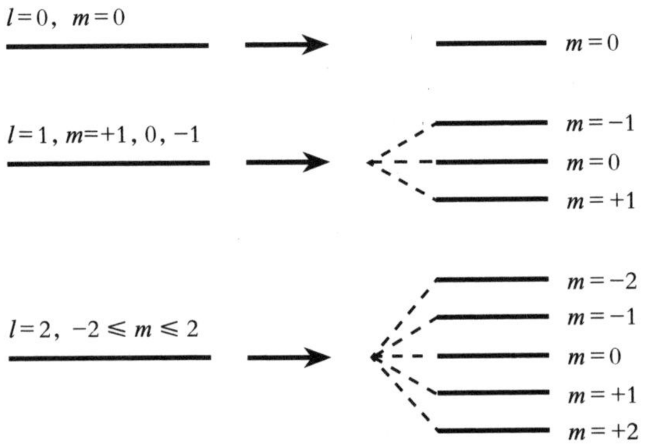

图 16　外磁场下的能级分裂情况

讨论：

a）此处存在选择定则 $m \begin{smallmatrix}\nearrow m\pm1 \\ \searrow m\end{smallmatrix}$，还有对应原理。

b）讨论运动学常数在限制某些无微扰本征函数进入微扰求和项时的作用。

玻尔磁子　把哈密顿算符中的微扰项写为轨道磁矩与外磁场相

互作用的形式，即

$$\begin{cases}\hat{\mathcal{H}}=-\boldsymbol{B}\cdot\boldsymbol{\mu}\\ \boldsymbol{\mu}=\dfrac{e\hbar}{2mc}\left(\dfrac{1}{\hbar}\boldsymbol{M}\right)\end{cases} \tag{21.30}$$

其中，$\boldsymbol{\mu}$ 表示轨道磁矩，$\dfrac{\boldsymbol{M}}{\hbar}$ 表示以 $\hbar$ 为单位的轨道角动量。

解释：对于每 $\hbar$ 单位的轨道角动量，其对应的单位磁矩为

$$\mu_0=\frac{e\hbar}{2mc}=9.274\,010\,078\,3(28)\times10^{-24}\,\mathrm{J}\cdot\mathrm{T}^{-1} \tag{21.31}$$

我们将 μ_0 称为“玻尔磁子”。

讨论：

a）从电子的经典轨道模型出发证明式（21.31）。

b）由连续性方程（2.7）和（2.9），我们可以推出电流密度

$$\boldsymbol{j}=\frac{\hbar e}{2\mathrm{i}mc}\left(\psi^*\nabla\psi-\psi\nabla\psi^*\right) \tag{21.32}$$

由此电流密度来证明式（21.31）。

结合电磁学和之前所学的知识，可以得到

$$\begin{cases}\mu_z=\displaystyle\int\frac{1}{2}(\boldsymbol{x}\times\boldsymbol{j})_z\,\mathrm{d}^3x\\ \psi=F(r,\theta)e^{\mathrm{i}m\varphi}\\ \psi^*=F(r,\theta)e^{-m\varphi}\\ \displaystyle\int|\psi|^2\,\mathrm{d}^3x=1\end{cases} \tag{21.33}$$

由此可以导出

$$\mu_z=\frac{e\hbar}{2mc}m \tag{21.34}$$

里兹方法　在方程（21.22）中，波函数ψ对精确波函数$\psi^{(n)}$的近似为一阶修正。而后

$$\bar{H}=\left(\psi \mid \hat{H}\psi\right)=\psi^{\dagger}\hat{H}\psi=\int\psi^{*}\hat{H}\psi\mathrm{d}x \tag{21.35}$$

对精确能量$E^{(n)}$的近似为二阶修正。这就是里兹方法的基础。

应用 1　我们取一个试探波函数ψ，计算$\psi^{\dagger}\hat{H}\psi$。如果猜测的波函数$\psi$是合理的，那么我们认为对能量的猜测值$E$是一个好的近似值。

下面给出一个更准确的描述。

定理　在限制条件$\psi^{\dagger}\psi=1$的情况下，求

$$\delta\left(\psi^{\dagger}\hat{H}\psi\right)=0 \tag{21.36}$$

的极小值问题，由此可以得到薛定谔方程。

证明　引入任意常数λ，由拉格朗日[1]乘子法我们知道，求$\psi^{\dagger}\hat{H}\psi$的极值等价于求$\psi^{\dagger}\hat{H}\psi-\lambda\left(\psi^{\dagger}\psi-1\right)$的极值，故

$$\delta\left[\psi^{\dagger}\hat{H}\psi-\lambda\left(\psi^{\dagger}\psi-1\right)\right]=0$$

拆开后得到

$$\delta\psi^{\dagger}\hat{H}\psi+\psi^{\dagger}\hat{H}\delta\psi-\lambda\psi^{\dagger}\delta\psi-\lambda\delta\psi^{\dagger}\psi=0$$

---

〔1〕约瑟夫－路易斯·拉格朗日（Joseph-Louis Lagrange，1736—1813年），法国著名数学家、物理学家。在数学、力学和天文学三个领域中都有巨大贡献，尤以数学领域的成就最为突出。

整理后得到

$$\delta\psi^{\dagger}\left(\hat{H}\psi-\lambda\psi\right)+\left(H\psi-\lambda\psi\right)^{\dagger}\delta\psi=0$$

由此得到方程

$$\hat{H}\psi=\lambda\psi$$

这等价于 $E=\lambda$ 时的薛定谔方程。

因此，所求解的式（21.36）的极小值就是最低的能量本征值，其余的值对应于其他的能量本征值。

应用 2 选一个波函数的合理的猜测解

$$\psi^{(0)}=f\left(x,\ \alpha,\ \beta,\cdots\right)$$

其中，α，β …都是变分参数。计算

$$E\left(\alpha,\beta,\cdots\right)=\frac{\int f^{*}\left(x,\alpha,\beta,\cdots\right)\hat{H}f\left(x,\alpha,\beta,\cdots\right)\mathrm{d}x}{\int f^{*}\left(x,\alpha,\beta,\cdots\right)f\left(x,\alpha,\beta,\cdots\right)\mathrm{d}x} \tag{21.37}$$

找到使

$$E\left(\alpha,\beta,\cdots\right)=\min \tag{21.38}$$

成立的 α，$\beta,\cdots$ 等参数。当猜测解 $\psi^{(0)}=f\left(x,\alpha,\beta,\cdots\right)$ 对精确的本征函数是一个很好的近似时，得到的能量最小值 E 非常接近最低能级。

举个例子，考虑谐振子问题。其体系的哈密顿算符为

$$\hat{H}=\frac{1}{2}\hat{p}^{2}+\frac{1}{2}x^{2} \tag{21.39}$$

这里我们取自然单位制，即 $\hbar=1$，$m=1$，$\omega=1$。

令 $f(x)$ 为试探波函数。它是一个如图 17 所示的函数。

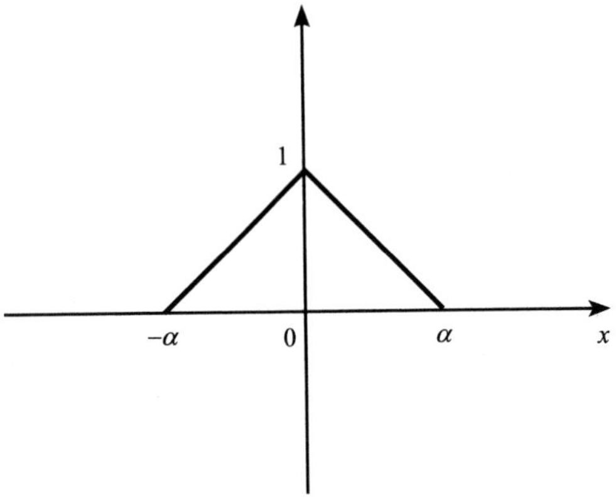

图 17 试探波函数 $f(x)$

求得

$$E(\alpha)=\frac{\frac{1}{2}\int_{-\alpha}^{+\alpha}x^2f^2(x)\mathrm{d}x-\frac{1}{2}\int_{-\alpha}^{\alpha}f(x)f''(x)\mathrm{d}x}{\int_{-\alpha}^{\alpha}f^2(x)\mathrm{d}x}$$
$$=\frac{\frac{\alpha^3}{30}+\frac{1}{\alpha}}{\frac{2}{3}\alpha}$$
$$=\frac{1}{20}\alpha^2+\frac{3}{2}\frac{1}{\alpha^2} \tag{21.40}$$

当参数取

$$\alpha=\sqrt[4]{30}=2.34$$

时，能量取最小值

$$E(2.34)=0.548$$

这个值和正确的最低能量本征值 0.500 000 的误差在 10% 之内。

请证明：由式（21.29）得到的$E(\alpha, \beta, \cdots)$满足

$$E(\alpha, \beta, \cdots) \geqslant E_0$$

其中，E_0是最低的本征值。（要证明该不等式，可以将函数f按哈密顿算符$\boldsymbol{H}$的本征函数展开。）

请讨论此结论的实际应用。

22 简并微扰或准简并微扰

当$E_0^{(n)}-E_0^{(m)}=0$或很小的时候，第21讲中的微扰方法就失效了［由表达式（21.16）和（21.18）我们可以很容易发现这一点］，所以需要使用其他的方法。

设此时系统的无微扰本征函数为

$$\psi_0^{(1)}, \psi_0^{(2)}, \cdots, \psi_0^{(g)}, \psi_0^{(g+1)}, \psi_0^{(g+2)}, \cdots \tag{22.1}$$

其中，前半部分$\psi_0^{(1)}$，$\psi_0^{(2)}$，…，$\psi_0^{(g)}$对于无微扰问题是简并的或准简并的；而后半部分$\psi_0^{(g+1)}$，$\psi_0^{(g+2)}$，…表示是和之前非常不一样的非简并的态。

现在我们要寻找形如

$$\psi=\sum_{s=1}^{g}c_s\psi_0^{(s)}+\sum_{\alpha=g+1}^{\infty}c_\alpha\psi_0^{(\alpha)} \tag{22.2}$$

的解（只考虑一阶近似）。其中，c_α为只考虑一阶情况下的小量，c_s为只考虑一阶情况下的大量。此时，系统的哈密顿算符为

$$\boldsymbol{H}=\hat{H}_0+\mathcal{H}$$

此时，薛定谔方程为

$$\boldsymbol{H}\psi=E\psi$$

$$E = E_0 + \varepsilon$$

其中，ε 为能量的一阶修正。

将形式解（22.2）代入薛定谔方程，只考虑一阶近似，我们得到

$$\sum_{s=1}^{g} c_s \left(\hat{H} - E\right)\psi_0^{(s)} + \sum_{\alpha=g+1}^{\infty} c_\alpha \left(H_0 - E_0\right)\psi_0^{(\alpha)} = 0 \tag{22.3}$$

将算符 $\hat{H}_0$ 作用在它之后的波函数 $\psi_0^{(\alpha)}$ 上，便得到了 E_0，即

$$\sum_{s=1}^{g} c_s \left(\hat{H} - E\right)\psi_0^{(s)} + \sum_{\alpha=g+1}^{\infty} c_\alpha \left(E^{\alpha}{}_0 - E_0\right)\psi_0^{(\alpha)} = 0$$

对方程左乘一系列波函数 $\psi_0^{\dagger(l)}$，$l=1$，2，…，g 后，由波函数的正交性，我们可以得到

$$\sum_{s=1}^{g} c_s \left(H_{ls} - E\delta_{ls}\right) = 0$$

这是 g 阶的特征方程求解问题。它有非零解的条件为其系数行列式等于 0，即

$$\begin{vmatrix} H_{11} - E & H_{12} & \cdots & H_{1g} \\ H_{21} & H_{22} - E & \cdots & H_{2g} \\ \vdots & \vdots & \ddots & \vdots \\ H_{g1} & H_{g2} & \cdots & H_{gg} - E \end{vmatrix} = 0$$

这就决定了无微扰问题中，g 阶简并或准简并对应的 g 个能级。

同时解出

$$c_\alpha = \frac{\sum_{s=1}^{g} c_s H_{\alpha s}}{E_0 - E_0^{(\alpha)}} \tag{22.4}$$

它有着较大的分母！这给出了正确的波函数一阶修正。

注意：在简化特征方程时，要注意守恒定律的作用。

作为例子，我们考虑氢原子哈密顿算符 $\hat{H}$ 的 $n=2$ 能级的斯塔克[1]效应（Stark effect）。

此时的微扰哈密顿算符为

$$\hat{\mathcal{H}}=+eFz \tag{22.5}$$

其中，F 表示外电场，方向沿着 z 轴，这一项表示电子和电场的相互作用。

此时无微扰问题的四重简并能级分别为

$$2\mathrm{s},\ 2\mathrm{p}_1,\ 2\mathrm{p}_0,\ 2\mathrm{p}_{-1} \tag{22.6}$$

可以参考第 8 讲。

我们很容易可以得到

$$\left[\hat{\mathcal{H}},\ \hat{M}_z\right]=0 \tag{22.7}$$

因此，微扰只混合有相同磁量子数 m 的量子态，如 2s 和 $2\mathrm{p}_0$，而 $2\mathrm{p}_1$ 和 $2\mathrm{p}_{-1}$ 做微扰之后的能量和无微扰时的能量是一样的。

只考虑一阶近似，由表达式（21.15）可以知道，$2\mathrm{p}_1$ 能级的能量修正为

$$\left\langle 2\mathrm{p}_1\right|eFz\left|2\mathrm{p}_1\right\rangle=eF\int z\left|\psi_{2\mathrm{p}_1}\right|^2\mathrm{d}^3x=0 \tag{22.8}$$

---

〔1〕约翰尼斯·斯塔克（Johannes Stark，1874—1957 年），德国著名物理学家，在原子物理学领域有重大贡献，发现了"斯塔克效应""斯塔克－爱因斯坦方程""斯塔克数"等，1919 年获诺贝尔物理学奖。

因为 z 为奇函数，而 $\left|\psi_{2\mathrm{p}_1}\right|^2$ 为偶函数，所以对于能级 $2\mathrm{p}_{-1}$，也是一样的结果。

因此，能级 $2\mathrm{p}_1$ 和 $2\mathrm{p}_{-1}$ 在一阶近似时不用考虑微扰的修正。

能级 2s 和 $2\mathrm{p}_0$ 的波函数为

$$\psi_{2\mathrm{s}}=\frac{1}{\sqrt{32\pi a^3}}\left(2-\frac{r}{a}\right)\mathrm{e}^{-\frac{r}{2a}} \tag{22.9}$$

$$\psi_{2\mathrm{p}_0}=\frac{1}{\sqrt{32\pi a^3}}\frac{r}{a}\mathrm{e}^{-\frac{r}{2a}}\cos\theta \tag{22.10}$$

很容易计算出

$$\langle 2\mathrm{s}|z|2\mathrm{s}\rangle=\langle 2\mathrm{p}_0|z|2\mathrm{p}_0\rangle=0$$

其他的矩阵元为

$$\begin{aligned}\langle 2\mathrm{s}|z|2\mathrm{p}_0\rangle&=\frac{1}{32\pi a^3}\int_0^\infty\int_0^\pi\left(2-\frac{r}{a}\right)\frac{r}{a}\mathrm{e}^{-\frac{r}{a}}r\cos^2\theta\cdot 2\pi r^2\mathrm{d}r\sin\theta\mathrm{d}\theta\\&=\frac{1}{16a^3}\int_0^\infty\left(2-\frac{r}{a}\right)\frac{r}{a}\mathrm{e}^{-\frac{r}{a}}r^3\mathrm{d}r\cdot\int_0^\pi\cos^2\theta\sin\theta\mathrm{d}\theta\\&=\frac{1}{16a^3}\left(-72a^4\right)\cdot\frac{2}{3}\\&=-3a\end{aligned} \tag{22.11}$$

其中，$a=\frac{\hbar^2}{me^2}\cdot\frac{1}{Z}$ 表示玻尔半径。由以上计算，我们可以得到微扰矩阵为

$$eF\begin{vmatrix}0&-3a\\-3a&0\end{vmatrix} \tag{22.12}$$

它的本征值为 $\pm 3eFa$。

于是我们可以得到：

一阶近似的能级 零阶近似的本征函数

$$
\begin{cases}
-\dfrac{me^4}{2\hbar^2}\cdot\dfrac{1}{4} & \psi_{2p_1} \\
-\dfrac{me^4}{2\hbar^2}\cdot\dfrac{1}{4} & \psi_{2p_{-1}} \\
-\dfrac{me^4}{2\hbar^2}\cdot\dfrac{1}{4}+3eFa & \dfrac{1}{\sqrt{2}}\left(\psi_{2s}+\psi_{2p_0}\right) \\
-\dfrac{me^4}{2\hbar^2}\cdot\dfrac{1}{4}-3eFa & \dfrac{1}{\sqrt{2}}\left(\psi_{2s}-\psi_{2p_0}\right)
\end{cases}
\tag{22.13}
$$

23　含时微扰理论和玻恩[1]近似

23.1　含时微扰理论

设系统的哈密顿算符可以写为

$$\hat{H} = H_0 + \hat{\mathcal{H}} \tag{23.1}$$

其中，$\hat{H}_0$ 为不含时的无微扰哈密顿算符，$\hat{\mathcal{H}}$ 为含时的微扰哈密顿算符。

无微扰的薛定谔方程为

$$\mathrm{i}\hbar\psi_0 = \hat{H}_0\psi_0 \tag{23.2}$$

它的解为

$$\psi_0 = \sum_n a_n^{(0)}\psi_0^{(n)}\mathrm{e}^{-\frac{\mathrm{i}}{\hbar}E_0^{(n)}t} \tag{23.3}$$

其中，$a_0^{(n)}$ 为常数。该解满足定态薛定谔方程

$$\hat{H}_0\psi_0^{(n)} = E_0^{(n)}\psi_0^{(n)} \tag{23.4}$$

〔1〕马克斯·玻恩（Max Born，1882—1970 年），德国犹太裔理论物理学家，量子力学奠基人之一，1912 年与西尔多·冯·卡门合作发表了著名论文《关于空间点阵的振动》，1954 年获诺贝尔物理学奖。

下面使用非定态微扰理论求解系统总哈密顿算符的薛定谔方程。我们知道薛定谔方程为

$$\mathrm{i}\hbar\dot{\psi}=\left(\hat{H}_0+\hat{\mathcal{H}}\right)\psi \tag{23.5}$$

猜测波函数的解应该有以下形式

$$\psi=\sum_n a_n(t)\psi_0^{(n)}\mathrm{e}^{-\frac{\mathrm{i}}{\hbar}E_0^{(n)}t} \tag{23.6}$$

将形式解代入（23.5），然后左乘 $\psi_0^{\dagger(s)}$，并利用波函数的正交条件和方程（23.4），可以得到

$$\dot{a}_s=-\frac{\mathrm{i}}{\hbar}\sum_n a_n\left\langle s\middle|\hat{\mathcal{H}}\middle|n\right\rangle\mathrm{e}^{-\frac{\mathrm{i}}{\hbar}\left(E_0^{(s)}-E_0^{(n)}\right)t} \tag{23.7}$$

其中

$$\left\langle s\middle|\hat{\mathcal{H}}\middle|n\right\rangle=\psi_0^{\dagger(s)}\hat{\mathcal{H}}\psi_0^{(n)}=\int\psi_0^{*(s)}\hat{\mathcal{H}}\psi_0^{(n)}\mathrm{d}x=\hat{\mathcal{H}}_{sn} \tag{23.8}$$

方程（23.7）是精确的式子，它和薛定谔方程是等价的。通过将方程右边的 $a_n(t)$ 替换为 $a_n(0)$，可以近似求解此方程。对时间积分后，我们得到

$$a_s(t)\approx a_s(0)-\frac{\mathrm{i}}{\hbar}\sum_n a_n(0)\int_0^t\hat{\mathcal{H}}_{sn}(t)\mathrm{e}^{\frac{\mathrm{i}}{\hbar}\left(E_0^{(s)}-E_0^{(n)}\right)t}\mathrm{d}t \tag{23.9}$$

重要特例 当 $t=0$ 时，系统处于态 n。于是我们得到 $a_n(0)=1$，其他所有的 a 都是 0。当 $s\neq n$ 时，我们有

$$a_s(t)=-\frac{\mathrm{i}}{\hbar}\int_0^t\hat{\mathcal{H}}_{sn}(t)\mathrm{e}^{\frac{\mathrm{i}}{\hbar}\left(E_0^{(s)}-E_0^{(n)}\right)t}\mathrm{d}t \tag{23.10}$$

矩阵元 $\hat{\mathcal{H}}_{sn}(t)$ 导致了态 n 到态 s 的跃迁。

跃迁 我们考虑从态 n 到一连续状态（能级密集的极限情况）的跃迁过程（图 18）。

图 18 能级跃迁

设 $\hat{\mathcal{H}}_{sn}$ 与时间无关，于是由表达式（23.10）我们得到

$$a_s(t) = -\hat{\mathcal{H}}_{sn}\frac{\mathrm{e}^{\frac{\mathrm{i}}{\hbar}\left(E_0^{(s)}-E_0^{(n)}\right)t}-1}{E_0^{(s)}-E_0^{(n)}}$$

在微扰时间 t 内，电子由态 n 跃迁到态 s 的跃迁速率为

$$\left|a_s(t)\right|^2 = 4\left|\hat{\mathcal{H}}_{sn}\right|^2\frac{\sin^2\frac{t}{2\hbar}\left(E_0^{(s)}-E_0^{(n)}\right)}{\left(E_0^{(s)}-E_0^{(n)}\right)^2} \tag{23.11}$$

由于终态为连续谱，所以要对这些能量范围进行求和，故电子从态 n 跃迁到态 s 的总概率为

$$\begin{aligned} P(t) &= \sum_s\left|a_s(t)\right|^2 = 4\left|\hat{\mathcal{H}}_{sn}\right|^2\sum_s\frac{\sin^2\frac{t}{2\hbar}\left(E_0^{(s)}-E_0^{(n)}\right)}{\left(E_0^{(s)}-E_0^{(n)}\right)^2} \\ &= 4\left|\hat{\mathcal{H}}_{sn}\right|^2\rho(E_s)\int\frac{\sin^2\frac{t}{2\hbar}\left(E_0^{(s)}-E_0^{(n)}\right)}{\left(E_0^{(s)}-E_0^{(n)}\right)^2}\mathrm{d}\left(E_0^{(s)}-E_0^{(n)}\right) \end{aligned} \tag{23.12}$$

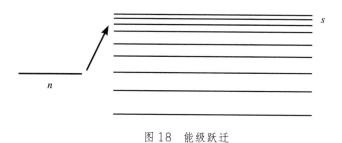

$$=t\frac{2\pi}{\hbar}\left|\hat{\mathcal{H}}_{sn}\right|^2\rho\left(E_s\right)$$

其中利用了积分公式 $\int\frac{\sin^2\alpha x}{x^2}\mathrm{d}x=\pi\alpha$，故

$$\int\frac{\sin^2\frac{t}{2\hbar}\left(E_0^{(s)}-E_0^{(n)}\right)}{\left(E_0^{(s)}-E_0^{(n)}\right)^2}\mathrm{d}\left(E_0^{(s)}-E_0^{(n)}\right)=\frac{\pi t}{2\hbar}$$

式中的 $\rho\left(E_s\right)$ 为 E_s 附近单位能级间隔的态的数量，即态密度。故单位时间的跃迁率为

$$\frac{2\pi}{\hbar}\left|\hat{\mathcal{H}}_{sn}\right|^2\rho\left(E_s\right) \tag{23.13}$$

讨论：电子末态分布随时间的变化，以及该分布和不确定性原理的关系。

23.2 玻恩近似

考虑带电粒子在势场 $U(\boldsymbol{x})$ 中的散射问题，入射粒子的初态为 p，粒子的末态为 p'（图 19）。

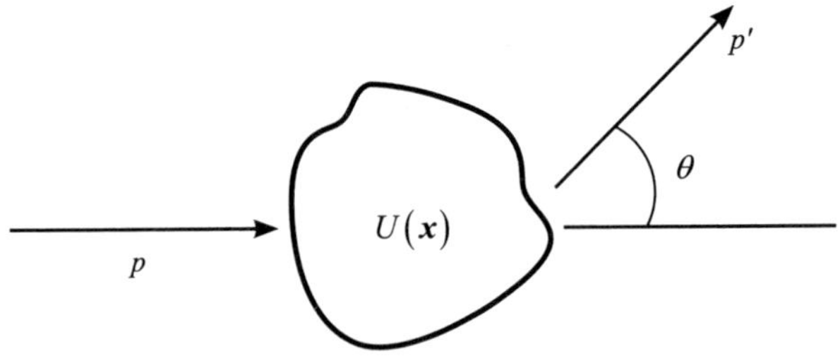

图 19　粒子的散射

势场随距离增加都是快速衰减的，一般我们认为势场在无穷远处为0。故由能量守恒，可以得到

$$|\boldsymbol{p}'|=|\boldsymbol{p}|$$

势场可以被看成一个不含时的微扰，即

$$U(\boldsymbol{x})=\hat{\mathcal{H}}$$

相互作用区域的体积为 Ω。

初态为一平面波，且满足箱归一化条件，故可以写为

$$\frac{1}{\sqrt{\Omega}}\mathrm{e}^{\frac{\mathrm{i}}{\hbar}\boldsymbol{p}\cdot\boldsymbol{x}}$$

同理，末态为

$$\frac{1}{\sqrt{\Omega}}\mathrm{e}^{\frac{\mathrm{i}}{\hbar}\boldsymbol{p}'\cdot\boldsymbol{x}}$$

$\boldsymbol{p}\to\boldsymbol{p}'$ 的跃迁矩阵元为

$$\left\langle\boldsymbol{p}\middle|\hat{\mathcal{H}}\middle|\boldsymbol{p}'\right\rangle=\frac{1}{\Omega}\int_{\Omega}U(x)\mathrm{e}^{\frac{\mathrm{i}}{\hbar}(\boldsymbol{p}-\boldsymbol{p}')\cdot\boldsymbol{x}}\mathrm{d}^3x$$

右边就是 U 的傅里叶变换，故

$$\left\langle\boldsymbol{p}\middle|\hat{\mathcal{H}}\middle|\boldsymbol{p}'\right\rangle=\frac{1}{\Omega}U_{\boldsymbol{p}-\boldsymbol{p}'} \tag{23.14}$$

在立体角 $\mathrm{d}\omega$ 中，每单位能量间隔的末态数为

$$\rho\mathrm{d}\omega=\frac{\Omega\mathrm{d}\omega}{(2\pi\hbar)^3}\cdot\frac{p^2\mathrm{d}p}{v\mathrm{d}p}=\frac{\Omega p^2}{8\pi^3\hbar^3 v}\mathrm{d}\omega$$

其中 v 为粒子的初速度，且有

$$vdp = dE$$

这在相对论中也是正确的。

单位时间内散射到立体角 dω 内的跃迁率为

$$d\omega \frac{v}{\Omega}\frac{d\sigma}{d\omega} = \frac{2\pi}{\hbar}\left|\frac{1}{\Omega}U_{p-p'}\right|^2 \frac{\Omega p^2}{8\pi^3\hbar^3 v}d\omega$$

由此可得

$$\frac{d\sigma}{d\omega} = \frac{1}{4\pi^2\hbar^4}\frac{p^2}{v^2}\left|U_{p-p'}\right|^2 \tag{23.15}$$

其中 σ 为微分散射截面。

对于非相对论力学，我们知道 $m = \frac{p}{v}$，故

$$\frac{d\sigma}{d\omega} = \frac{m^2}{4\pi^2\hbar^4} \cdot \left|U_{p-p'}\right|^2 \tag{23.16}$$

下面我们讨论一下这个近似正确的局域性。若系统在一个势阱中（图 20），则近似成立的条件为

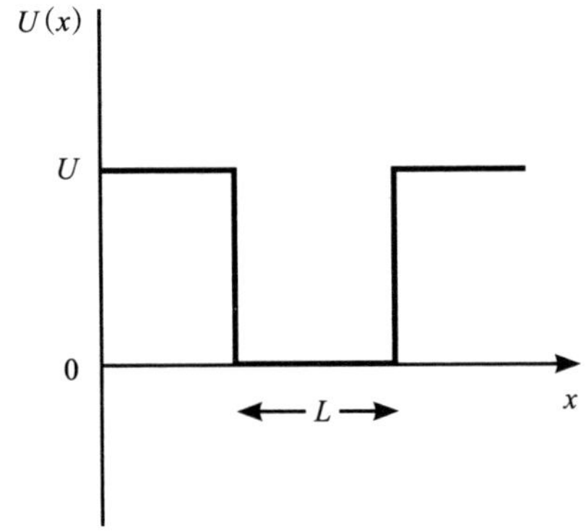

图 20　某势阱示意图

$$\frac{1}{\hbar}L\left(p-\sqrt{p^2-2mU}\right)\ll 1 \tag{23.17}$$

即对应于势能较弱的情况，不等式左侧的括号给出了粒子在势阱内外的动量差。

23.3 库仑中心力场的散射

带电荷为 ze 的粒子在散射电荷为 Ze 的势场中的势能为

$$U=\frac{zZe^2}{r}$$

矩阵元 $U_{p-p'}$ 的傅里叶变换为

$$\begin{aligned}U_{p-p'}&=zZe^2\int\frac{e^{\frac{i}{\hbar}(p-p')\cdot x}}{r}d^3x\\&=\frac{4\pi Zze^2}{\frac{1}{\hbar^2}|\boldsymbol{p}-\boldsymbol{p}'|^2}\\&=\frac{4\pi\hbar^2Zze^2}{4p^2\sin^2\frac{\theta}{2}}\end{aligned} \tag{23.18}$$

其中，我们利用了关系式

$$\begin{aligned}\nabla^2\varphi&=\nabla^2\frac{1}{r^2}\\&=-4\pi\delta(r)\end{aligned}$$

散射截面为

$$\frac{d\sigma}{d\omega}=\frac{z^2Z^2}{4}\left(\frac{me^2}{p^2}\right)^2\frac{1}{\sin^4\frac{\theta}{2}}$$

□ **库仑扭秤**

库仑扭秤是法国物理学家查利·奥古斯丁·库仑（1736—1806年）仿照英国物理学家亨利·卡文迪什（1731—1810年）设计的扭秤而制作出来的。18世纪70年代，库仑使用库仑扭秤发现了描述静止电荷之间相互作用的库仑定律。为了纪念库仑，他的名字被用于命名国际单位制中电荷的单位以及库仑势、库仑散射等多个物理学名词。图为库仑扭秤，它由悬丝、横杆、两个带电金属小球、一个平衡小球、一个递电小球、旋钮和电磁阻尼等部分组成。

这和经典的卢瑟福[1]公式是一样的。

讨论：

a）在势阱中的散射——核力场。

b）考虑长波极限情况——各向同性的散射。

c）考虑短波极限情况——向前散射。

d）静止质量的作用（考虑中微子）。

e）在情况（23.11）中，系统初始状态的指数衰减规律。

〔1〕欧内斯特·卢瑟福（Ernest Rutherford，1871—1937年），英国著名物理学家，被誉为“原子核物理学之父”，被学术界公认为继迈克尔·法拉第之后最伟大的实验物理学家，1908年获诺贝尔化学奖。

24　辐射的发射和吸收

24.1　辐射的发射和吸收

设有一束电磁波作用在原子上，可以把它看成一个微扰，其微扰哈密顿算符为

$$\mathcal{H} = ezB\cos\omega t \tag{24.1}$$

其中，B 是电磁波的振幅。设 $t=0$ 时，原子处于态 n。在微扰作用下，原子跃迁到了更高能级的 m 态（图 21）。

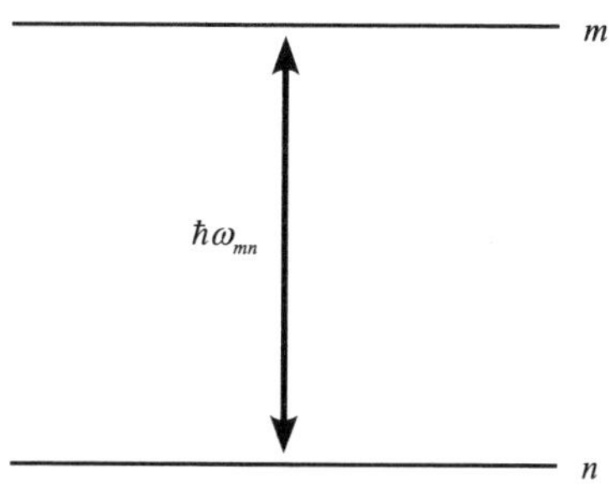

图 21　两个能级之间的跃迁

由（23.10）可得

$$a_m(t) = -\frac{\mathrm{i}}{\hbar}eBz_{mn}\int_0^t \cos\omega t \mathrm{e}^{\mathrm{i}\omega_{mn}t}\mathrm{d}t \tag{24.2}$$

其中

$$\omega_{mn}=\frac{E^{(m)}-E^{(n)}}{\hbar}>0$$

为跃迁频率。

我们知道三角函数满足关系式

$$\cos\omega t=\frac{\mathrm{e}^{\mathrm{i}\omega t}+\mathrm{e}^{-\mathrm{i}\omega t}}{2}$$

对于其中的 $\mathrm{e}^{-\mathrm{i}\omega t}$ 项，当微扰波频率 $\omega\approx\omega_{mn}$ 时，只有这一项才是重要的。将其代入后，我们得到

$$a_m(t)\approx-\frac{\mathrm{i}eB}{2\hbar}z_{mn}\int_0^t\mathrm{e}^{\mathrm{i}(\omega_{mn}-\omega)t}\mathrm{d}t$$

$$=+\frac{eB}{2\hbar}z_{mn}\frac{\mathrm{e}^{-\mathrm{i}(\omega-\omega_{mn})t}-1}{\omega-\omega_{mn}}$$

于是 t 时刻原子处在 m 态的概率为

$$\left|a_m(t)\right|^2=\frac{e^2B^2}{\hbar^2}\left|z_{mn}\right|^2\frac{\sin^2\frac{t}{2}(\omega-\omega_{mn})}{(\omega-\omega_{mn})^2} \quad (24.3)$$

可以发现，当 $\omega=\omega_{mn}$ 时，概率取得最大值，这就是共振。读者可以对此现象进行讨论。

入射光的光强为 $\frac{cB^2}{8\pi}$，且供吸收的入射连续谱中包含跃迁频率 ω_{mn}，此时我们可以把光强写为

$$\frac{cB^2}{8\pi}=\frac{\mathrm{d}I}{\mathrm{d}\omega}\mathrm{d}\omega \quad (24.4)$$

将其代入表达式（24.3），并对 ω 积分，利用公式 $\int\frac{\sin^2\alpha x}{x^2}\mathrm{d}x=\pi\alpha$，我

们得到

$$|a_m|^2 = t\frac{4\pi^2 e^2}{c\hbar^2}|z_{mn}|^2\frac{\mathrm{d}I}{\mathrm{d}\omega}$$

（注意：这里的 ω 是角频率，不是立体角。）

最后，我们可以得到单位时间入射波的吸收率为

$$\frac{4\pi^2 e^2}{c\hbar^2}|z_{mn}|^2\frac{\mathrm{d}I}{\mathrm{d}\omega} \tag{24.5}$$

对于各向同性的辐射，其体能量密度为 $u(\omega)\mathrm{d}\omega$，故我们把单位时间入射波的吸收率写为

$$\frac{4\pi^2 e^2}{3\hbar^2}|\boldsymbol{x}_{mn}|^2 u(\omega_{mn}) \tag{24.6}$$

其中，系数1/3是对各个偏振方向的平均。

发射和吸收之间的关系可以用量子电动力学描述（图22），而更简单的方法是使用爱因斯坦 AB 系数法。

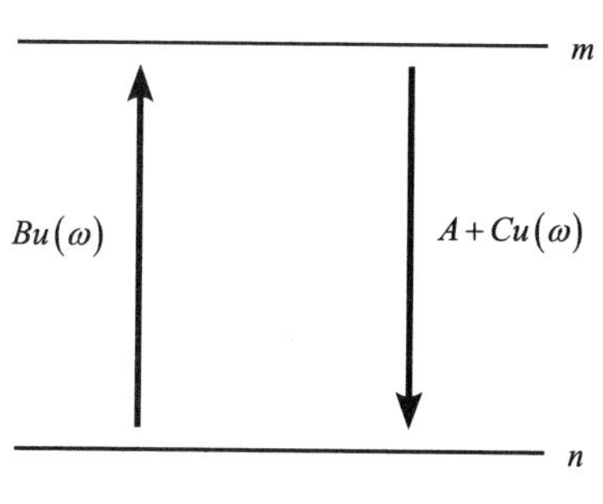

图22 跃迁示意图

设单位时间从 n 跃迁到 m 的跃迁速率为

$$Bu(\omega)N(n)$$

其中，B 是一个未定的系数。我们目前不需要对 B 做任何操作。$N(n)$ 表示在态 n 上的原子数。由表达式（24.6）我们知道

$$B=\frac{4\pi^2e^2}{3\hbar^2}\left|x_{mn}\right|^2 \tag{24.7}$$

同理，我们可以假设单位时间从 m 跃迁到 n 的跃迁速率为

$$\left[A+Cu(\omega)\right]N(m)$$

其中，A 为自发跃迁系数，C 为受激跃迁系数。

在热平衡情况下，原子满足玻尔兹曼[1]分布，故

$$\frac{N(m)}{N(n)}=\mathrm{e}^{-\frac{E^{(m)}-E^{(n)}}{kT}}=\mathrm{e}^{-\frac{\hbar\omega_{mn}}{kT}} \tag{24.8}$$

易知系统在平衡状态下满足：原子 $n\to m$ 的跃迁速率 = 原子 $m\to n$ 的跃迁速率。因此

$$\frac{A}{Bu(\omega)}+\frac{C}{B}=\frac{N(n)}{N(m)}=\mathrm{e}^{\frac{\hbar\omega_{mn}}{kT}} \tag{24.9}$$

我们知道普朗克公式

$$u(\omega)=\frac{\hbar\omega^3/\pi^2c^3}{\mathrm{e}^{\frac{\hbar\omega}{kT}}-1} \tag{24.10}$$

将表达式（24.10）代入式（24.9），得到

〔1〕路德维希·玻尔兹曼（Ludwig Boltzmann，1844—1906 年），奥地利物理学家、哲学家，热力学和统计物理学的奠基人之一。

$$\frac{\pi^2 c^3}{\hbar\omega^3}\cdot\frac{A}{B}\left(\mathrm{e}^{\frac{\hbar\omega}{kT}}-1\right)+\frac{C}{B}=\mathrm{e}^{\frac{\hbar\omega}{kT}}$$

这个等式在所有温度 T 下都必须是成立的，故

$$\begin{cases}\dfrac{\pi^2 c^3}{\hbar\omega^3}\cdot\dfrac{A}{B}=1\\ \dfrac{C}{B}=1\end{cases}$$

由此得到了“爱因斯坦关系”

$$\begin{cases}A=\dfrac{\hbar\omega^3}{\pi^2 c^3}B\\ C=B\end{cases}\tag{24.11}$$

然后由表达式（24.7），解得自发跃迁系数为

$$\frac{1}{\tau}=A=\frac{4}{3}\cdot\frac{e^2\omega^3}{\hbar c^3}\left|\boldsymbol{x}_{mn}\right|^2\tag{24.12}$$

其中，τ 为激发态 m 的自发跃迁的平均寿命。

利用以下代换可以把结果推广到多粒子情况

$$e\boldsymbol{x}\rightarrow\sum_i e_i\boldsymbol{x}_{\mathrm{i}}\tag{24.13}$$

其中，$\sum\limits_i$ 表示对所有的粒子求和。

$$\frac{1}{\tau}=\frac{4}{3}\cdot\frac{\omega^3}{\hbar c^3}\left|\sum_i e_i\langle m|\boldsymbol{x}_i|n\rangle\right|^2\tag{24.14}$$

因此，辐射的强度正比于坐标矩阵算符元的平方（对于单个电子）或电偶极矩的平方（对于多带电粒子系统）。

讨论：

a）公式（24.12）的适用范围（当原子尺度≪辐射波长λ）。

b）电四极矩辐射。

24.2 中心力场的情况

对于中心力场，我们知道球谐函数满足以下恒等式

$$\begin{cases}\sqrt{\dfrac{8\pi}{3}}Y_{1,1}Y_{l,m-1}=\sqrt{\dfrac{(l+m)(l+1+m)}{(2l+1)(2l+3)}}Y_{l+1,m}-\sqrt{\dfrac{(l-m)(l+1-m)}{(2l+1)(2l-1)}}Y_{l-1,m}\\ \sqrt{\dfrac{4\pi}{3}}Y_{1,0}Y_{l,m}=\sqrt{\dfrac{(l+1)^2-m^2}{(2l+1)(2l+3)}}Y_{l+1,m}+\sqrt{\dfrac{l^2-m^2}{(2l+1)(2l-1)}}Y_{l-1,m}\\ \sqrt{\dfrac{8\pi}{3}}Y_{1,-1}Y_{l,m+1}=\sqrt{\dfrac{(l-m)(l+1+m)}{(2l+1)(2l+3)}}Y_{l+1,m}-\sqrt{\dfrac{(l+m)(l+1+m)}{(2l+1)(2l-1)}}Y_{l-1,m}\end{cases} \quad (24.15)$$

$$\begin{cases}\sqrt{\dfrac{8\pi}{3}}Y_{1,1}=-\sin\theta\cdot e^{i\varphi}\\ \sqrt{\dfrac{4\pi}{3}}Y_{1,0}=\cos\theta\\ \sqrt{\dfrac{8\pi}{3}}Y_{1,-1}=\sin\theta\cdot e^{-i\varphi}\end{cases} \quad (24.16)$$

由此我们知道：坐标算符的矩阵元不为0的条件为

$$l'=l\pm1$$

和

$$m'=m\pm1,\ m \quad (24.17)$$

这就是选择定则。

我们可以得到矩阵元的表达式为

$$\begin{cases} \langle n', l+1, m+1|x+\mathrm{i}y|n, l, m\rangle = -J\sqrt{\dfrac{(l+m+2)(l+1+m)}{(2l+1)(2l+3)}} \\ \langle n', l+1, m+1|x-\mathrm{i}y|n, l, m\rangle = 0 \\ \langle n', l+1, m|z|n, l, m\rangle = J\sqrt{\dfrac{(l+1)^2-m^2}{(2l+1)(2l+3)}} \\ \langle n', l+1, m-1|x+\mathrm{i}y|n, l, m\rangle = 0 \\ \langle n', l+1, m-1|x-\mathrm{i}y|n, l, m\rangle = J\sqrt{\dfrac{(l+1-m)(l+2-m)}{(2l+1)(2l+3)}} \end{cases} \tag{24.18}$$

其中

$$J = \int_0^\infty R_{nl}(r) R_{n', l+1}(r) r^3 \mathrm{d}r \tag{24.19}$$

由此可得

$$\begin{aligned} &|\langle n', l+1, m+1|\boldsymbol{x}|n, l, m\rangle|^2 + |\langle n', l+1, m|\boldsymbol{x}|n, l, m\rangle|^2 \\ &\quad + |\langle n', l+1, m-1|\boldsymbol{x}|n, l, m\rangle|^2 = \frac{l+1}{2l+1}J^2 \end{aligned} \tag{24.20}$$

可以发现，结果和 m 无关。

因此，从态（n, l, m）到态（n', $l+1$, 任意 m'）的跃迁速率为

$$\frac{4}{3}\frac{e^2\omega^3}{\hbar c^3}\frac{l+1}{2l+1}J^2$$

其中，m' 应该满足所要求的选择定则。这个结果也和 m 无关，对此，读者可以自行讨论。

同样，从态（n, l, m）到态（n', $l-1$, 任意 m'）的跃迁速率为

$$\frac{4}{3}\frac{e^2\omega^3}{\hbar c^3}\frac{l}{2l-1}\int_0^\infty R_{nl}(r) R_{n', l-1}(r) r^3 \mathrm{d}r^2$$

24.3 氢原子态 2p 的寿命

由选择定则，氢原子只能自发跃迁到态 1s。我们知道

$$R_{1s}(r)=\frac{2}{a^{3/2}}\mathrm{e}^{-\frac{r}{a}}$$

$$R_{2p}(r)=\frac{1}{\sqrt{24a^3}}\frac{r}{a}\mathrm{e}^{-\frac{r}{2a}}$$

故

$$J=\int_0^{\infty}R_{1s}R_{2p}r^3\mathrm{d}r=\frac{192\sqrt{2}}{243}a$$

由此可得

$$\text{跃迁速率}(2\mathrm{p}\to 2\mathrm{s})=\frac{294\,912}{177\,147}\frac{e^2\omega^3a^2}{\hbar c^3}$$

其中，$\omega=\frac{3}{4}\frac{me^4}{2\hbar^3}$，$a=\frac{\hbar^2}{me^2}$ 为玻尔半径，将它们代入后得到

$$\text{跃迁速率}(2\mathrm{p}\to 2\mathrm{s})=\frac{115\,2}{656\,1}\left(\frac{e^2}{\hbar c}\right)^3\frac{me^4}{2\hbar^3}=1.41\times10^9\ \mathrm{s}^{-1}$$

其中，$\frac{e^2}{\hbar c}=\frac{1}{137}$ 为精细结构常数，$\frac{me^4}{2\hbar^3}=\frac{R}{\hbar c}=2.067\times10^{16}\ \mathrm{s}^{-1}$，$R$ 为里德伯常量。

讨论：

a）允许和禁止的谱线（即跃迁）。

b）亚稳态。

c）普遍的选择定则。

d）线性谐振子的辐射。

e）求和规则和有效的电子数。

f）发射光的偏振。

25 泡利[1]自旋理论

自旋是粒子的一种内禀自由度，对于电子，它是一个二分量的变量。

作用在自旋变量上的算符为

$$\hat{A}=\begin{pmatrix} a_{11} & a_{12} \\ a_{21} & a_{22} \end{pmatrix} \tag{25.1}$$

现在我们希望找到 3 个算符

$$\hat{\sigma}_x,\hat{\sigma}_y,\hat{\sigma}_z$$

并对它们作出规定，使得它们的本征值为 ±1。此时我们可以得到

$$\hat{\sigma}_x^2=\hat{\sigma}_y^2=\hat{\sigma}_z^2=1=\begin{pmatrix} 1 & 0 \\ 0 & 1 \end{pmatrix} \tag{25.2}$$

同时也可以得到

$$\left(\alpha\hat{\sigma}_x+\beta\hat{\sigma}_y+\gamma\hat{\sigma}_z\right)^2=1 \tag{25.3}$$

---

〔1〕沃尔夫冈·恩斯特·泡利（Wolfgang Ernst Pauli，1900—1958 年），美籍奥地利物理学家，在量子力学、量子场论和基本粒子理论方面有重大成就，尤其是建立了泡利不相容原理，提出了 β 衰变中的中微子假说等，为理论物理学的发展作出了重要贡献。1945 年获诺贝尔物理学奖。

其中，α，β，γ 为自旋矢量的方向余弦。由方程很容易得到

$$\begin{cases}\hat{\sigma}_x\hat{\sigma}_y+\hat{\sigma}_y\hat{\sigma}_x=0\\\hat{\sigma}_y\hat{\sigma}_z+\hat{\sigma}_z\hat{\sigma}_y=0\\\hat{\sigma}_z\hat{\sigma}_x+\hat{\sigma}_x\hat{\sigma}_z=0\end{cases}\tag{25.4}$$

这些是自旋算符的反对易关系。

取能让算符 $\hat{\sigma}_z$ 对角化的基矢，此时

$$\hat{\sigma}_z=\begin{pmatrix}1&0\\0&-1\end{pmatrix}\tag{25.5}$$

算符 $\hat{\sigma}_x$ 为厄米算符，故其可以写为

$$\hat{\sigma}_x=\begin{pmatrix}a&b\\b^*&c\end{pmatrix}$$

由 $\hat{\sigma}_x\hat{\sigma}_z+\hat{\sigma}_z\hat{\sigma}_x=0$ 推出

$$\begin{pmatrix}a&b\\b^*&c\end{pmatrix}\begin{pmatrix}1&0\\0&-1\end{pmatrix}+\begin{pmatrix}1&0\\0&-1\end{pmatrix}\begin{pmatrix}a&b\\b^*&c\end{pmatrix}=0$$

$$\begin{pmatrix}a&-b\\b^*&-c\end{pmatrix}+\begin{pmatrix}a&b\\-b^*&-c\end{pmatrix}=0$$

$$\begin{pmatrix}2a&0\\0&-2c\end{pmatrix}=0$$

解得

$$a=c=0$$

故

$$\hat{\sigma}_x=\begin{pmatrix}0&b\\b^*&0\end{pmatrix}$$

又由 $\hat{\sigma}_x$ 的性质

$$\hat{\sigma}_x^2=\begin{pmatrix}|b|^2 & 0\\ 0 & |b|^2\end{pmatrix}=\begin{pmatrix}1 & 0\\ 0 & 1\end{pmatrix}$$

推出

$$|b|^2=1$$

因此，算符 $\hat{\sigma}_x$ 应该有如下形式

$$\hat{\sigma}_x=\begin{pmatrix}0 & e^{i\alpha}\\ e^{-i\alpha} & 0\end{pmatrix}$$

调整基矢的相位，使得 $\alpha=0$ ，于是

$$\hat{\sigma}_x=\begin{pmatrix}0 & 1\\ 1 & 0\end{pmatrix} \tag{25.6}$$

同上处理，可以得到

$$\hat{\sigma}_y=\begin{pmatrix}0 & e^{i\beta}\\ e^{-i\beta} & 0\end{pmatrix}$$

由 $\hat{\sigma}_x\hat{\sigma}_y+\hat{\sigma}_y\hat{\sigma}_x=0$，解得

$$e^{i\beta}+e^{-i\beta}=0$$

或

$$e^{i\beta}=\pm i$$

故

$$\hat{\sigma}_y=\begin{pmatrix}0 & i\\ -i & 0\end{pmatrix}$$

或

$$\hat{\sigma}_y = \begin{pmatrix} 0 & -\mathrm{i} \\ \mathrm{i} & 0 \end{pmatrix}$$

现在我们要排除第一种选择，因为：若

$$\begin{cases} \hat{\sigma}_z = \begin{pmatrix} 1 & 0 \\ 0 & -1 \end{pmatrix} \\ \hat{\sigma}_x = \begin{pmatrix} 0 & 1 \\ 1 & 0 \end{pmatrix} \\ \hat{\sigma}_y = \begin{pmatrix} 0 & \mathrm{i} \\ -\mathrm{i} & 0 \end{pmatrix} \end{cases}$$

我们首先考虑变换 $\hat{T} \to -\hat{\boldsymbol{\sigma}}$

$$\begin{cases} \hat{\sigma}_z = \begin{pmatrix} -1 & 0 \\ 0 & 1 \end{pmatrix} \\ \hat{\sigma}_x = \begin{pmatrix} 0 & -1 \\ -1 & 0 \end{pmatrix} \\ \hat{\sigma}_y = \begin{pmatrix} 0 & -\mathrm{i} \\ \mathrm{i} & 0 \end{pmatrix} \end{cases}$$

然后做幺正变换 $\hat{T} = \hat{\sigma}_y$，它将给出泡利算符的标准形式

$$\begin{cases} \hat{\sigma}_x = \begin{pmatrix} 0 & 1 \\ 1 & 0 \end{pmatrix} \\ \hat{\sigma}_y = \begin{pmatrix} 0 & -\mathrm{i} \\ \mathrm{i} & 0 \end{pmatrix} \\ \hat{\sigma}_z = \begin{pmatrix} 1 & 0 \\ 0 & -1 \end{pmatrix} \end{cases} \tag{25.7}$$

因为这两个变换都是幺正变换，所以整个变换也是幺正变换，这证明 $\hat{\sigma}_y$ 的两种选择是等价的。我们以后将使用标准形式进行相关计算。

检验泡利矩阵的性质，由表达式（25.7）得到

$$\begin{cases}\hat{\sigma}_x^2=\hat{\sigma}_y^2=\hat{\sigma}_z^2=1\\ \hat{\sigma}^2=\hat{\sigma}_x^2+\hat{\sigma}_y^2+\hat{\sigma}_z^2=3\end{cases} \tag{25.8}$$

$$\hat{\sigma}_x\hat{\sigma}_y+\hat{\sigma}_y\hat{\sigma}_x=\hat{\sigma}_y\hat{\sigma}_z+\hat{\sigma}_z\hat{\sigma}_y=\hat{\sigma}_z\hat{\sigma}_x+\hat{\sigma}_x\hat{\sigma}_z=0 \tag{25.9}$$

$$\begin{aligned}&\hat{\sigma}_x\hat{\sigma}_y=\mathrm{i}\hat{\sigma}_z\\&\hat{\sigma}_y\hat{\sigma}_z=\mathrm{i}\hat{\sigma}_x\\&\hat{\sigma}_z\hat{\sigma}_x=\mathrm{i}\hat{\sigma}_y\end{aligned} \tag{25.10}$$

$$\begin{aligned}&\left[\hat{\sigma}_x,\hat{\sigma}_y\right]=2\mathrm{i}\hat{\sigma}_z\\&\left[\hat{\sigma}_y,\hat{\sigma}_z\right]=2\mathrm{i}\hat{\sigma}_x\\&\left[\hat{\sigma}_z,\hat{\sigma}_x\right]=2\mathrm{i}\hat{\sigma}_y\end{aligned} \tag{25.11}$$

或可以写为一般形式

$$\left[\hat{\boldsymbol{\sigma}}\times\hat{\boldsymbol{\sigma}}\right]=2\mathrm{i}\hat{\boldsymbol{\sigma}} \tag{25.12}$$

考虑矢量

$$\hat{\boldsymbol{S}}=\frac{\hbar}{2}\hat{\boldsymbol{\sigma}} \tag{25.13}$$

易知

$$\left[\hat{\boldsymbol{S}}\times\hat{\boldsymbol{S}}\right]=\mathrm{i}\hat{\boldsymbol{S}} \tag{25.14}$$

这和角动量矢量所满足的规则（18.5）和（20.12）是一样的。因此 $\hat{\boldsymbol{S}}=\frac{\hbar}{2}\hat{\boldsymbol{\sigma}}$ 可以解释为电子的内禀角动量。

易知 $\hat{S}_x,\hat{S}_y,\hat{S}_z$ 的本征值为 $\pm\frac{\hbar}{2}$，同时

$$\begin{aligned}\hat{\boldsymbol{S}}^2&=S_x^2+S_y^2+S_z^2=\frac{\hbar^2}{4}\hat{\boldsymbol{\sigma}}^2\\&=\frac{3}{4}\hbar^2=\hbar^2\frac{1}{2}\times\left(\frac{1}{2}+1\right)\end{aligned} \tag{25.15}$$

这两个事实意味着：自旋角动量为$\frac{\hbar}{2}$。

磁矩　塞曼效应（Zeeman effect）要求自旋需要携带磁矩

$$\boldsymbol{\mu}=\mu_0\boldsymbol{\sigma} \tag{25.16}$$

其中

$$\mu_0=\frac{e\hbar}{2mc}$$

为玻尔磁子。从狄拉克的相对论电子理论也可以推出相同的结论。施温格[1]在1948年考虑辐射修正后，得到了更精确的表达式

$$\mu_0=\frac{e\hbar}{2mc}\left(1+\frac{1}{2\pi}\frac{e^2}{\hbar c}\right)=\frac{e\hbar}{2mc}\times 1.001\,16 \tag{25.17}$$

这和实验结果更具一致性。

□ **施温格**

朱利安·西摩·施温格（1918—1994年），犹太裔美国理论物理学家，量子电动力学的创始人之一。因在量子电动力学方面所做的基础性研究对基本粒子物理学具有深刻影响，与理查德·费曼（1906—1979年）、朝永振一郎共同获得1965年诺贝尔物理学奖。他还在核物理学、量子场论、引力理论等许多物理领域都作出了贡献，对理论物理学有深远的影响。

当电子在一个平行于z轴的外磁场B中运动时，将在哈密顿算符（21.27）中增加一项

$$-B\mu_0\sigma_z=-B\frac{e\hbar}{2mc}\sigma_z \tag{25.18}$$

〔1〕朱利安·西摩·施温格（Julian Seymour Schwinger，1918—1994年），美国物理学家，1965年与费曼、朝永振一郎共同获得诺贝尔物理学奖。

可以发现，对于轨道运动

$$\frac{\text{磁矩}}{\text{角动量}/\hbar}=\mu_0$$

对于自旋运动

$$\frac{\text{磁矩}}{\text{角动量}/\hbar}=2\mu_0$$

讨论：

a）孤立的自旋矢量在一个恒定磁场或变化磁场中的运动。

b）自旋矢量的方向的意义。

26 中心力场中的电子

26.1 电子与中心力场的相互作用

在一个静电场中（图 23），电子受到的势能为

$$U=-eV(r) \tag{26.1}$$

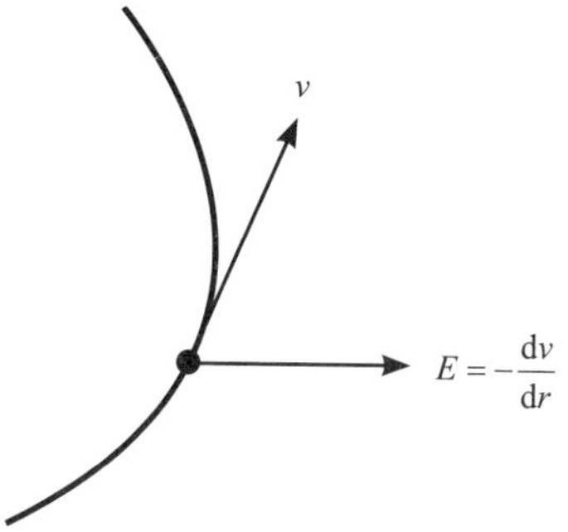

图 23 电子在电场中的运动和受力

我们首先考虑经典的自旋轨道相互作用。电子在电场中运动时受到的有效磁场为

$$\boldsymbol{H}=-\frac{1}{c}\boldsymbol{v}\times\boldsymbol{E}$$

电场可以写为电势的梯度，即

$$\boldsymbol{E}=-\frac{\mathrm{d}V}{\mathrm{d}r}\frac{\boldsymbol{x}}{r}$$

将其代入，得到

$$\begin{aligned}\boldsymbol{H}&=-\frac{1}{c}\frac{1}{r}\frac{\mathrm{d}V}{\mathrm{d}r}\boldsymbol{x}\times\boldsymbol{v}\\&=-\frac{1}{mc}\frac{1}{r}V'(r)\boldsymbol{M}\\&=-\frac{\hbar}{mc}\frac{V'(r)}{r}\boldsymbol{L}\end{aligned}\tag{26.2}$$

其中，$\boldsymbol{M}$ 为轨道角动量

$$\boldsymbol{M}=\hbar\boldsymbol{L}$$

电子的内禀磁矩为

$$\mu_0\boldsymbol{\sigma}=\frac{e\hbar}{2mc}\boldsymbol{\sigma}\tag{26.3}$$

电子内禀磁矩和有效磁场的相互作用能为

$$-\frac{V'(r)}{r}\frac{\hbar\mu_0}{mc}(\boldsymbol{L}\cdot\boldsymbol{\sigma})=-\frac{e\hbar^2V'(r)}{2m^2c^2r}(\boldsymbol{L}\cdot\boldsymbol{\sigma})\tag{26.4}$$

其中，负号是因为电子带负电。

26.2 托马斯修正（Thomas correction）

这是一个相对论项，它使得相互作用能变为原来的一半。我们从完整的狄拉克相对论理论中可以获得这个结果。

总的来说，被接受的自旋轨道相互作用为

$$-\frac{\hbar\mu_0}{2mc}\frac{V'(r)}{r}(\boldsymbol{L}\cdot\boldsymbol{\sigma})=-\frac{e\hbar^2}{4m^2c^2}\frac{V'(r)}{r}(\boldsymbol{L}\cdot\boldsymbol{\sigma})\tag{26.5}$$

于是，电子的哈密顿算符可以写为

$$\hat{H}=\frac{1}{2m}\hat{p}^2-eV(r)-\frac{e\hbar^2}{4m^2c^2}\frac{V'(r)}{r}(\boldsymbol{L}\cdot\boldsymbol{\sigma}) \tag{26.6}$$

令

$$\boldsymbol{S}=\frac{\boldsymbol{\sigma}}{2} \tag{26.7}$$

这等于以 $\hbar$ 为单位的内禀自旋角动量。将其代入后得到

$$\begin{aligned}\hat{H}&=\frac{1}{2m}\hat{p}^2-eV(r)-\frac{e\hbar^2V'(r)}{2m^2c^2r}(\boldsymbol{L}\cdot\boldsymbol{S})\\&=\hat{H}_1+\hat{H}_2(\boldsymbol{L}\cdot\boldsymbol{S})\end{aligned} \tag{26.8}$$

其中

$$\hat{H}_1=\frac{1}{2m}\hat{p}^2-eV(r)$$

$$\hat{H}_2=-\frac{e\hbar^2}{2m^2c^2}\cdot\frac{V'(r)}{r}$$

同时定义

$$\hat{\boldsymbol{J}}=\hat{\boldsymbol{L}}+\hat{\boldsymbol{S}} \tag{26.9}$$

这表示以 $\hbar$ 为单位的总的角动量。

下面列出一些常用的对易关系

$$\begin{cases}\hat{\boldsymbol{L}}\times\hat{\boldsymbol{L}}=\mathrm{i}\hat{\boldsymbol{L}},\ \hat{\boldsymbol{S}}\times\hat{\boldsymbol{S}}=\mathrm{i}\hat{\boldsymbol{S}}\\ \left[\hat{L}_x,\ \hat{L}_y\right]=\mathrm{i}\hat{\boldsymbol{L}}_z\\ \left[\hat{L}_x,\ \hat{\boldsymbol{L}}^2\right]=0\end{cases}$$

以及轮换下指标得到的类似的关系

$$\begin{cases}\left[\hat{S}_x,\hat{S}_y\right]=\mathrm{i}\hat{S}_z\\\left[\hat{S}_x,\hat{\boldsymbol{S}}^2\right]=0\end{cases}\tag{26.10}$$

同前，可以轮换下指标，得到其他的关系式

$$\begin{cases}\left[\hat{L}_x,\hat{S}_x\right]=0\\\left[\hat{L}_x,\hat{S}_y\right]=0\end{cases}\tag{26.11}$$

同前，进行指标轮换得到相似的关系式

$$\hat{\boldsymbol{S}}^2=\frac{3}{4}\tag{26.12}$$

由关系式（26.9），（26.10）和（26.11）可以推出

$$\hat{\boldsymbol{J}}\times\hat{\boldsymbol{J}}=\mathrm{i}\boldsymbol{J}$$

或者写为分量式

$$\begin{cases}\left[\hat{J}_x,\hat{J}_y\right]=\mathrm{i}\hat{J}_z\\\left[\hat{J}_y,\hat{J}_z\right]=\mathrm{i}\hat{J}_x\\\left[\hat{J}_z,\hat{J}_x\right]=\mathrm{i}\hat{J}_y\end{cases}\tag{26.13}$$

由此，我们发现，$\boldsymbol{J}$ 表现得就像一个角动量矢量。由关系式（26.13）可以推出

$$\begin{cases}\left[\hat{J}_x,\hat{\boldsymbol{J}}^2\right]=0\\\left[\hat{J}_y,\hat{\boldsymbol{J}}^2\right]=0\\\left[\hat{J}_z,\hat{\boldsymbol{J}}^2\right]=0\end{cases}\tag{26.14}$$

由此可以得出，$\hat{\boldsymbol{L}}$，$\hat{\boldsymbol{S}}$，$\hat{\boldsymbol{J}}$ 的所有分量以及 $\hat{L}^2$，$\hat{S}^2=\frac{3}{4}$，$\hat{J}^2$ 都与 $\hat{H}_1$ 和 $\hat{H}_2$ 是对易的。

我们有关系式

$$\left[\left(\hat{\boldsymbol{L}}\cdot\hat{\boldsymbol{S}}\right),\hat{J}_x\right]=0$$

证明：

$$\begin{aligned}&\left[\left(\hat{L}_x\hat{S}_x+\hat{L}_y\hat{S}_y+\hat{L}_z\hat{S}_z\right),\ \left(\hat{L}_x+\hat{S}_x\right)\right]\\&=\left[\hat{L}_y,\ \hat{L}_x\right]\hat{S}_y+\left[\hat{L}_z,\ \hat{L}_x\right]\hat{S}_z+\hat{L}_y\left[\hat{S}_y,\ \hat{S}_x\right]+\hat{L}_z\left[\hat{S}_z,\ \hat{S}_x\right]\\&=-\mathrm{i}\hat{L}_z\hat{S}_y+\mathrm{i}\hat{L}_y\hat{S}_z-\mathrm{i}\hat{L}_y\hat{S}_z+\mathrm{i}\hat{L}_z\hat{S}_y=0\end{aligned}$$

同理，可以得到

$$\begin{cases}\left[\left(\hat{\boldsymbol{L}}\cdot\hat{\boldsymbol{S}}\right),\hat{J}^2\right]=0\\\left[\left(\hat{\boldsymbol{L}}\cdot\hat{\boldsymbol{S}}\right),\hat{L}^2\right]=0\\\left[\left(\hat{\boldsymbol{L}}\cdot\hat{\boldsymbol{S}}\right),\hat{S}^2\right]=0\end{cases}\tag{26.15}$$

因此

$$\left[\hat{H},\hat{J}^2\right]=\left[\hat{H},\hat{L}^2\right]=\left[\hat{H},\hat{S}^2\right]=0\tag{26.16}$$

同时有

$$\left[\hat{H},\ \left(\hat{\boldsymbol{L}}\cdot\hat{\boldsymbol{S}}\right)\right]=0\tag{26.17}$$

$$\left[\hat{H},\hat{J}_x\right]=\left[\hat{H},\hat{J}_y\right]=\left[\hat{H},\hat{J}_z\right]=0\tag{26.18}$$

$$\hat{\boldsymbol{J}}^2=\hat{\boldsymbol{L}}^2+\hat{\boldsymbol{S}}^2+2\left(\hat{\boldsymbol{L}}\cdot\hat{\boldsymbol{S}}\right)\tag{26.19}$$

由此可得

$$\left[\hat{J}^2, \hat{L}^2\right]=\left[\hat{J}^2, \hat{S}^2\right]=0 \tag{26.20}$$

$$\left[\hat{J}_z, \hat{\boldsymbol{L}}^2\right]=\left[\hat{J}_z, \hat{\boldsymbol{S}}^2\right]=\left[\hat{J}_z, \hat{\boldsymbol{J}}^2\right]=0 \tag{26.21}$$

下面我们介绍原子的状态。首先，我们可以使用由如下互相对易的物理量对角化得到的本征值来标记状态

$$\hat{H}_1，\hat{H}_2，\hat{L}^2=l(l+1)，\hat{S}^2=\frac{3}{4} \tag{26.22}$$

$$\hat{L}_z=m_l，\hat{S}_z=m_s，\hat{J}_z=m_l+m_s=m$$

其中

$$m_l=l，l-1，\cdots，-l+l，-l$$

$$m_s=\pm\frac{1}{2}$$

$$l-\frac{1}{2}\leqslant J_z\leqslant l+\frac{1}{2}$$

一般而言，哈密顿算符 $\hat{H}$ 不是对角化的，因为 $\left(\hat{\boldsymbol{L}}\cdot\hat{\boldsymbol{S}}\right)$ 和 $\hat{L}_z$ 或 $\hat{S}_z$ 是不对易的。但是满足

$$\left[\left(\hat{\boldsymbol{L}}\cdot\hat{\boldsymbol{S}}\right),\hat{J}_z\right]=0$$

因此，$\left(\hat{\boldsymbol{L}}\cdot\hat{\boldsymbol{S}}\right)$ 把具有相同磁量子数 $J_z=m$，但是有不同 L_z 和 S_z 的态混合起来。举两个这样的态的例子：

$$\begin{cases}\text{本征值为 } L_z = m-\frac{1}{2},\ S_z=\frac{1}{2} \text{ 的态 } \left|m-\frac{1}{2},\ \frac{1}{2}\right\rangle \\ \text{本征值为 } L_z = m+\frac{1}{2},\ S_z=-\frac{1}{2} \text{ 的态 } \left|m+\frac{1}{2},\ \frac{1}{2}\right\rangle\end{cases}$$

态矢量的具体表达式为

$$\begin{cases}\left|m-\frac{1}{2},\frac{1}{2}\right\rangle=\psi_{m-\frac{1}{2},\frac{1}{2}}=f(r)Y_{l,m-\frac{1}{2}}\begin{pmatrix}1\\0\end{pmatrix} \\ \left|m+\frac{1}{2},-\frac{1}{2}\right\rangle=\psi_{m+\frac{1}{2},\frac{1}{2}}=f(r)Y_{l,m+\frac{1}{2}}\begin{pmatrix}0\\1\end{pmatrix}\end{cases} \tag{26.23}$$

由第 18 讲，特别是式（18.13），以及第 25 讲，我们可以得到

$$\begin{cases}\hat{S}_x+\mathrm{i}\hat{S}_y=\begin{pmatrix}0&1\\0&0\end{pmatrix} \\ \hat{S}_x-\mathrm{i}\hat{S}_y=\begin{pmatrix}0&0\\1&0\end{pmatrix} \\ \hat{S}_z=\begin{pmatrix}1&0\\0&-1\end{pmatrix}\end{cases} \tag{26.24}$$

利用

$$\left(\hat{\boldsymbol{L}}\cdot\hat{\boldsymbol{S}}\right)=\frac{1}{2}\left(\hat{L}_x+\mathrm{i}\hat{L}_y\right)\left(\hat{S}_x-\mathrm{i}\hat{S}_y\right)+\frac{1}{2}\left(\hat{L}_x-\mathrm{i}\hat{L}_y\right)\left(\hat{S}_x+\mathrm{i}\hat{S}_y\right)+\hat{L}_z\hat{S}_z \tag{26.25}$$

由

$$\begin{cases}\left(\hat{L}_x+\mathrm{i}\hat{L}_y\right)Y_{l,m-\frac{1}{2}}=\sqrt{\left(l+\frac{1}{2}\right)^2-m^2}\,Y_{l,m+\frac{1}{2}} \\ \left(\hat{L}_x-\mathrm{i}\hat{L}_y\right)Y_{l,m+\frac{1}{2}}=\sqrt{\left(l+\frac{1}{2}\right)^2-m^2}\,Y_{l,m-\frac{1}{2}}\end{cases} \tag{26.26}$$

以及

$$
\begin{cases}
\left(\hat{S}_x + \mathrm{i}S_y\right)\begin{pmatrix}1\\0\end{pmatrix} = 0 \\
\left(\hat{S}_x + \mathrm{i}S_y\right)\begin{pmatrix}0\\1\end{pmatrix} = \begin{pmatrix}1\\0\end{pmatrix} \\
\left(\hat{S}_x - \mathrm{i}\hat{S}_y\right)\begin{pmatrix}0\\1\end{pmatrix} = 0 \\
\left(\hat{S}_x - \mathrm{i}\hat{S}_y\right)\begin{pmatrix}1\\0\end{pmatrix} = \begin{pmatrix}0\\1\end{pmatrix}
\end{cases}
\tag{26.27}
$$

解得

$$
\begin{cases}
\left(\hat{\boldsymbol{L}} \cdot \hat{\boldsymbol{S}}\right)\left|m-\frac{1}{2},\ \frac{1}{2}\right\rangle = \frac{1}{2}\left(m-\frac{1}{2}\right)\left|m-\frac{1}{2},\ \frac{1}{2}\right\rangle + \frac{1}{2}\sqrt{\left(l+\frac{1}{2}\right)^2 - m^2}\left|m+\frac{1}{2},\ -\frac{1}{2}\right\rangle \\
\left(\hat{\boldsymbol{L}} \cdot \hat{\boldsymbol{S}}\right)\left|m+\frac{1}{2},\ -\frac{1}{2}\right\rangle = \frac{1}{2}\sqrt{\left(l+\frac{1}{2}\right)^2 - m^2}\left|m-\frac{1}{2},\ \frac{1}{2}\right\rangle - \frac{1}{2}\left(m+\frac{1}{2}\right)\left|m+\frac{1}{2},\ -\frac{1}{2}\right\rangle
\end{cases}
\tag{26.28}
$$

在此表象中，$\left(\hat{\boldsymbol{L}} \cdot \hat{\boldsymbol{S}}\right)$的矩阵形式为

$$
\left(\hat{\boldsymbol{L}} \cdot \hat{\boldsymbol{S}}\right) = \begin{pmatrix}
\frac{1}{2}\left(m-\frac{1}{2}\right) & \frac{1}{2}\sqrt{\left(l+\frac{1}{2}\right)^2 - m^2} \\
\frac{1}{2}\sqrt{\left(l+\frac{1}{2}\right)^2 - m^2} & -\frac{1}{2}\left(m+\frac{1}{2}\right)
\end{pmatrix}
\tag{26.29}
$$

算符$\left(\hat{\boldsymbol{L}} \cdot \hat{\boldsymbol{S}}\right)$的本征值和对应的本征函数分别为：

a）若本征值$\hat{\boldsymbol{L}} \cdot \hat{\boldsymbol{S}}$为$\frac{1}{2}l$，则其未归一化的本征函数为

$$
\sqrt{\frac{1}{2}+\frac{m}{2l+1}}\left|m-\frac{1}{2},\ \frac{1}{2}\right\rangle + \sqrt{\frac{1}{2}-\frac{m}{2l+1}}\left|m+\frac{1}{2},\ -\frac{1}{2}\right\rangle
\tag{26.30}
$$

b）若本征值 $\hat{\boldsymbol{L}}\cdot\hat{\boldsymbol{S}}$ 为 $-\frac{1}{2}(l+1)$，则其未归一化的本征函数为

$$-\sqrt{\frac{1}{2}-\frac{m}{2l+1}}\left|m-\frac{1}{2},\ \frac{1}{2}\right\rangle+\sqrt{\frac{1}{2}+\frac{m}{2l+1}}\left|m+\frac{1}{2},\ -\frac{1}{2}\right\rangle \tag{26.31}$$

由关系式（26.19），（26.30）和（26.31）可以推出 $\hat{J}^2$ 的本征值：

a）当 $\left(\hat{\boldsymbol{L}}\cdot\hat{\boldsymbol{S}}\right)=\frac{l}{2}$ 时

$$\hat{J}^2=l(l+1)+\frac{3}{4}+l=\left(l+\frac{1}{2}\right)\left(l+\frac{1}{2}+1\right)$$

此时，S 平行于 L 或者可以由矢量运算求得，由

$$J=l+\frac{1}{2}$$

代入后得

$$\boldsymbol{J}^2=J(J+1)$$

本征函数即式（26.30）。

b）当 $\left(\hat{\boldsymbol{L}}\cdot\hat{\boldsymbol{S}}\right)=-\frac{1}{2}l+1$ 时

$$\hat{J}^2=l(l+1)+\frac{3}{4}-l-1=\left(l-\frac{1}{2}\right)\left(l+\frac{1}{2}\right)$$

此时，自旋 S 反平行于 L，由

$$J=l-\frac{1}{2}$$

代入后得到

$$\boldsymbol{J}^2=J(J+1)=l^2-\frac{1}{4}$$

本征函数即式（26.31）。

26.3 能级二分裂

对于关系式（26.8）中的

$$-\frac{e\hbar^2}{2m^2c^2}\cdot\frac{V'(r)}{r}\left(\hat{\boldsymbol{L}}\cdot\hat{\boldsymbol{S}}\right) \tag{26.32}$$

我们可以把它当成微扰，得到能级的微扰修正：

a）当 $J=l+\frac{1}{2}$ 时

$$\delta E=\frac{e\hbar^2}{2m^2c^2}\left[\int V'(r)R_l^2(r)r\mathrm{d}r\right]\times\frac{l}{2}$$

b）当 $J=l-\frac{1}{2}$ 时

$$\delta E=\frac{e\hbar^2}{2m^2c^2}\left[\int V'(r)R_l^2(r)r\mathrm{d}r\right]\times\left(-\frac{l+1}{2}\right) \tag{26.33}$$

26.4 双线光谱（以典型的碱金属原子为例）

原子的光谱如图 24 所示。

注意：此处的能级大小关系为：$5S_{1/2}>4P_{1/2}>4P_{3/2}>3D_{5/2}>3D_{3/2}$。图中的两个箭头表示钠的 D 线，它们的波长分别为 589.593 0 nm 和 588.996 3 nm。

现在考虑 $n=2$ 的氢原子的能级。在第 8 讲中，我们没有考虑自旋，

当时对于 2S 和 2P 能级，它们的能量都为

$$E=-\frac{me^4}{2\hbar^2\times 2^2}$$

于是只会得到一条谱线。

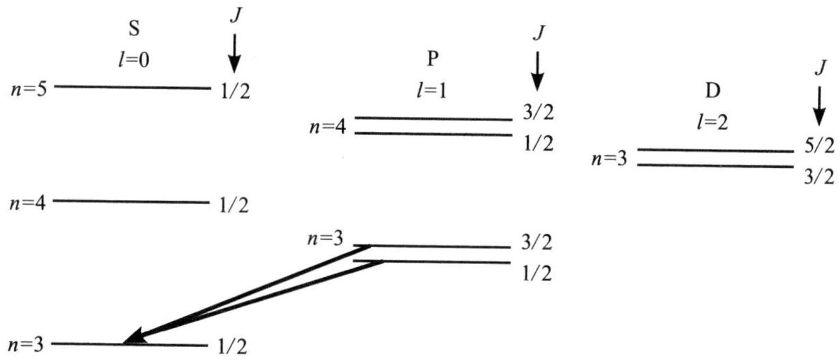

图 24　钠原子谱线

26.5　自旋微扰 $(\delta_1 E)$

当加入自旋之后，考虑自旋引起的微扰（26.33），利用

$$R_{2P}=\frac{r\mathrm{e}^{-r/2a}}{\sqrt{24a^5}}$$

势能取

$$V=\frac{e}{r}$$

计算得

$$\delta_1 E(2S)=0$$

$$\delta_1 E(2\mathrm{P}) = \frac{e^2\hbar^2}{48m^2c^2}\frac{1}{a^3}\frac{1}{2},\quad J=\frac{3}{2}$$
$$\delta_1 E(2\mathrm{P}) = \frac{e^2\hbar^2}{48m^2c^2}\frac{1}{a^3}(-1),\quad J=\frac{1}{2} \tag{26.34}$$

分裂后的能级如下图所示：

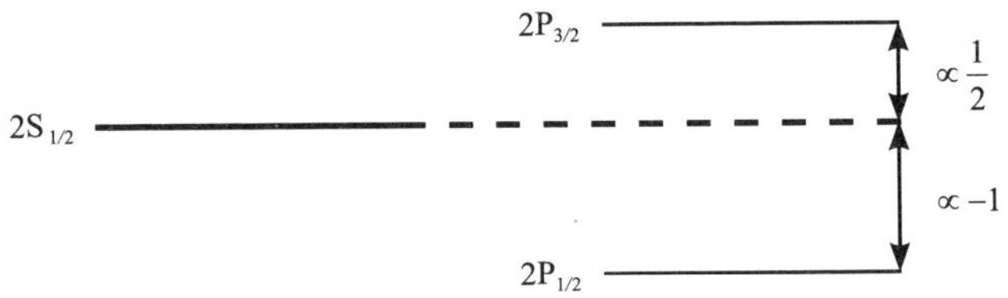

图 25 考虑自旋影响后的能级图

26.6 考虑相对论效应引起的微扰($\delta_2 E$)

由于相对论效应，对能级也会有一个修正。此时的动能可以写为

$$E_\mathrm{k} = \sqrt{m^2c^4 + c^2p^2} - mc^2 = \frac{p^2}{2m} - \frac{p^4}{8m^3c^2} + \cdots \tag{26.35}$$

微扰哈密顿算符可以写为

$$\hat{\mathcal{H}} = -\frac{1}{8m^3c^2}p^4 = -\frac{\hbar^4}{8m^3c^2}\left(\nabla^2\right)^2 \tag{26.36}$$

此处我们忽略电子的自旋，利用一阶微扰理论，得到

$$\delta_2 E(2\mathrm{S}) = -\frac{5}{128}\frac{e^8 m}{\hbar^4c^2}$$
$$\delta_2 E(2\mathrm{P}) = -\frac{7}{384}\frac{e^8 m}{\hbar^4c^2} \tag{26.37}$$

两种效应共同引起的能量修正为

$$\delta_1(E_{2S})+\delta_2(E_{2S})=-\frac{5}{128}\frac{e^8m}{\hbar^4c^2}$$

$$\delta_1(E_{2P_{1/2}})+\delta_2(E_{2P_{1/2}})=\left(-\frac{1}{48}-\frac{7}{384}\right)\frac{e^8m}{\hbar^4c^2}=-\frac{5}{128}\frac{e^8m}{\hbar^4c^2}$$

$$\delta_1(E_{2P_{3/2}})+\delta_2(E_{2P_{3/2}})=\left(\frac{1}{96}-\frac{7}{384}\right)\frac{e^8m}{\hbar^4c^2}=-\frac{1}{128}\frac{e^8m}{\hbar^4c^2}$$

注意！2S 和 $2P_{1/2}$ 的能量修正是一样的，所以这两个能级依旧无法分开！图 26 是完整的能级劈裂示意图。

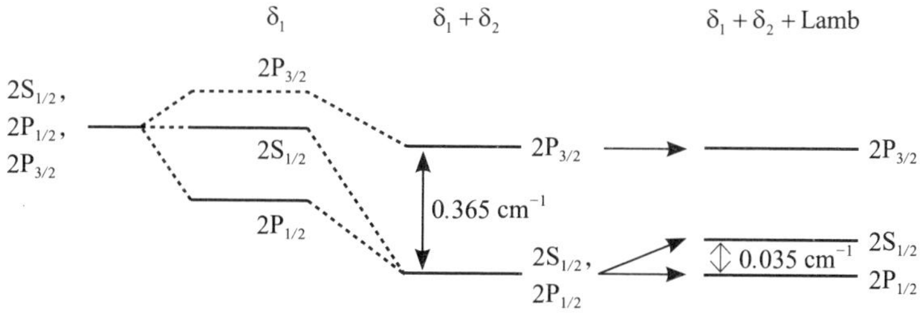

图 26　氢原子在不同微扰下的能级劈裂

在图 26 中，Lamb 表示兰姆[1]位移（Lamb shift），我们对其做一个定性的讨论：

对于 nS 能级，贝特[2]（Bethe）公式给出的兰姆位移为

$$\frac{8}{3\pi n^3}\cdot\frac{me^4}{2\hbar^2}\left(\frac{e^2}{\hbar c}\right)^3\ln\frac{mc^2}{|E_n-E_s|}+\text{高阶修正项}$$

〔1〕威利斯·尤金·兰姆（Willis Eugene Lamb，1913—2008 年），美国物理学家，1955 年获诺贝尔物理学奖。

〔2〕汉斯·贝特（Hans Bethe，1906—2005 年），犹太裔美国物理学家，1967 年获诺贝尔物理学奖。因对问题采用刨根问底的研究方法而被称为“战舰”。

27 反常塞曼效应

在弱磁场下，一些原子谱线会发生劈裂，这被称为“反常塞曼效应”。而在强磁场下的能级劈裂，我们将其称为“正常塞曼效应”。如此命名是有历史原因的。

为了描述这个情况，我们加一个平行于 z 轴的外磁场 B。电子与磁场相互作用的磁能为

$$B\mu_0\left(\hat{L}_z+2\hat{S}_z\right) \tag{27.1}$$

此时，系统的无微扰哈密顿算符为

$$\hat{H}_1=\frac{p^2}{2m}-eV(r) \tag{27.2}$$

微扰哈密顿算符为

$$\hat{\mathcal{H}}=\frac{e\hbar^2}{2m^2c^2}\frac{\left[-V'(r)\right]}{r}\left(\hat{\boldsymbol{L}}\cdot\hat{\boldsymbol{S}}\right)+B\mu_0\left(\hat{L}_z+2S_z\right) \tag{27.3}$$

容易发现，

$$\hat{L}^2,\ \hat{S}^2=\frac{3}{4},\ m=L_z+S_z \tag{27.4}$$

都和微扰哈密顿算符 $\mathcal{H}$ 对易。

没有微扰时，系统有 $2l$ 重简并，无微扰波函数为

$$\psi_{lm}(r,\ \theta,\ \varphi)=R_l(r)Y_{lm}(\theta,\ \varphi)\psi_s \tag{27.5}$$

其中，ψ_s 为自旋波函数，有自旋向上和自旋向下两种。

公式中的系数为

$$k=\frac{e\hbar^2}{2m^2c^2}\left\{\int\left[-V'(r)\right]R_l^2(r)r\mathrm{d}r\right\} \tag{27.6}$$

由表达式（26.23）和（26.29），得到混合态的微扰矩阵为

$$\frac{k}{2}\begin{pmatrix} m-\frac{1}{2} & \sqrt{\left(l+\frac{1}{2}\right)^2-m^2} \\ \sqrt{\left(l+\frac{1}{2}\right)^2-m^2} & -m-\frac{1}{2} \end{pmatrix}+B\mu_0\begin{pmatrix} m+\frac{1}{2} & 0 \\ 0 & m-\frac{1}{2} \end{pmatrix} \tag{27.7}$$

它的特征值是以下方程的根

$$x^2+\left(\frac{k}{2}-2B\mu_0m\right)x+\left(m^2-\frac{1}{4}\right)B^2\mu_0^2-B\mu_0km-\frac{k^2}{4}l(l+1)=0 \tag{27.8}$$

解得

$$\delta E=-\frac{k}{4}+B\mu_0m\pm\frac{1}{2}\sqrt{k^2\left(l+\frac{1}{2}\right)^2+2B\mu_0km+B^2\mu_0^2} \tag{27.9}$$

只有当 $|m|\leqslant l-\frac{1}{2}$ 时，式（27.9）才是正确的。当 $m=\pm\left(l+\frac{1}{2}\right)$ 时，能量修正为

$$\delta E=\frac{kl}{2}\pm B\mu_0(l+1)$$

a）当磁场很小，即 $B\mu_0\ll k$ 时，能级移动为

$$\delta E=\frac{k}{2}l+B\mu_0m\frac{2l+2}{2l+1},\ -l-\frac{1}{2}\leqslant m\leqslant l+\frac{1}{2}$$

$$\delta E = -\frac{k}{2}(l+1) + B\mu_0 m\frac{2l}{2l+1},\ -l+\frac{1}{2} \leqslant m \leqslant l-\frac{1}{2} \tag{27.10}$$

此时为“反常塞曼效应”。

b）当磁场为强场时，即 $B\mu_0 \gg k$ 时，能级移动为

$$\delta E = B\mu_0\left(m+\frac{1}{2}\right)$$

$$\delta E = B\mu_0\left(m-\frac{1}{2}\right) \tag{27.11}$$

此时为“正常塞曼效应”。

对于 $l=1$ 的情况，我们画出了它的能级分裂图，见图 27。

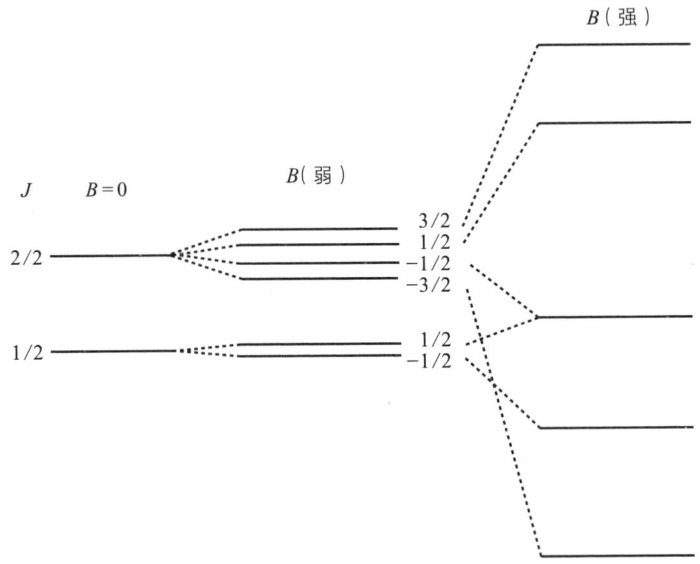

图 27　弱场和强场时的能级分裂

28 角动量矢量的合成

28.1 本征矢量

我们知道，对于轨道角动量 $\hat{L}$，自旋角动量 $\hat{S}$，总角动量 $\hat{J}=L+\hat{S}$，满足

$$\left[\hat{\boldsymbol{L}},\hat{\boldsymbol{S}}\right]=0 \tag{28.1}$$

$$\left[\hat{\boldsymbol{L}}\times\hat{\boldsymbol{L}}\right]=\mathrm{i}\hat{\boldsymbol{L}},\ \left[\hat{\boldsymbol{S}}\times\hat{\boldsymbol{S}}\right]=\mathrm{i}\hat{\boldsymbol{S}} \tag{28.2}$$

其中，取 $\hbar=1$。于是可以推出

$$\left[\hat{\boldsymbol{J}}\times\hat{\boldsymbol{J}}\right]=\mathrm{i}\hat{\boldsymbol{J}} \tag{28.3}$$

这样我们可以构造两组算符集，每个集合内的算符互相对易

$$\text{集合}（a）\hat{\boldsymbol{L}}^2,\ \hat{\boldsymbol{S}}^2,\ \hat{L}_z,\ \hat{S}_z \tag{28.4}$$

$$\text{集合}（b）\hat{\boldsymbol{L}},\ \hat{\boldsymbol{S}}^2,\ \hat{J}^2,\ \hat{J}_z \tag{28.5}$$

首先，我们研究集合（a），取使其可以对角化的表象，得到本征值

$$\boldsymbol{L}^2=l(l+1)$$

$$L_z=\lambda$$

$$\boldsymbol{S}^2=s(s+1)$$

$$S_z = \mu$$

其中

$$\mu = -s, -s+1, \cdots, s-1, s \tag{28.6}$$

l 和 s 取整数或半整数。当 $\boldsymbol{L}$ 为合成的总轨道角动量时，l 取整数。当 S 为合成的总自旋角动量时，若电子数为偶数，则 s 取整数；若电子数为奇数，则 s 取半整数。

上述情况下的本征函数可以写为

$$|L_z = \lambda, S_z = \mu\rangle$$

或简写为

$$|\lambda, \mu\rangle$$

一个本征值可以得到 $(2l+1)\times(2s+1)$ 个这样的本征矢量。

接下来我们考虑由矢量 $|\lambda, \mu\rangle$ 构成的表象转换到由集合（b）的算符决定的另一表象。在使得集合（b）中的算符都可以对角化的表象中，它们的本征值为

$$\begin{cases} \boldsymbol{L}^2 = l(l+1) \\ \boldsymbol{S}^2 = s(s+1) \\ \boldsymbol{J}^2 = j(j+1) \\ J_z = L_z + S_z = m \end{cases}$$

其中，j 取整数或半整数

$$m = -j, -j+1, \cdots, j-1, j$$

这种情况下的本征矢量为

$$\left|\boldsymbol{J}^2 = j(j+1),\ J_z = m\right\rangle$$

或简写为

$$|j,\ m\rangle$$

我们可以提出一个问题：若给定 l 和 s，那 j 可以取哪些值？

由矢量叠加规则，我们知道

$$j = l+s,\ l+s-1,\ \cdots,\ |l-s| \tag{28.7}$$

我们对它的证明作一点提示

$$m = \lambda + \mu$$

其中

$$\lambda \leqslant l,\ \mu \leqslant s,\ m \leqslant l+s \tag{28.8}$$

因此，j 的最大值为

$$j = l+s$$

注意，我们可以写出这样一个本征函数

$$|\lambda = l,\ \mu = s\rangle = |j = l+s,\ m = l+s\rangle \tag{28.9}$$

将

$$\hat{J} = \hat{J}_x - \mathrm{i}\hat{J}_y = \hat{L}_x - \mathrm{i}\hat{L}_y + \hat{S}_x - \mathrm{i}\hat{S}_y$$

作用在本征函数（28.9）上，可以成功得到一系列本征函数

$$\begin{cases} |j = l+s,\ m = l+s-1\rangle \\ \cdots \\ |j = l+s,\ m = -(l+s)\rangle \end{cases} \tag{28.10}$$

□ **马克斯·普朗克奖章**

马克斯·普朗克奖章是从1929年起每年由德国物理学会（DPG）颁发给理论物理学领域杰出贡献者的奖项，是德国最重要的物理学奖项之一。获奖者被授予证书和一枚金质奖章，奖章正面印有普朗克的肖像，背面刻有获奖者的名字、年份以及DPG的标志。1959年的获奖得主是瑞典物理学家奥斯卡·本杰明·克莱因，他最著名的贡献是与德国人沃尔特·戈登共同提出的克莱因-戈登方程，该方程用于描述自旋零的无质量粒子（如光子）的行为。

它们是本征矢量 $|j, m\rangle$ 所对应的2（l+s）+1个本征函数。当 $m=l+s-1$ 时，可以对应于2个本征矢量

$$\left|\lambda=l-1,\ \mu=s\right\rangle,\ \left|\lambda=l,\ \mu=s-1\right\rangle \tag{28.11}$$

这意味着它们的线性组合可组成本征函数中的一个矢量，其他的线性组合可以由 $\hat{J}$ 不断作用后得到

$$\begin{cases}\left|j=l+s-1,\ m=j\right\rangle \\ \left|j=l+s-1,\ m=j-1\right\rangle \\ \cdots \\ \left|j=l+s-1,\ m=-j\right\rangle\end{cases} \tag{28.12}$$

一共可以得到2（l + s）−1个这种类型的本征函数。其他的可以此类推。

28.2 克莱因[1]–戈登（Klein–Gordon）系数

现在我们知道，当 $\lambda+\mu\neq m$ 时

$$\left\langle\lambda,\ \mu|j,\ m\right\rangle=0 \tag{28.13}$$

〔1〕奥斯卡·本杰明·克莱因（Oskar Benjamin Klein，1894—1977年），瑞典物理学家，1959年被授予马克斯·普朗克奖章。

类似地可以得到$\langle \lambda, m-\lambda | j, m\rangle$等的值。这就是一个表象的矢量按另一个表象的矢量展开的系数，我们将其称为“克莱因 - 戈登系数”，也称为“矢耦系数”。它的一般公式非常复杂。

但是有几个重要的特例，由本征函数（26.30）和本征函数（26.31），可以得到：当$s=\dfrac{1}{2}$时

	$l_z=m-\frac{1}{2}$，$s_z=\frac{1}{2}$	$l_z=m+\frac{1}{2}$，$s_z=-\frac{1}{2}$
$j=l+\frac{1}{2}$	$\sqrt{\frac{1}{2}+\frac{m}{2l+1}}$	$\sqrt{\frac{1}{2}-\frac{m}{2l+1}}$
$j=l-\frac{1}{2}$	$-\sqrt{\frac{1}{2}-\frac{m}{2l+1}}$	$\sqrt{\frac{1}{2}+\frac{m}{2l+1}}$

（28.14）

当 s =1 时

	$l_z=m-1$，$s_z=1$	$l_z=m$，$s_z=0$	$l_z=m+1$，$s_z=-1$
$j=l+1$	$\sqrt{\frac{(l+m)(l+m+1)}{(2l+1)(2l+2)}}$	$\sqrt{\frac{(l-m+1)(l+m+1)}{(2l+1)(l+1)}}$	$\sqrt{\frac{(l-m)(l-m+1)}{(2l+1)(2l+2)}}$
$j=l$	$-\sqrt{\frac{(l+m)(l-m+1)}{2l(l+1)}}$	$\frac{m}{\sqrt{l(l+1)}}$	$\sqrt{\frac{(l-m)(l+m+1)}{2l(l+1)}}$
$j=l-1$	$\sqrt{\frac{(l-m)(l-m+1)}{2l(2l+1)}}$	$-\sqrt{\frac{(l-m)(l+m)}{l(2l+1)}}$	$\sqrt{\frac{(l+m+1)(l+m)}{2l(2l+1)}}$

（28.15）

算符 $\hat{\boldsymbol{L}}\cdot\hat{\boldsymbol{S}}$ 的本征值为

$$\hat{\boldsymbol{L}}\cdot\hat{\boldsymbol{S}}=\frac{1}{2}\left[j(j+1)-l(l+1)-s(s+1)\right] \tag{28.16}$$

因为

$$\hat{\boldsymbol{L}}+\hat{\boldsymbol{S}}=\hat{\boldsymbol{J}}$$

$$\hat{\boldsymbol{J}}^2=\hat{\boldsymbol{L}}^2+\hat{\boldsymbol{S}}^2+2\hat{\boldsymbol{L}}\cdot\hat{\boldsymbol{S}}$$

我们注意到：本征值（28.16）和 m 无关！下面我们从更普遍的情况来考虑这个问题。

定理　我们用

$$|n,j,m\rangle \tag{28.17}$$

来对本征函数分类。令算符 $\hat{A}$ 为一在转动下不变的算符，这意味着，若 $\left[\hat{A},\ \hat{\boldsymbol{J}}\right]=0$，则

$$\left\langle n',\ j',\ m'\right|\hat{A}\left|n,\ j,\ m\right\rangle=\delta_{jj'}\delta_{mm'}f(n,\ n',\ j) \tag{28.18}$$

讨论：该定理和第 20 讲的维格纳定理的联系。

28.3 关于矢量算符 $\hat{A}$ 的矩阵元的定理

除了

$j'=j+1,\ j,\ j-1$

$m'=m+1,\ m,\ m-1$

的情况，其余的态都满足

$$\left\langle n',\ j',\ m'\left|\hat{A}\right|n,\ j,\ m\right\rangle=0$$

同时

$$\left\langle n',\ 0,\ 0\left|\hat{A}\right|n,\ 0,\ 0\right\rangle=0 \tag{28.19}$$

下面我们讨论光跃迁的选择定则，它满足

$$j\begin{matrix}\nearrow & j+1\\ \rightarrow & j\\ \searrow & j-1\end{matrix}\qquad m\begin{matrix}\nearrow & m+1\\ \rightarrow & m\\ \searrow & m-1\end{matrix} \tag{28.20}$$

但是 $j=0\rightarrow j=0$ 的跃迁是不允许的。

宇称的选择定则：对于允许的跃迁，宇称是会变的（这是因为电偶极矩是一个极矢量）。

讨论：

a）电四极矩、磁偶极矩以及其他的选择定则。

b）一个矢量分量的矩阵元，可以表示为用函数 $f(n,\ n',j,\ j')$ 乘以一个和 j，j'，m，m' 以及所选矢量分量有关的显式表达式。

c）矢量 $\hat{\boldsymbol{A}}=\left(\hat{X},\hat{Y},\hat{Z}\right)$ 不为 0 的矩阵元只有

$$\left\langle m+1\left|\hat{X}+\mathrm{i}\hat{Y}\right|m\right\rangle$$

$$\left\langle m\left|\hat{Z}\right|m\right\rangle$$

$$\left\langle m-1\left|\hat{X}-\mathrm{i}\hat{Y}\right|m\right\rangle$$

读者可以自行解释一下。

下面我们讨论一下它们和量子数的依赖关系。

$j \to j+1$ 的跃迁

$$\begin{cases} \left\langle m+1\left|\hat{X}+\mathrm{i}Y\right|m\right\rangle \propto -\sqrt{(j+m+1)(j+m+2)} \\ \left\langle m\left|\hat{Z}\right|m\right\rangle \propto \sqrt{(j-m+1)(j+m+1)} \\ \left\langle m-1\left|\hat{X}-\mathrm{i}Y\right|m\right\rangle \propto \sqrt{(j-m+1)(j-m+2)} \end{cases} \tag{28.21}$$

$j \to j$ 的跃迁

$$\begin{cases} \left\langle m+1\left|\hat{X}+\mathrm{i}Y\right|m\right\rangle \propto \sqrt{(j+m+1)(j-m)} \\ \left\langle m\left|\hat{Z}\right|m\right\rangle \propto m \\ \left\langle m-1\left|\hat{X}-\mathrm{i}\hat{Y}\right|m\right\rangle \propto \sqrt{(j-m+1)(j+m)} \end{cases} \tag{28.22}$$

$j \to j-1$ 的跃迁

$$\begin{cases} \left\langle m+1\left|\hat{X}+\mathrm{i}Y\right|m\right\rangle \propto -\sqrt{(j-m-1)(j-m)} \\ \left\langle m\left|\hat{Z}\right|m\right\rangle \propto -\sqrt{j^2-m^2} \\ \left\langle m-1\left|\hat{X}-\mathrm{i}\hat{Y}\right|m\right\rangle \propto \sqrt{(j+m)(j+m-1)} \end{cases} \tag{28.23}$$

注意！关系式（28.21），（28.22），（28.23）的比例系数都是不一样的。

我们可以发现，以上三种情况都有

$$\sum_{m'}\left|\langle m'|\hat{X}|m\rangle\right|^2+\left|\langle m'|Y|m\rangle\right|^2+\left|\langle m'|Z|m\rangle\right|^2$$

这和磁量子数 m 无关。可以讨论一下不同磁量子数 m 的态寿命一样的原因。

29　原子的多重态

我们在此作一个定性的讨论。系统的哈密顿算符可以写为

$$\hat{H}=H_1+H_2\left(\hat{\boldsymbol{L}}\cdot\hat{\boldsymbol{S}}\right) \tag{29.1}$$

其中，$\hat{H}_1$ 为不考虑自旋的哈密顿算符，第二项为考虑自旋轨道耦合的哈密顿算符。$\hat{H}_1$ 和 $\hat{H}_2$ 与 $\hat{\boldsymbol{L}}$ 和 $\hat{\boldsymbol{S}}$ 是对易的。故 $\hat{H}$ 和 $\hat{\boldsymbol{L}}^2$，$\hat{\boldsymbol{S}}^2$，$\hat{\boldsymbol{J}}^2$，$\hat{J}_z$ 都是对易的。

由关系式（28.20），可知

$$\left(\hat{\boldsymbol{L}}\cdot\hat{\boldsymbol{S}}\right)=\frac{1}{2}\left[J(J+1)-L(L+1)-S(S+1)\right] \tag{29.2}$$

此处我们把符号规则改为光谱学中常用的符号规则：

$\hat{\boldsymbol{L}}$，$\hat{\boldsymbol{S}}$，$\hat{\boldsymbol{J}}$ 表示矢量算符，L，S，J 表示相应的本征值（整数或半整数）。于是，对于固定数值的 L 和 S，我们有

$$|L-S|\leqslant J\leqslant L+S \tag{29.3}$$

J 只能按整数变化。

对于固定 n，L，S 的一组能级，哈密顿算符可以写为

$$\hat{H}=\hat{H}_1+\frac{1}{2}\hat{H}_2\left[J(J+1)-L(L+1)-S(S+1)\right] \tag{29.4}$$

假设 $\hat{H}_2$ 很小，我们在 $\hat{H}_1$ 为对角矩阵的表象中（同时包括 $\hat{\boldsymbol{L}}^2$，$\hat{\boldsymbol{S}}^2$，$\boldsymbol{J}$）做微扰计算。对于一组孤立能级，算符 $\hat{H}_1$ 和 $\hat{H}_2$ 表现得就像一个数一样，故我们把 $\hat{H}_2$ 取为它的平均值，把 $\hat{H}_1$ 取为它的对角元。

在多重态中，每个 J 值对应于一个确定的能级。由关系式我们知道：当 $S \leqslant L$ 时，J 可以取 $2S + 1$ 个值；当 $S > L$ 时，J 可以取 $2L + 1$ 个值。然而，我们常把它称为"（$2S + 1$）重态"。$S = 0$ 的为自旋单态，$S = 1/2$ 的为自旋双重态，$S = 1$ 的为自旋三重态，依此类推。

我们将 $\hat{H}_2 > 0$ 的称为"正常多重态"，$\hat{H}_2 < 0$ 的称为"倒多重态"。

每个不同的轨道量子数 L 可以按顺序用 S，P，D，⋯ 来分别表示。如可以使用记号 $^3D_1$ 来表示一个状态，类似的态由一个通用公式 $^{2S+1}L_J$ 给出 $^{2S+1}L_J$，中间的字母表示轨道量子数，左上角为自旋量子数（$2S+1$），右下角为总角动量量子数。

D 的正常三重态如图 28 所示。

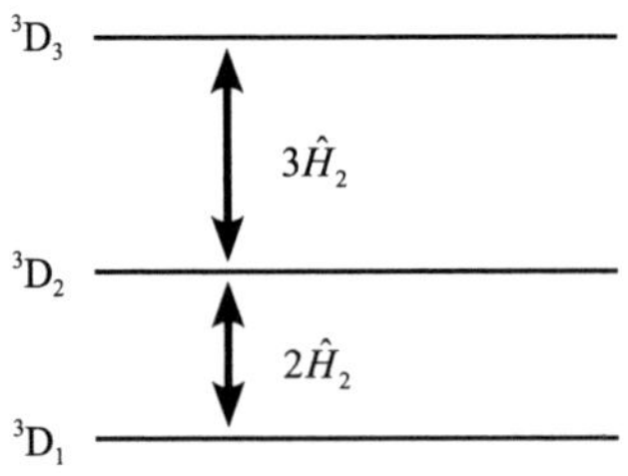

图 28　D 的正常三重态

注意：这里有一个间隔规则——多重态的两个能级 J 和 $J + 1$ 之间的距离是正比于 $J + 1$ 的。

多重态的每一个能级都是 $2J + 1$ 重简并的，这种简并会被平行于 z

轴的外磁场 B 打破，磁场将引入一个能量的微扰项

$$H_3 = B\mu_0\left(\hat{L}_z + 2\hat{S}_z\right)$$

$$= B\mu_0\left(\hat{J}_z + \hat{S}_z\right)$$

$$= B\mu_0\left(m + \hat{S}_z\right) \tag{29.5}$$

假设

$$\hat{H}_3 \ll \hat{H}_2 \tag{29.6}$$

由微扰论的一阶近似可以发现

$$\left[\hat{H}_3, \hat{\boldsymbol{J}}\right] = 0$$

因此，不会有 $2J+1$ 个简并态的混合项。于是

$$\delta_s E = \left\langle J, m\left|\hat{H}_3\right|J, m\right\rangle$$

$$= B\mu_0\left(m + \left\langle J, m\left|\hat{S}_z\right|J, m\right\rangle\right) \tag{29.7}$$

由第 28 讲可得

$$\left\langle J, m\left|\hat{S}_z\right|J, m\right\rangle = \frac{\left\langle J, J\left|\hat{S}_z\right|J, J\right\rangle}{J}m \tag{29.8}$$

同时

$$\left\langle J, J\left|\hat{S}_z\right|J, J\right\rangle = \frac{S(S+1)+J(J+1)-L(L+1)}{2(J+1)} \tag{29.9}$$

下面给出一个简要的证明：由

$$\hat{\boldsymbol{L}} = \boldsymbol{J} - \hat{\boldsymbol{S}}$$

可以推出

$$2(\boldsymbol{J}\cdot\boldsymbol{S})=J(J+1)+S(S+1)-L(L+1)$$

又由

$$2(\boldsymbol{J}\cdot\boldsymbol{S})=2J_zS_z+S_-J_++S_+J_-$$

其中

$$J_\pm=J_x\pm\mathrm{i}J_y$$
$$S_\pm=S_x\pm\mathrm{i}S_y$$

利用

$$\hat{S}_xS_y-\hat{S}_yS_x=\mathrm{i}S_z$$

得到

$$2(\boldsymbol{J}\cdot\boldsymbol{S})=2(J_z+1)S_z+S_-J_++J_-S_+$$

利用

$$\hat{J}_+|J,\ J\rangle=0$$
$$\langle J,\ J|\hat{J}_-=0$$

得到

$$\langle J,J|2\hat{\boldsymbol{J}}\cdot\hat{\boldsymbol{S}}|J,J\rangle=2(J+1)\langle J,J|\hat{S}_z|J,J\rangle$$

得证。

我们可以把能量的修正值写为

$$\delta E_3=B\mu_0gm \tag{29.10}$$

其中，我们称 g 为“朗德[1] g 因子”，它的具体表达式为

$$g=1+\frac{J(J+1)+S(S+1)-L(L+1)}{2J(J+1)}$$

$$=\frac{3}{2}+\frac{S(S+1)-L(L+1)}{2J(J+1)} \tag{29.11}$$

读者可以把 $S=\frac{1}{2}$ 的情况和关系式做一个对比。

讨论：当 $B\mu_0 \gg \hat{H}_2$ 时的极限情况［帕邢－巴克（Paschen-Back）效应］。

下面我们讨论选择定则和偏振的关系。由关系式（28.21），（28.22）和（28.23）可知，对于允许的跃迁

$$j \begin{array}{l} \nearrow \ j+1 \\ \rightarrow \ j \\ \searrow \ j-1 \end{array} \tag{29.12}$$

其中，$J=0 \rightarrow J=0$ 是不允许的。由此可以得到

$$\begin{cases} m \rightarrow m & \text{线偏振光} \\ m \rightarrow m+1 & \text{圆偏振光} \circlearrowleft \\ m \rightarrow m-1 & \text{圆偏振光} \circlearrowright \end{cases} \tag{29.13}$$

同样可以得到宇称的选择定则

$$\begin{cases} \text{偶宇称} \rightarrow \text{奇宇称} \\ \text{奇宇称} \rightarrow \text{偶宇称} \end{cases} \tag{29.14}$$

〔1〕阿尔弗雷德·朗德（Alfred Landé，1888—1976 年），德国物理学家，在量子力学领域有突出贡献。

更弱一些的选择定则为

$$\begin{cases} S \to S+1 \\ L \to \begin{matrix} L+1 \\ L \\ L-1 \end{matrix} \end{cases} \tag{29.15}$$

特别是对轻元素非常重要。

讨论：

a）原子结构的一般数据，屏蔽效应。

b）泡利不相容原理（这是一条经验规则）。

c）原子的壳层结构（见下表）。

d）碱金属、碱土金属和其他金属的原子光谱，谱线系，离子的光谱。

e）原子壳层中的电子和空穴。

f）多重态的超精细结构。

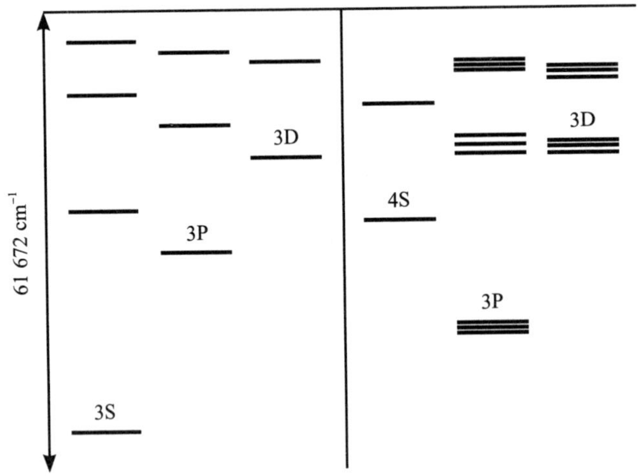

图 29 钠原子能级图

图29为钠原子（Z=11）的能级图。为了显示效果，它的双线分裂被放大了。

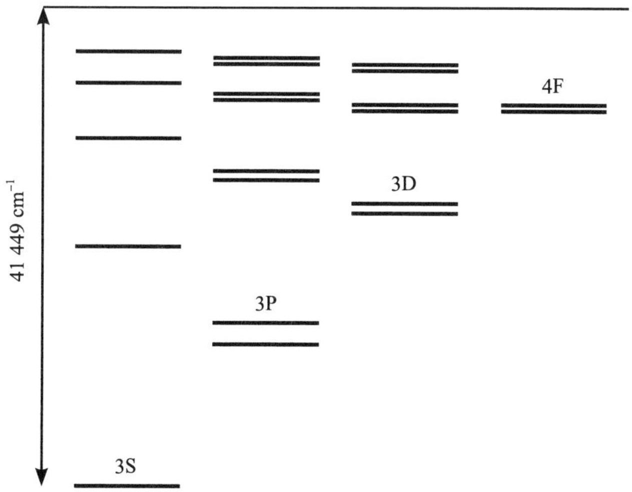

图 30　镁原子能级图

图 30 为镁原子（$Z=12$）的能级图。为了显示效果，它的三重态分裂被放大了。

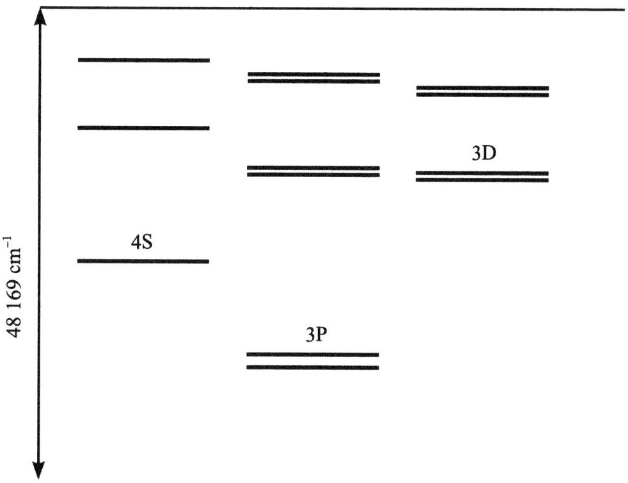

图 31　铝原子能级图

图 31 为铝原子（$Z=13$）的能级图。为了显示效果，它的谱线分裂被放大了。

原子核外电子的轨道

L=	n=1 K	n=2 L		n=3 M			n=4 N				n=5 O					n=6 P						n=7 Q						
	0	0	1	0	1	2	0	1	2	3	0	1	2	3	4	0	1	2	3	4	5	0	1	2	3	4	5	6
1 H	1																											
2 He	2																											
3 Li	2	1																										
4 Be	2	2																										
5 B	2	2	1																									
10 Ne	2	2	6																									
11 Na	2	2	6	1																								
12 Mg	2	2	6	2																								
13 Al	2	2	6	2	1																							
18 Ar	2	2	6	2	6																							
19 K	2	2	6	2	6		1																					
20 Ca	2	2	6	2	6		2																					
29 Cu	2	2	6	2	6	10	1																					
30 Zn	2	2	6	2	6	10	2																					
31 Ga	2	2	6	2	6	10	2	1																				
36 Kr	2	2	6	2	6	10	2	6																				

续表

37 Rb	2	2	6	2	6	10	2	6			1																	
38 Sr	2	2	6	2	6	10	2	6			2																	
47 Ag	2	2	6	2	6	10	2	6	10		1																	
48 Cd	2	2	6	2	6	10	2	6	10		2																	
49 In	2	2	6	2	6	10	2	6	10		2	1																
54 Xe	2	2	6	2	6	10	2	6	10		2	6																
55 Cs	2	2	6	2	6	10	2	6	10		2	6				1												
56 Ba	2	2	6	2	6	10	2	6	10		2	6				2												
79 Au	2	2	6	2	6	10	2	6	10	14	2	6	10			1												
80 Hg	2	2	6	2	6	10	2	6	10	14	2	6	10			2												
81 Tl	2	2	6	2	6	10	2	6	10	14	2	6	10			2	1											
86 Rn	2	2	6	2	6	10	2	6	10	14	2	6	10			2	6											
87 Fr	2	2	6	2	6	10	2	6	10	14	2	6	10			2	6					1						
88 Ra	2	2	6	2	6	10	2	6	10	14	2	6	10			2	6					2						
92 U	2	2	6	2	6	10	2	6	10	14	2	6	10	3		2	6	1				2						
100 Fm	2	2	6	2	6	10	2	6	10	14	2	6	10	11		2	6	1				2						

30 全同粒子系统

30.1 全同粒子系统的波函数

若有 2 个全同粒子，它们的薛定谔方程则为

$$\begin{cases}\hat{H}\psi(x_1,x_2)=E\psi(x_1,x_2)\\ \hat{H}\psi(x_2,x_1)=E\psi(x_2,x_1)\end{cases} \tag{30.1}$$

由于哈密顿算符为厄米算符，若 E 是无简并的，可以得到

$$\psi(x_1,x_2)=k\psi(x_2,x_1) \tag{30.2}$$

令

$$\psi_1(x_1,x_2)=k\psi(x_2,x_1)=k^2\psi(x_1,x_2)$$

解得

$$k^2=1，k=\pm 1 \tag{30.3}$$

故有两种解，要么

$$k=1，\psi(x_1,x_2)=\psi(x_2,x_1) \tag{30.4}$$

此时为“对称波函数”；要么

$$k=-1，\psi(x_1,x_2)=-\psi(x_2,x_1) \tag{30.5}$$

此时为“反对称波函数”。

若 E 是简并的，则这两种情况都是错误的。但是，除了这 2 种基矢 $\psi(x_1, x_2)$，$\psi(x_2, x_1)$，我们还可以选择

$$\psi(x_1, x_2)+\psi(x_2, x_1) \tag{30.6}$$

表示对称情况，或

$$\psi(x_1, x_2)-\psi(x_2, x_1) \tag{30.7}$$

表示反对称情况。

因此，普遍来说，有 2 个全同粒子的系统的本征函数，要么是对称的，要么是反对称的。

定理　若 $\psi(x_1, x_2, 0)$ 在初始时刻 $t=0$ 时是对称的（或反对称的），则在任意时刻 t，它的性质保持不变。

证明　由于

$\hat{H}$ 对称波函数 = 对称波函数

$\hat{H}$ 反对称波函数 = 反对称波函数

故

$$\frac{\partial\psi}{\partial t}=\frac{1}{\mathrm{i}\hbar}\hat{H}\psi$$

有着和 ψ 一样的对称性。之后只需要证明从 t 到 $t+\mathrm{d}t$ 的过程中这依然成立即可。

假设　有些类型的粒子（电子、质子、中子、中微子等）用反对称波函数描述，其他的粒子（光子、介子等）用对称波函数描述。故可以写为

□ 泡利

沃尔夫冈·泡利，美籍奥地利科学家、物理学家。在量子力学、量子场论和基本粒子理论方面有重大成就，尤其是引入了2×2泡利矩阵作为自旋操作符号的基础、建立了著名的泡利不相容原理、提出了β衰变中的中微子假说等，为理论物理学的发展做出了重要贡献。

$$\psi(x_1, x_2, \cdots, x_i, \cdots, x_k, \cdots, x_n) = \pm\psi(x_1, x_2, \cdots, x_i, \cdots, x_k, \cdots, x_n) \tag{30.8}$$

对光子、介子等粒子，上式取+号；对电子、质子、中子、中微子等粒子，上式取－号。

泡利曾经证明：使用反对称波函数的粒子有半整数的自旋，使用对称波函数的粒子有整数的自旋。目前暂时没有发现例外的情况。

考虑一个粒子（如一个原子）是由其他粒子（如一些电子、一些质子、一些中子）构成的。对于这种类型的粒子，它的宇称为$(-1)^N$，其中N表示包含在它结构中的使用反对称波函数的粒子的个数。

举个例子

氢原子

α粒子

氘原子核

是对称的；

氘原子

氚原子核

氮原子

是反对称的。

30.2 粒子间相互独立的情况

此时系统的哈密顿算符为

$$\hat{H} = \hat{H}_1 + \hat{H}_2 + \cdots + \hat{H}_m$$

其中，$\hat{H}_1$ 只作用在粒子 1 上，$\hat{H}_2$ 只作用在粒子 2 上，以此类推。其哈密顿算符可以写为

$$\hat{H}_i = \frac{1}{2m_i}\hat{p}_i^2 + V_i(\boldsymbol{x}_i),\ i = 1,\ 2,\ \cdots,\ m \tag{30.9}$$

我们在一开始不假设这些粒子 1，2，…，m 为全同粒子，显然波函数满足

$$\begin{cases} \psi(\boldsymbol{x}_1,\ \boldsymbol{x}_2,\ \cdots,\ \boldsymbol{x}_m) = \psi_1(\boldsymbol{x}_1)\psi_2(\boldsymbol{x}_2)\cdots\psi_m(\boldsymbol{x}_m) \\ E = E_1 + E_2 + \cdots + E_m \end{cases} \tag{30.10}$$

其中

$$\hat{H}_i\psi_i(\boldsymbol{x}_i) = E_i\psi_i(\boldsymbol{x}_i)$$

也就是说，相互独立的粒子的波函数就是各个粒子单独波函数的乘积，其对应的本征值就是各粒子单独本征值的和。

现在我们假设这些粒子都是全同粒子，那么一般来说，式（30.10）是不适用的，因为

$$\psi_{n1}(\boldsymbol{x}_1)\psi_{n2}(\boldsymbol{x}_2)\cdots\psi_{nm}(\boldsymbol{x}_m) \tag{30.11}$$

在一般情况下既不是对称的也不是反对称的。

表达式（30.11）是薛定谔方程

$$\hat{H}\psi = E\psi$$

的解，其中

$$E = \sum_{i=1}^{m} E_{n_i} \tag{30.12}$$

其他有着相同能量 E 的简并解可以通过置换下标，n_1，n_2，…，n_m 得到。如作用置换 P 后，得到

$$\left(n_1,\ n_2,\ \cdots,\ n_m\right) \to \left(P_{n_1},\ P_{n_2},\ \cdots,\ P_{n_m}\right)$$

它表示每个粒子被换到一个新的位置。

之后，由对称解得到

$$\psi_{\text{symmetry}} = \sum_{(P)} \psi_{P_{n_1}}\left(\boldsymbol{x}_1\right)\psi_{P_{n_2}}\left(\boldsymbol{x}_2\right)\cdots\psi_{P_{n_m}}\left(\boldsymbol{x}_m\right) \tag{30.13}$$

求和 P 表示对所有可能的置换求和。此波函数还有一个系数来保证它是归一化的，我们将在下面进行讨论。

对于反对称解

$$\psi_{\text{antisymmetry}} = \sum_{(P)} (-1)^P \psi_{P_{n_1}}\left(\boldsymbol{x}_1\right)\psi_{P_{n_2}}\left(\boldsymbol{x}_2\right)\cdots\psi_{P_{n_m}}\left(\boldsymbol{x}_m\right) \tag{30.14}$$

可以等价将其写为

$$\psi_{\text{antisymmetry}} = \begin{vmatrix} \psi_{n_1}\left(\boldsymbol{x}_1\right) & \psi_{n_1}\left(\boldsymbol{x}_2\right) & \cdots & \psi_{n_1}\left(\boldsymbol{x}_m\right) \\ \psi_{n_2}\left(\boldsymbol{x}_1\right) & \psi_{n_2}\left(\boldsymbol{x}_2\right) & \cdots & \psi_{n_2}\left(\boldsymbol{x}_m\right) \\ \vdots & \vdots & \ddots & \vdots \\ \psi_{n_m}\left(\boldsymbol{x}_1\right) & \psi_{n_m}\left(\boldsymbol{x}_2\right) & \cdots & \psi_{n_m}\left(\boldsymbol{x}_m\right) \end{vmatrix} \tag{30.15}$$

它的归一化因子也将在之后讨论。注意，此处是行列式而不是矩

阵。我们要根据实际问题中粒子的类型来选择用波函数是（30.13）还是（30.14）。

泡利不相容原理　对于反对称的粒子，显然，若（30.15）中粒子的指标 $n_1, n_2, \cdots, n_m$ 有 2 个或 2 个以上是相等的，那它便等于 0。因此，对于这些粒子（电子、质子、中子等）来说，系统不存在 2 个全同粒子处在完全相同状态的态。

30.3 占有数

全同粒子在各个态 1，2，…，s，…上的粒子数分别为

$N_1, N_2, \cdots, N_s, \cdots$

$$N_1 + N_2 + \cdots + N_s + \cdots = m \tag{30.16}$$

a）对称粒子：波函数（30.13）完全是由占有数确定的。因此，确定了占有数就能完全确定系统的状态。有归一化因子的可以写为

$$\psi_{\text{symmetry}} = \sqrt{\frac{N_1!N_2!\cdots N_s!\cdots}{m!}}\sum_{(P)}\psi_{P_{n_1}}(\vec{x}_1)\psi_{P_{n_2}}(\vec{x}_2)\cdots\psi_{P_{n_m}}(\vec{x}_m) \tag{30.17}$$

b）反对称粒子：同样，在这种情况下，波函数（30.14）或（30.15）完全是由占有数确定的。然而，此时允许的占有数只能为 0 或 1。将其重写成包含归一化因子的形式为

$$\psi_{\text{antisymmetry}} = \frac{1}{\sqrt{m!}}\begin{vmatrix} \psi_{n_1}(\vec{x}_1) & \psi_{n_1}(\vec{x}_2) & \cdots & \psi_{n_1}(\vec{x}_m) \\ \psi_{n_2}(\vec{x}_1) & \psi_{n_2}(\vec{x}_2) & \cdots & \psi_{n_2}(\vec{x}_m) \\ \vdots & \vdots & \ddots & \vdots \\ \psi_{n_m}(\vec{x}_1) & \psi_{n_m}(\vec{x}_2) & \cdots & \psi_{n_m}(\vec{x}_m) \end{vmatrix} \tag{30.18}$$

下面讨论一些量子统计力学的基础知识：

占有数（30.16）的统计权重为：

a）玻尔兹曼分布

$$\frac{N!}{N_1!N_2!\cdots}$$

b）玻色[1]－爱因斯坦分布

$$1$$

c）费米－狄拉克分布

$$\begin{cases} 1 & \text{若没有占有数} > 1 \\ 0 & \text{若有一些占有数} > 1 \end{cases}$$

讨论：玻尔兹曼分布和玻色－爱因斯坦分布驱使粒子聚集在一起，而费米－狄拉克分布阻碍粒子的聚集。

〔1〕萨特延德拉·纳特·玻色（Satyendra Nath Bose，1894—1974 年），印度物理学家。他于 20 世纪 20 年代进行的早期量子物理研究为玻色－爱因斯坦统计及玻色－爱因斯坦凝聚理论提供了基础。“玻色子”就是以其名字命名的。

31 双电子系统

我们规定1组记号来表示电子自旋波函数

$$\begin{cases} \alpha = \begin{pmatrix} 1 \\ 0 \end{pmatrix} \\ \beta = \begin{pmatrix} 0 \\ 1 \end{pmatrix} \end{cases} \tag{31.1}$$

其中，α 表示自旋向上，β 表示自旋向下。

对于1个由双电子1和2构成的系统，它的自旋波函数可以写为2个单电子自旋波函数的乘积，例如

$$\alpha(\xi_1)\beta(\xi_2) = \alpha\beta \tag{31.2}$$

其他情况类似。这样可以写出4种自旋波函数

$$\alpha\alpha，\alpha\beta，\beta\alpha，\beta\beta \tag{31.3}$$

它们是这个双电子系统所有自旋波函数的基矢。

考虑基矢变换：系统的总自旋算符为

$$\hat{\boldsymbol{S}} = \hat{\boldsymbol{S}}_1 + \hat{\boldsymbol{S}}_2 \tag{31.4}$$

为了使 $\hat{\boldsymbol{S}}^2$ 和 $\hat{\boldsymbol{S}}_z$ 对角化，我们使用第28讲中的常规方法（或者直接计算），得到

基矢	$\hat{S}^2$	$\lvert\hat{S}\rvert$	S_z	自旋的	自旋波函数的对称性
$\alpha\alpha$	2	1	1	平行	对称
$\frac{1}{\sqrt{2}}(\alpha\beta+\beta\alpha)$	2	1	0	平行	对称
$\beta\beta$	2	1	−1	平行	对称
$\frac{1}{\sqrt{2}}(\alpha\beta-\beta\alpha)$	0	0	0	反平行	反对称

（31.5）

我们观察到，平行的自旋有对称的自旋波函数，反平行的自旋有反对称的自旋波函数。

但是，由之前的知识我们知道，双电子系统的总波函数必须是反对称的，故双电子系统的波函数可能有以下形式

$$\begin{cases}\alpha\alpha u(\boldsymbol{x}_1,\boldsymbol{x}_2),\ \dfrac{\alpha\beta+\beta\alpha}{\sqrt{2}}u(\boldsymbol{x}_1,\boldsymbol{x}_2),\ \beta\beta u(\boldsymbol{x}_1,\boldsymbol{x}_2)\\ \dfrac{\alpha\beta-\beta\alpha}{\sqrt{2}}v(\boldsymbol{x}_1,\boldsymbol{x}_2)\end{cases} \tag{31.6}$$

其中，$u(\boldsymbol{x}_1,\boldsymbol{x}_2)$是反对称的轨道波函数，$v(\boldsymbol{x}_1,\boldsymbol{x}_2)$是对称的轨道波函数。

情况一　对于由 2 个独立电子组成的系统，其哈密顿算符可以写为

$$\hat{H}_0=\hat{H}_1+\hat{H}_2 \tag{31.7}$$

忽略自旋轨道的相互作用，令

$$\hat{H}_1\psi_n(\boldsymbol{x}_1)=E_n\psi_n(\boldsymbol{x}_1) \tag{31.8}$$

这已经在单电子问题中被解决了。（注意：单电子问题有 2 个简并的解）

$$\alpha\psi_n(\boldsymbol{x}_1),\ \beta\psi_{n(\boldsymbol{x}_2)}$$

现在考虑双电子问题，此时系统的本征值为 $E_n + E_m$，解得简并的波函数为

$$\begin{cases} \alpha\alpha\dfrac{\psi_n(\boldsymbol{x}_1)\psi_m(\boldsymbol{x}_2)-\psi_m(\boldsymbol{x}_1)\psi_n(\boldsymbol{x}_2)}{\sqrt{2}} \\ \dfrac{\alpha\beta+\beta\alpha}{\sqrt{2}}\cdot\dfrac{\psi_n(\boldsymbol{x}_1)\psi_m(\boldsymbol{x}_2)-\psi_m(\boldsymbol{x}_1)\psi_n(\boldsymbol{x}_2)}{\sqrt{2}} \\ \beta\beta\dfrac{\psi_n(\boldsymbol{x}_1)\psi_m(\boldsymbol{x}_2)-\psi_m(\boldsymbol{x}_1)\psi_n(\boldsymbol{x}_2)}{\sqrt{2}} \\ \dfrac{\alpha\beta-\beta\alpha}{\sqrt{2}}\cdot\dfrac{\psi_n(\boldsymbol{x}_1)\psi_m(\boldsymbol{x}_2)+\psi_m(\boldsymbol{x}_1)\psi_n(\boldsymbol{x}_2)}{\sqrt{2}} \end{cases} \tag{31.9}$$

前 3 个解为 S = 1 的情况，此时轨道波函数是反对称的，自旋波函数是对称的；第 4 个解为 S = 0 的情况，此时轨道波函数是对称的，自旋波函数为反对称的。

情况二　　考虑电子间的库仑相互作用

$$H_{\text{Coulomb}} = \frac{e^2}{|\boldsymbol{x}_1-\boldsymbol{x}_2|} = \frac{e^2}{r_{12}} \tag{31.10}$$

把哈密顿算符（31.10）看成微扰（只考虑第一阶），得到

$$\delta E_c = \bar{H}_c = \iint\sum_{\text{spin}}\mathrm{d}^3\boldsymbol{x}_1\mathrm{d}^3\boldsymbol{x}_2\left|\text{波函数}\right|^2\frac{e^2}{r_{12}} \tag{31.11}$$

计算结果对 S = 1（三重态）和 S = 0（单重态）是不一样的（说明：此时哈密顿算符没有非对角项）。假设波函数 ψ_1,ψ_2 都是实数，我们发现

$$\delta E_c = \iint\frac{e^2}{r_{12}}\left|\psi_1(\boldsymbol{x}_1)\right|^2\left|\psi_2(\boldsymbol{x}_2)\right|^2\mathrm{d}\boldsymbol{x}_1\mathrm{d}\boldsymbol{x}_2 \mp \iint\frac{e^2}{r_{12}}\psi_1(\boldsymbol{x}_1)\psi_2(\boldsymbol{x}_1)\psi_1(\boldsymbol{x}_2)\psi_2(\boldsymbol{x}_2)\mathrm{d}\boldsymbol{x}_1\mathrm{d}\boldsymbol{x}_2 \tag{31.12}$$

其中，当计算三重态的时候取 −，当计算单重态的时候取 +。上式的第

1 个积分为 2 个电子的静电相互作用，第 2 个积分为交换能。

讨论：

a）交换能显然是一个很强的自旋 - 自旋相互作用。

b）此公式与铁磁理论的关系。

c）自旋轨道耦合的作用和三重态劈裂。

氦 He 的能谱（cm^{-1}）				
仲氦（自旋单态）	$1s^2$	$^1S_0 = 198\,305$	2p1s	$^1P_0 = 27\,176$
	2s1s	$^1S_0 = 32\,033$	3d1s	$^1D_0 = 12\,206$
	3s1s	$^1S_0 = 19\,446$		
正氦（自旋三重态）	2s1s	$^3S_1 = 38\,455$	2p1s	$^3P_0 = 29\,223.87$
	3s1s	$^3S_1 = 15\,074$	2p1s	$^3P_1 = 29\,223.799$
			2p1s	$^3P_2 = 29\,222.878$

说明：若计算时使用里兹[1]方法，取试探波函数为 $e^{-\alpha\frac{r_1+r_2}{a}}$，计算给出 $\alpha = \frac{27}{16}$。基态能量为

$$\left(2\times\frac{27^2}{16^2}-4\right)R = 186\,000\ \text{cm}^{-1}$$

其中，R 表示里德伯常量。

〔1〕沃尔特·里兹（Walther Ritz，1878—1909 年），瑞士理论物理学家。

32 氢分子

本讲我们简述一下分子的光谱。在这里，分子的能量包括分子的转动动能、分子中原子的振动动能和分子中电子的能量。

32.1 氢分子（H_2）的电子能级

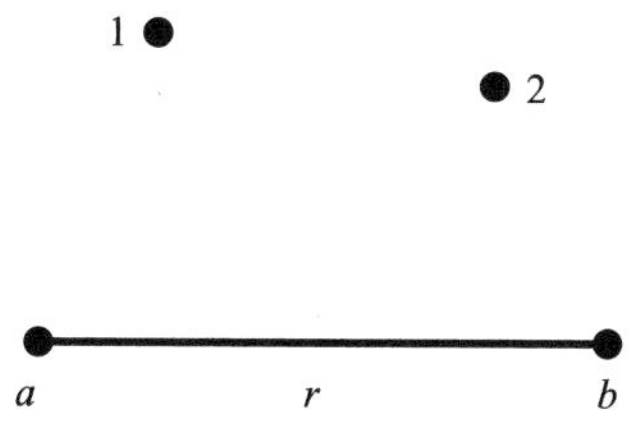

图 32　氢分子的结构示意图

在图 32 中，设氢分子中 2 个氢原子分别为 a 和 b，两者间的距离为 r，我们用 $\boldsymbol{r}_{a1}$ 和 $\boldsymbol{r}_{b1}$ 表示第 1 个电子相对于 2 个氢原子的位矢，$\boldsymbol{r}_{a2}$ 和 $\boldsymbol{r}_{b2}$ 表示第 2 个电子相对于 2 个氢原子的位矢，$\boldsymbol{r}_{12}$ 表示第 2 个电子相对于第 1 个电子的位矢。此时，系统的哈密顿算符可以写为

$$\hat{H}=\frac{\hat{p}_1^2+p_2^2}{2m}+\frac{e^2}{\boldsymbol{r}}+\frac{e^2}{\boldsymbol{r}_{12}}-\frac{e^2}{\boldsymbol{r}_{a1}}-\frac{e^2}{\boldsymbol{r}_{a2}}-\frac{e^2}{\boldsymbol{r}_{b1}}-\frac{e^2}{\boldsymbol{r}_{b2}} \quad (32.1)$$

32.2 海特勒－伦敦[1]（Heitler–London）方法

我们研究两个零级近似的波函数（两个氢原子没有相互作用）

$$\psi = a(1)b(2) \pm a(2)b(1) \tag{32.2}$$

其中，+ 对应于 S = 0 的自旋单态，– 对应于 S = 1 的自旋三重态；a（1）和 b（1）为电子 1 在氢原子 a 或 b 附近运动的波函数，a（2）和 b（2）为电子 2 在氢原子 a 或 b 附近运动的波函数。

首先将波函数归一化

$$\begin{aligned}\int \psi^2 \mathrm{d}\boldsymbol{x}_1 \mathrm{d}\boldsymbol{x}_2 &= \left[\int a^2(1)\mathrm{d}\boldsymbol{x}_1\right]\left[\int b^2(2)\mathrm{d}\boldsymbol{x}_2\right] + \left[\int a^2(2)\mathrm{d}\boldsymbol{x}_2\right]\left[\int b^2(1)\mathrm{d}\boldsymbol{x}_1\right] \\ &\quad \pm 2\int a(1)b(1)\mathrm{d}\boldsymbol{x}_1 \int a(2)b(2)\mathrm{d}\boldsymbol{x}_2 \\ &= 2\left(1+\beta^2\right)\end{aligned} \tag{32.3}$$

其中

$$\beta = \int a(1)b(1)\mathrm{d}\boldsymbol{x}_1 \tag{32.4}$$

故归一化波函数为

$$\psi_\pm = \frac{a(1)b(2) \pm a(2)b(1)}{\sqrt{2\left(1 \pm \beta^2\right)}} \tag{32.5}$$

---

〔1〕沃尔特·海因里希·海特勒（Walter Heinrich Heitler，1904—1981 年），英国理论物理学家，对量子电动力学和量子场论有重要贡献，通过价键理论将量子力学引入化学中。弗里茨·沃尔夫冈·伦敦（Fritz Wolfgang London，1900—1954 年），犹太裔德国物理学家，曾 5 次被提名诺贝尔化学奖，1953 年被授予洛伦兹奖章。

由微扰论，计算得一级近似的能量为

$$E_{\pm} = \iint \psi_{\pm}^{*} \hat{H} \psi_{\pm} \mathrm{d}\boldsymbol{x}_1 \mathrm{d}\boldsymbol{x}_2 \tag{32.6}$$

利用本征方程

$$\left(\frac{1}{2m} p_1^2 - \frac{e^2}{r_{a1}} \right) a(1) = -Ra(1) \tag{32.7}$$

其中，里德伯常量为 $R = +13.6\ \mathrm{eV}$。可以发现

$$\hat{H} a(1) b(2) = \left(-2R + \frac{e^2}{r} + \frac{e^2}{r_{12}} - \frac{e^2}{r_{a2}} - \frac{e^2}{r_{b1}} \right) a(1) b(2) \tag{32.8}$$

解得能量为

$$\begin{aligned} E_{\pm} = & -2R + \frac{e^2}{r} + \frac{1}{1 \pm \beta^2} \cdot \iint \left(\frac{e^2}{r_{12}} - \frac{e^2}{r_{a2}} - \frac{e^2}{r_{b1}} \right) \cdot a^2(1) b^2(2) \mathrm{d}\boldsymbol{x}_1 \mathrm{d}\boldsymbol{x}_2 \\ & \pm \frac{1}{1 \pm \beta^2} \cdot \iint \left(\frac{e^2}{r_{12}} - \frac{e^2}{r_{a2}} - \frac{e^2}{r_{b1}} \right) \cdot a(1) b(1) a(2) b(2) \mathrm{d}\boldsymbol{x}_1 \mathrm{d}\boldsymbol{x}_2 \end{aligned} \tag{32.9}$$

32.3 讨论

取 $-2R$ 为零点能（2 个被分离开的原子的能量），$\frac{e^2}{r}$ 项为核的势能。第 1 个双重积分项（忽略小量 β）可以看成 2 个电子云 ea^2（1）和 eb^2（2）间的静电相互作用，以及它们和另一个核之间的静电相互作用能（第 1 个电子和第 2 个核，第 2 个电子和第 1 个核）。第 2 个双重积分为交换积分（图 33）。它是负的，且由两核之间的距离 r 决定。

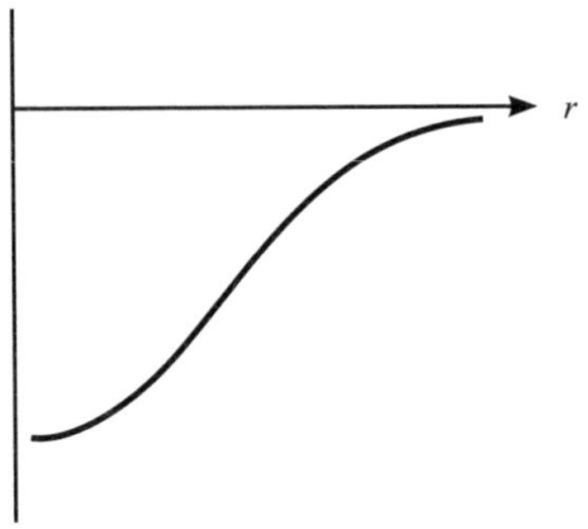

图 33　交换积分的函数

把这些不同的项加起来后，由图 34 我们发现：

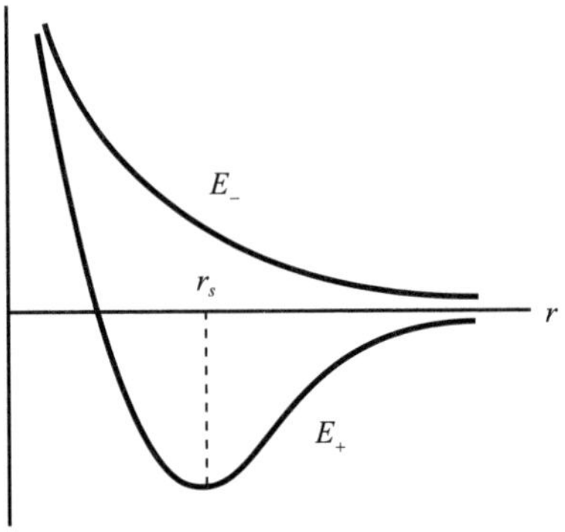

图 34　能量的曲线

由 E_- 表征的状态无法结合成分子，而由 E_+ 表征的状态是可以结合成分子的，其中 r_s 表示平衡位置。所以对于二电子系统 $\hat{H}$ 的基态，2 个自旋必须是反向的（$S=0$）。

上面我们定量证明了海特勒 - 伦敦方法，更好的计算基态的方法为王氏方法。我们取里兹试探波函数

$$\psi\left(x_1, x_2\right)=\mathrm{e}^{-\frac{z}{a}\left(r_{a1}+r_{b2}\right)}+\mathrm{e}^{-\frac{z}{a}\left(r_{b1}+r_{a2}\right)} \tag{32.10}$$

其中，a 为玻尔半径，z 为里兹变分参数。我们要找到一个 z，使得哈密顿算符 $\hat{H}$ 取最小值

$$\bar{H}=\frac{\iint\psi(x_1,x_2)H\psi(x_1,x_2)\mathrm{d}\boldsymbol{x}_1\mathrm{d}\boldsymbol{x}_2}{\iint\left|\psi(x_1,x_2)\right|^2\mathrm{d}\boldsymbol{x}_1\mathrm{d}\boldsymbol{x}_2} \tag{32.11}$$

以下为计算结果和实验结果的对比

	王氏方法	实验数据
结合能	$0.278R$	$0.325R$
转动惯量	0.459×10^{-40} kg · m^2	0.467×10^{-40} kg · m^2
振荡频率	4 900 · cm^{-1}	4 360 · cm^{-1}

（32.12）

32.4 转动能级（核自旋的作用）

纯转动能级的哈密顿算符可以写为

$$-\frac{\hbar^2}{2A}\wedge \tag{32.13}$$

参考第 2 讲式（2.14），其中，A 为转动惯量，于是得到转动能级

$$\begin{cases}\dfrac{\hbar^2}{2A}l(l+1),\ l=0,1,2,\cdots\\ \psi_l=Y_{lm}(\theta,\psi)\end{cases} \tag{32.14}$$

式（32.14）只有当双原子分子中的电子对于氢原子的对称轴的合力矩为 0 时才适用。即使在这种情况下，对于全同粒子来说，也会发生某种复杂化。

举个例子，现在有 2 个核自旋为 0 的全同原子核，玻色－爱因斯坦统计要求波函数为对称的。只有当 l 为偶数时，$Y_{lm}(\theta, \psi)$ 关于核的置换才是对称的。因此，在这种情况下，所有量子数 l 为奇数的值都是不存在的（可能由于电子能级的对称性，导致复杂化）。对于氢分子，2 个质子的自旋为 1/2，且波函数为反对称的，因此（类似双电子系统），其转动项分裂为：

仲氢项，核自旋反平行，$l = 0$，2，4，…

正氢项，核自旋平行，$l = 1$，3，5，…

说明：

a）氢分子交替的能带强度和氢分子内非常缓慢的仲氢－正氢跃迁有关。

b）氢分子转动自由度的比热容。

讨论：

双原子分子的光谱。

33 碰撞理论

我们考虑粒子被短程的中心力场散射的问题。在这里，波函数在 $r \to \infty$ 时应该有渐近形式

$$\psi \to \mathrm{e}^{\mathrm{i}kz} - f(\theta)\frac{\mathrm{e}^{\mathrm{i}kr}}{r} \tag{33.1}$$

其中

$$k = \frac{1}{\hbar}p \tag{33.2}$$

波函数第1项为 z 轴正向传播的入射波，第2项为沿着径向向外的散射波。由表达式（33.1）推出微分截面为

$$\frac{\mathrm{d}\sigma}{\mathrm{d}\omega} = \left|f(\theta)\right|^2 \tag{33.3}$$

将表达式按球谐函数展开，可以得到

$$\mathrm{e}^{\mathrm{i}kz} = \frac{\pi\sqrt{2}}{\sqrt{kr}}\sum_{l=0}^{\infty}\mathrm{i}^l\sqrt{2l+1}Y_{1,0}(\theta)J_{l+\frac{1}{2}}(kr) \tag{33.4}$$

同时，利用贝塞尔函数的渐近表达式

$$J_n(x) \to \sqrt{\frac{2}{\pi x}}\cos\left(x - \frac{\pi}{4} - \frac{\pi n}{2}\right)$$

将其代入式（33.4），得到

$$e^{ikz} \to \frac{\sqrt{4\pi}}{\sqrt{kr}} \sum_{l=0}^{\infty} i^l \sqrt{2l+1}\, Y_{1,0} \sin\left(kr - \frac{\pi l}{2}\right) = \frac{\sin kr}{kr} + \cdots \tag{33.5}$$

把 $f(\theta)$ 也展开成球谐函数的级数

$$f(\theta) = \sum_l a_l P_l(\cos\theta) = \sqrt{4\pi} \sum_l \frac{a_l}{\sqrt{2l+1}} Y_{l0}(\theta) \tag{33.6}$$

将所有展开式代入，得到

$$\psi \to \frac{\sqrt{4\pi}}{kr} \sum_{l=0}^{\infty} \frac{Y_{l0}}{\sqrt{2l+1}} \left[e^{ikr}\left(-a_l - \frac{i}{2}\frac{2l+1}{k}\right) + e^{-ikr}(-1)^l \frac{i}{2}\frac{2l+1}{k} \right] \tag{33.7}$$

说明：入射和出射的波必须有相同的振幅（粒子数守恒），因此得到

$$a_l + \frac{i}{2}\frac{2l+1}{k} = e^{2i\alpha_l}\left(\frac{i}{2}\frac{2l+1}{k}\right) \tag{33.8}$$

或

$$a_l = \frac{i}{2}\frac{2l+1}{k}\left(e^{2i\alpha_l} - 1\right) \tag{33.9}$$

其中，α_l 为相位的移动，称为“相移”。和 l 有关的径向波函数为

$$R_l(r) = \frac{u_l(r)}{r}$$

其中，$u_l(r)$ 的渐进表达式为

$$u_l(r) \to \sin\left(kr - \frac{\pi l}{2} + \alpha_l\right) \tag{33.10}$$

我们可以由薛定谔径向方程确定 α_l

$$\begin{cases} u_l''(r) - \dfrac{l(l+1)}{r^2}u_l + \dfrac{2m}{\hbar^2}\left[E - U(r)\right]u_l = 0 \\ E = \dfrac{\hbar^2}{2m}k^2 \end{cases} \tag{33.11}$$

或

$$u_l''(r) + k^2 - \frac{2m}{\hbar^2}U(r) - \frac{l(l+1)}{r^2}u_l(r) = 0 \tag{33.12}$$

下面我们从不同的极限来研究解的性质。

$$\begin{cases} \text{当 } r \text{ 很小时，} u_l(r) \to r^{(l+1)} \\ \text{当 } r \text{ 很大时，} u_l(r) \to \sin\left(kr + \alpha_l - \dfrac{\pi l}{2}\right) \end{cases} \tag{33.13}$$

这就决定了相移参数 α_l 。

利用表达式（33.3），（33.6）和（33.9），我们用 α_l 来表示 $\dfrac{d\sigma}{d\omega}$

$$\frac{d\sigma}{d\omega} = \frac{1}{4k^2}\left|\sum_l (2l+1)P_l(\cos\theta)\left(e^{2i\alpha_l} - 1\right)\right|^2 \tag{33.14}$$

对上式积分，得到

$$\sigma = 4\pi\lambda\!\!\!^{-2}\sum_l (2l+1)\sin^2\alpha_l$$

其中，$\lambda\!\!\!^{-} = \dfrac{1}{k}$ 。

如图 35 所示，当能量很低时，只有当 $l = 0$ 时的 α_0 才是重要的，此时

$$\alpha_0 = -k \times \text{散射长度} = -kb_0$$

故在低能量时

$$\sigma \to 4\pi b^2$$

可以证明，在低能量时，最简单的情况为

$$\alpha_l \sim k^{2l+1}$$

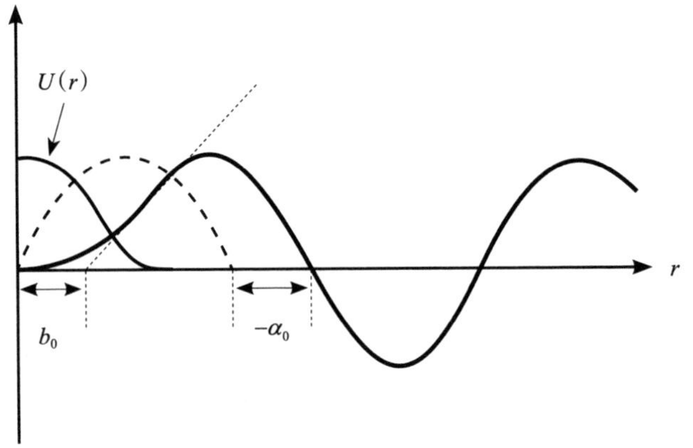

图 35　有散射中心时波函数的图像

讨论：

a）库仑势场中的散射。

b）理想钢球散射。

c）有吸收和衍射的散射。

34 狄拉克自由电子理论

34.1 自由电子的狄拉克方程

对于质量为 m 的粒子，其含时薛定谔方程为

$$\mathrm{i}\hbar\frac{\partial\psi}{\partial t}=-\frac{\hbar^2}{2m}\left(\frac{\partial^2\psi}{\partial x^2}+\frac{\partial^2\psi}{\partial y^2}+\frac{\partial^2\psi}{\partial z^2}\right)$$

这对于 t 和 x，y，z 很不对称，这和狭义相对论的要求是矛盾的；狭义相对论告诉我们时间和空间是等价的。为了找到关于电子的仅包含 t，x，y，z 的一阶导数项的相对论方程，我们引入记号

$$\begin{cases}x=x_1\,,\ y=x_2\,,\ z=x_3\,,\ \mathrm{i}ct=x_4\left(ct=x_0\right)\\ p_x=\dfrac{\hbar}{\mathrm{i}}\dfrac{\partial}{\partial x}\ \text{或}\ p_i=\dfrac{\hbar}{\mathrm{i}}\dfrac{\partial}{\partial x_i}\\ p_4=\dfrac{\hbar}{\mathrm{i}}\dfrac{\partial}{\partial x_4}=-\dfrac{\hbar}{c}\dfrac{\partial}{\partial t}=\dfrac{\mathrm{i}}{c}E\end{cases}\tag{34.1}$$

最后用到了 $E=\mathrm{i}\hbar\dfrac{\partial}{\partial t}$。原先的三维矢量

$$\begin{cases}\boldsymbol{x}\equiv\left(x_1\,,x_2\,,x_3\right)\\ \boldsymbol{p}\equiv\left(p_1\,,p_2\,,p_3\right)\end{cases}\tag{34.2}$$

现在可以写成四维矢量的形式

$$\begin{cases}\boldsymbol{x}_\mu\equiv\left(x_1\,,x_2\quad x_3\quad x_4\right)\\ \boldsymbol{p}_\mu\equiv\left(p_1\,,p_2\quad p_3\quad p_4\right)\end{cases}\tag{34.3}$$

□ 迈克耳孙干涉仪

1887年，美国物理学家阿尔伯特·亚伯拉罕·迈克耳孙（Albert Abraham Michelson，1852—1931年）使用自己发明的迈克耳孙干涉仪，与美国物理学家爱德华·莫雷（Edward Morley，1838—1923年）合作完成了著名的迈克耳孙-莫雷实验。该实验证实了以太（绝对静止参考系）的不存在，从而为狭义相对论提供了理论基础。图为迈克耳孙干涉仪装置，主要部件包括光源、分束器、反射镜、聚焦镜和探测器。

若波函数ψ是一个标量，则最简单的一阶微分方程可以写为（系数为常数）

$$\psi = a^{(1)}\frac{\partial\psi}{\partial x_1} + a^{(2)}\frac{\partial\psi}{\partial x_2} + a^{(3)}\frac{\partial\psi}{\partial x_3} + a^{(4)}\frac{\partial\psi}{\partial x_4} = \frac{\mathrm{i}}{\hbar}a^{(\mu)}p_\mu\psi$$

最后使用了爱因斯坦求和约定，它会对重复的指标进行求和。这证明取ψ是一个有多个（4个）分量的量是非常有必要的。但是不同于以上的写法，我们采用另一种形式

$$\mathrm{i}mc\psi_k = \gamma_{kl}^{(\mu)}p_\mu\psi_l = \frac{\hbar}{\mathrm{i}}\gamma_{kl}^{(\mu)}\frac{\partial\psi_l}{\partial x_\mu} \quad (34.4)$$

在矩阵表示中，$\boldsymbol{\psi}$是一个有四个元素的列矩阵，$\boldsymbol{\gamma}_\mu = \left[\boldsymbol{\gamma}_{kl}^{(\mu)}\right]$是一个方阵（4×4矩阵），于是我们得到此时的线性微分方程组为

$$\mathrm{i}mc\boldsymbol{\psi} = \hat{\boldsymbol{\gamma}}_\mu\hat{\boldsymbol{p}}_\mu\boldsymbol{\psi} = \frac{\hbar}{\mathrm{i}}\hat{\boldsymbol{\gamma}}_\mu\frac{\partial\boldsymbol{\psi}}{\partial x_\mu} \quad (34.5)$$

此式为狄拉克方程。算符$\hat{\boldsymbol{p}}_\mu = \frac{\hbar}{\mathrm{i}}\frac{\partial}{\partial x_\mu}$作用在依赖于四维坐标$x_\mu$的波函数$\psi$上，$\hat{\boldsymbol{\gamma}}_\mu$是一个作用在内禀变量上的算符，类似于泡利的自旋变量，然而我们将会看到，不同的是它有4个分量。接着可以推出：矩阵$\hat{\boldsymbol{\gamma}}_\mu$与$\hat{\boldsymbol{p}}_\nu$和$\hat{x}_\nu$是对易的。

由式（34.5）可以推出

$$(\mathrm{i}mc)^2\boldsymbol{\psi}=\left(\hat{\gamma}_\mu\hat{\boldsymbol{p}}_\mu\right)^2\boldsymbol{\psi}$$

或者省略 ψ，利用表达式（34.1）和上述对易的结论以及 $\boldsymbol{p}_4^2=-\dfrac{E^2}{c^2}$，可以推出

$$-m^2c^2=\boldsymbol{\gamma}_1^2\boldsymbol{p}_1^2+\boldsymbol{\gamma}_2^2\boldsymbol{p}_2^2+\boldsymbol{\gamma}_3^2\boldsymbol{p}_3^2-\boldsymbol{\gamma}_4^2\frac{E^2}{c^2}+\left(\boldsymbol{\gamma}_1\boldsymbol{\gamma}_2+\boldsymbol{\gamma}_2\boldsymbol{\gamma}_1\right)\boldsymbol{p}_1\boldsymbol{p}_2+\text{其他类的项}$$

若要使上式和相对论的能量动量关系

$$m^2c^2+\boldsymbol{p}^2=\frac{E^2}{c^2} \tag{34.6}$$

保持一致，那么就需要假设

$$\begin{cases}\boldsymbol{\gamma}_1^2=\boldsymbol{\gamma}_2^2=\boldsymbol{\gamma}_3^2=\boldsymbol{\gamma}_4^2=1\\ \boldsymbol{\gamma}_\mu\boldsymbol{\gamma}_\nu+\boldsymbol{\gamma}_\nu\boldsymbol{\gamma}_\mu=0,\ \ \mu\neq\nu\end{cases} \tag{34.7}$$

我们发现，可以满足的最低阶的矩阵为 4 阶。得到阶数为 4 后，可以得到很多组 $\boldsymbol{\gamma}_1$，$\boldsymbol{\gamma}_2$，$\boldsymbol{\gamma}_3$，$\boldsymbol{\gamma}_4$ 的解，并且它们都是等价的。我们取 1 组标准的解

$$\begin{cases}\boldsymbol{\gamma}_1=\begin{pmatrix}0&0&0&-\mathrm{i}\\0&0&-\mathrm{i}&0\\0&\mathrm{i}&0&0\\\mathrm{i}&0&0&0\end{pmatrix}\\ \boldsymbol{\gamma}_2=\begin{pmatrix}0&0&0&-1\\0&0&1&0\\0&1&0&0\\-1&0&0&0\end{pmatrix}\\ \boldsymbol{\gamma}_3=\begin{pmatrix}0&0&-\mathrm{i}&0\\0&0&0&\mathrm{i}\\\mathrm{i}&0&0&0\\0&-\mathrm{i}&0&0\end{pmatrix}\end{cases} \tag{34.8}$$

和

$$\boldsymbol{\beta}=\gamma_4=\begin{pmatrix}1&0&0&0\\0&1&0&0\\0&0&-1&0\\0&0&0&-1\end{pmatrix}\tag{34.9}$$

γ_1，γ_2，γ_3 这 3 个矩阵在很多方面都表现得像某个矢量的分量，故我们可以将其表示为

$$\gamma\equiv(\gamma_1,\ \gamma_2,\ \gamma_3)$$

也可以写为

$$\gamma_\mu\equiv(\gamma_1,\ \gamma_2,\ \gamma_3,\ \gamma_4)\tag{34.10}$$

这样一个四维矢量。于是我们可以把方程写为

$$\mathrm{i}mc\psi=\left(\boldsymbol{\gamma}\cdot\boldsymbol{p}+\frac{\mathrm{i}}{c}E\boldsymbol{\gamma}_4\right)\psi=\boldsymbol{\gamma}_\mu\boldsymbol{p}_\mu\psi\tag{34.11}$$

两边同时左乘 $\gamma_4=\boldsymbol{\beta}$，利用 $\boldsymbol{\gamma}_4^2=\beta^2=1$，得到等价的方程

$$E\boldsymbol{\psi}=\left(mc^2\boldsymbol{\beta}+c\boldsymbol{\alpha}\cdot\boldsymbol{p}\right)\boldsymbol{\psi}\tag{34.12}$$

这是狄拉克方程的另一种形式。其中

$$\boldsymbol{\alpha}=\mathrm{i}\boldsymbol{\beta\gamma}$$

或可以写为

$$\begin{cases}\boldsymbol{\alpha}_1=\mathrm{i}\boldsymbol{\beta\gamma}_1\\\boldsymbol{\alpha}_2=\mathrm{i}\boldsymbol{\beta\gamma}_2\\\boldsymbol{\alpha}_3=\mathrm{i}\boldsymbol{\beta\gamma}_3\end{cases}\tag{34.13}$$

它们的具体表达式为

$$
\left\{\begin{aligned}
\boldsymbol{\alpha}_1 &= \begin{pmatrix} 0 & 0 & 0 & 1 \\ 0 & 0 & 1 & 0 \\ 0 & 1 & 0 & 0 \\ 1 & 0 & 0 & 0 \end{pmatrix} \\
\boldsymbol{\alpha}_2 &= \begin{pmatrix} 0 & 0 & 0 & -\mathrm{i} \\ 0 & 0 & \mathrm{i} & 0 \\ 0 & -\mathrm{i} & 0 & 0 \\ \mathrm{i} & 0 & 0 & 0 \end{pmatrix} \\
\boldsymbol{\alpha}_3 &= \begin{pmatrix} 0 & 0 & 1 & 0 \\ 0 & 0 & 0 & -1 \\ 1 & 0 & 0 & 0 \\ 0 & -1 & 0 & 0 \end{pmatrix}
\end{aligned}\right. \tag{34.14}
$$

这些矩阵有如下性质（都可以直接进行验证）

$$
\boldsymbol{\beta}^2 = \boldsymbol{\alpha}_1^2 = \boldsymbol{\alpha}_2^2 = \boldsymbol{\alpha}_3^2 = 1 \tag{34.15}
$$

$$
\left\{\begin{aligned}
&\boldsymbol{\beta}\boldsymbol{\alpha}_1 + \boldsymbol{\alpha}_1\boldsymbol{\beta} = 0,\ \boldsymbol{\beta}\boldsymbol{\alpha}_2 + \boldsymbol{\alpha}_2\boldsymbol{\beta} = 0,\ \boldsymbol{\beta}\boldsymbol{\alpha}_3 + \boldsymbol{\alpha}_3\boldsymbol{\beta} = 0 \\
&\boldsymbol{\alpha}_1\boldsymbol{\alpha}_2 + \boldsymbol{\alpha}_2\boldsymbol{\alpha}_1 = 0,\ \boldsymbol{\alpha}_2\boldsymbol{\alpha}_3 + \boldsymbol{\alpha}_3\boldsymbol{\alpha}_2 = 0,\ \boldsymbol{\alpha}_3\boldsymbol{\alpha}_1 + \boldsymbol{\alpha}_1\boldsymbol{\alpha}_3 = 0
\end{aligned}\right. \tag{34.16}
$$

即 $\boldsymbol{\beta}$ 矩阵和各个 $\boldsymbol{\alpha}$ 矩阵的平方等于单位矩阵，$\boldsymbol{\beta}$ 矩阵和各个 $\boldsymbol{\alpha}$ 矩阵之间是反对易的，$\boldsymbol{\beta}$ 矩阵和各个 $\boldsymbol{\alpha}$ 矩阵都是厄米矩阵。

可以证明，由方程（34.12）导出的所有物理结果与矩阵 $\boldsymbol{\alpha}_1, \boldsymbol{\alpha}_2, \boldsymbol{\alpha}_3, \boldsymbol{\beta}$ 的特殊选择（34.9）和（34.14）无关。若取另一组同样满足规范的 4 个 4×4 矩阵，我们将得到相同的物理结果。尤其是，我们可以通过幺正变换来互相交换 4 个矩阵的角色，所以它们只是表面上不一样而已。

读者可以自行验证一下，这 7 个矩阵

$$
\boldsymbol{\gamma}_4 = \boldsymbol{\beta},\ \boldsymbol{\alpha}_1,\ \boldsymbol{\alpha}_2,\ \boldsymbol{\alpha}_3,\ \boldsymbol{\gamma}_1,\ \boldsymbol{\gamma}_2,\ \boldsymbol{\gamma}_3
$$

中的每一个矩阵的本征值都是 +1 或者 −1，它们是二重简并的。

方程也可以写为

$$E\psi = \hat{H}\psi \tag{34.17}$$

其中，哈密顿算符 $\hat{H}$ 可以写为

$$\hat{H} = mc^2\boldsymbol{\beta} + c\boldsymbol{\alpha}\times\boldsymbol{p} \tag{34.18}$$

对于旋量波函数

$$\psi = \begin{pmatrix} \psi_1 \\ \psi_2 \\ \psi_3 \\ \psi_4 \end{pmatrix}$$

它的不含时薛定谔方程的分量式可以写为

$$\begin{cases} E\psi_1 = mc^2\psi_1 + \dfrac{c\hbar}{\mathrm{i}}\left(\dfrac{\partial\psi_4}{\partial x} - \mathrm{i}\dfrac{\partial\psi_4}{\partial y} + \dfrac{\partial\psi_3}{\partial z}\right) \\ E\psi_2 = mc^2\psi_2 + \dfrac{c\hbar}{\mathrm{i}}\left(\dfrac{\partial\psi_3}{\partial x} + \mathrm{i}\dfrac{\partial\psi_3}{\partial y} - \dfrac{\partial\psi_4}{\partial z}\right) \\ E\psi_3 = -mc^2\psi_3 + \dfrac{c\hbar}{\mathrm{i}}\left(\dfrac{\partial\psi_2}{\partial x} - \mathrm{i}\dfrac{\partial\psi_2}{\partial y} + \dfrac{\partial\psi_1}{\partial z}\right) \\ E\psi_4 = -mc^2\psi_4 + \dfrac{c\hbar}{\mathrm{i}}\left(\dfrac{\partial\psi_1}{\partial x} + \mathrm{i}\dfrac{\partial\psi_1}{\partial y} - \dfrac{\partial\psi_2}{\partial z}\right) \end{cases} \tag{34.19}$$

利用代换

$$E \to \mathrm{i}\hbar\frac{\partial}{\partial t}$$

就可以得到含时薛定谔方程。

34.2 平面波解

自由电子的波函数解应该是平面波，我们可以取

$$\psi=\begin{pmatrix}u_1\\u_2\\u_3\\u_4\end{pmatrix}e^{\frac{i}{\hbar}\boldsymbol{p}\cdot\boldsymbol{x}} \tag{34.20}$$

其中，$\boldsymbol{p}$ 现在为一数值矢量，旋量分量 u_1，u_2，u_3，u_4 都是常数。

将波函数代入方程（34.19），两边除以相同的因子 $e^{\frac{i}{\hbar}\boldsymbol{p}\cdot\boldsymbol{x}}$，得到

$$\begin{cases}Eu_1=mc^2u_1+c\left(p_x-ip_y\right)u_4+cp_zu_3\\Eu_2=mc^2u_2+c\left(p_x+ip_y\right)u_3-cp_zu_4\\Eu_3=-mc^2u_3+c\left(p_x-ip_y\right)u_2+cp_zu_1\\Eu_4=-mc^2u_4+c\left(p_x+ip_y\right)u_1-cp_zu_2\end{cases} \tag{34.21}$$

这是关于 u_1，u_2，u_3，u_4 的线性齐次方程组，它只在系数行列式为 0 时有非零解。解得能量本征值 E 为

$$\begin{cases}E=+\sqrt{m^2c^4+c^2p^2}\\E=-\sqrt{m^2c^4+c^2p^2}\end{cases} \tag{34.22}$$

它们都是二重简并的，即一共有 4 个态。故对于每个动量 $\boldsymbol{p}$，能量本征值有二重简并为正能量的 $E=+\sqrt{m^2c^4+c^2p^2}$，也有二重简并为负能量的 $E=-\sqrt{m^2c^4+c^2p^2}$。

对于一组 4 个正交归一的旋量 u，当能量 $E=+\sqrt{m^2c^4+c^2p^2}=R$ 时，

旋量可以写为

$$\begin{cases} u^{(1)}=\sqrt{\dfrac{mc^2+R}{2R}}\begin{pmatrix} 1 \\ 0 \\ \dfrac{cp_z}{mc^2+R} \\ \dfrac{c\left(p_x+\mathrm{i}p_y\right)}{mc^2+R} \end{pmatrix} \\ \text{或} \\ u^{(2)}=\sqrt{\dfrac{mc^2+R}{2R}}\begin{pmatrix} 0 \\ 1 \\ \dfrac{c\left(p_x-\mathrm{i}p_y\right)}{mc^2+R} \\ \dfrac{-cp_z}{mc^2+R} \end{pmatrix} \end{cases} \tag{34.23}$$

当能量 $E=-\sqrt{m^2c^4+c^2p^2}=-R$ 时，旋量可以写为

$$\begin{cases} u^{(3)}=\sqrt{\dfrac{R-mc^2}{2R}}\begin{pmatrix} \dfrac{cp_z}{R-mc^2} \\ \dfrac{c\left(p_x+\mathrm{i}p_y\right)}{R-mc^2} \\ 1 \\ 0 \end{pmatrix} \\ \text{或} \\ u^{(4)}=\sqrt{\dfrac{R-mc^2}{2R}}\begin{pmatrix} \dfrac{c\left(p_x-\mathrm{i}p_y\right)}{R-mc^2} \\ \dfrac{-cp_z}{R-mc^2} \\ 0 \\ 1 \end{pmatrix} \end{cases} \tag{34.24}$$

我们发现：在非相对论极限 $|p|<mc$ 下，正能量解 u（1）和 u（2）的第 3 和第 4 分量非常小，负能量解 u（3）和 u（4）的第 1 和第 2 分量非常

小（为 $\frac{p}{mc}$ 的量级）。

34.3 正能级和负能级的意义

狄拉克利用泡利不相容原理，假设物理世界存在负能区域，且都已经被带有负能量的电子填满，它们是不可被观测的；我们将其称为“狄拉克海”，它代表了真空态。由于负能区域已经被电子填满了，所以根据泡利不相容原理，正能量的电子无法再进入负能态的区域。但是一个能量比较高的光子可以和“狄拉克海”中的电子发生相互作用，使电子吸收能量并激发到正能区域，这时我们就可以观测到这个电子了；同时在“狄拉克海”中电子原来的位置上留下一个“空穴”，它的电荷和电子相反，即带有正电荷，其他性质和电子一模一样。这个空穴态在这个位置上的动量和能量分别为 $-\boldsymbol{p}$ 和 $E>0$，如图 36 中箭头所指处即为一个空穴，原先的电子被激发到正能区。此时的波函数为

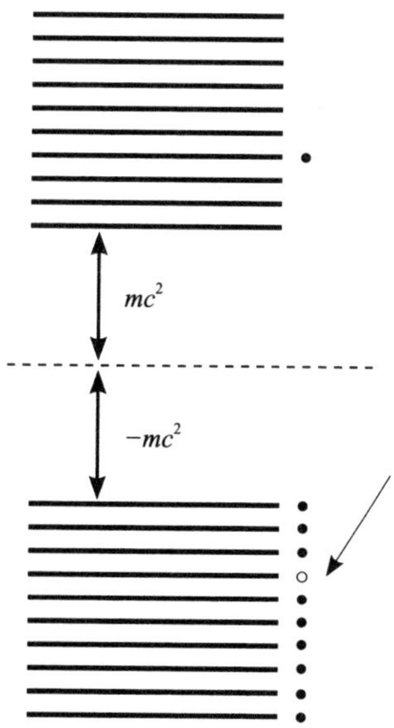

图 36　“狄拉克海”中的“空穴”

$$\begin{cases} u^{(1)}e^{\frac{i}{\hbar}\boldsymbol{p}\cdot\boldsymbol{x}} \\ u^{(2)}e^{\frac{i}{\hbar}\boldsymbol{p}\cdot\boldsymbol{x}} \end{cases} \tag{34.25}$$

它们表示电子的状态（分别是自旋向上和自旋向下），其动量为$\boldsymbol{p}$，能量为$E=+\sqrt{m^2c^4+c^2p^2}$。空穴（正电子）的波函数为

$$\begin{cases} u^{(3)}\mathrm{e}^{\frac{\mathrm{i}}{\hbar}\boldsymbol{p}\cdot\boldsymbol{x}} \\ u^{(4)}\mathrm{e}^{\frac{\mathrm{i}}{\hbar}\boldsymbol{p}\cdot\boldsymbol{x}} \end{cases} \tag{34.26}$$

其动量为$-\boldsymbol{p}$，能量为$E=+\sqrt{m^2c^4+c^2p^2}$，自旋分别向上和向下。

若给定波函数

$$\psi=u\mathrm{e}^{\frac{\mathrm{i}}{\hbar}\boldsymbol{p}\cdot\boldsymbol{x}}$$

其中，u为四分量的旋量。我们现在引入两个非常重要的算符$\hat{\mathcal{P}}$和$\hat{\mathcal{N}}$，它们可以使$\hat{\mathcal{P}}\psi$只包含电子的波函数，而$\hat{\mathcal{N}}\psi$只包含正电子（空穴）的负能量波函数。我们称$\hat{\mathcal{P}}$和$\hat{\mathcal{N}}$为“旋量投影算符”，它们由下式定义

$$\begin{cases} \hat{\mathcal{P}}u^{(1)}=u^{(1)}\,,\hat{\mathcal{P}}u^{(2)}=u^{(2)}\,,\hat{\mathcal{P}}u^{(3)}=0\,,\hat{\mathcal{P}}u^{(4)}=0 & (34.27) \\ \hat{\mathcal{N}}u^{(1)}=0\,,\hat{\mathcal{N}}u^{(2)}=0\,,\hat{\mathcal{N}}u^{(3)}=u^{(3)}\,,\hat{\mathcal{N}}u^{(4)}=u^{(4)} & (34.28) \end{cases}$$

这些性质唯一定义了算符$\hat{\mathcal{P}}$和$\hat{\mathcal{N}}$。

容易发现

$$\begin{cases} \hat{H}u^{(1)}=Ru^{(1)} \\ \hat{H}u^{(2)}=Ru^{(2)} \\ \hat{H}u^{(3)}=-Ru^{(3)} \\ \hat{H}u^{(4)}=-Ru^{(4)} \end{cases}$$

其中

$$R=+\sqrt{m^2c^4+c^2\boldsymbol{p}^2}$$

这里的 $\boldsymbol{p}$ 是一个常数矢量，即所有的分量都是常数。同时由哈密顿算符，可以得到

$$\begin{cases} \hat{\mathcal{P}} = \dfrac{1}{2} + \dfrac{1}{2R}\hat{H} \\ \hat{\mathcal{N}} = \dfrac{1}{2} - \dfrac{1}{2R}\hat{H} \end{cases} \tag{34.29}$$

34.4 电子的角动量

由哈密顿算符可以得到

$$\left[\hat{H}, \hat{x}\hat{p}_y - \hat{y}\hat{p}_x\right] = \frac{\hbar c}{\mathrm{i}}\left(\hat{\boldsymbol{\alpha}}_1 \hat{p}_y - \hat{\boldsymbol{\alpha}}_2 \hat{p}_x\right) \neq 0 \tag{34.30}$$

因此，对自由狄拉克电子来说，$\hat{x}\hat{p}_y - \hat{y}\hat{p}_x$ 并不是时间平移不变量。然而我们知道物理量

$$\hat{x}\hat{p}_y - y\hat{p}_x + \frac{1}{2}\frac{\hbar}{\mathrm{i}}\hat{\boldsymbol{\alpha}}_1\boldsymbol{\alpha}_2 = \hbar\hat{J}_z \tag{34.31}$$

与哈密顿算符 $\hat{H}$ 是对易的。因此我们把 $\hbar\hat{J}_z$ 解释为角动量的 z 方向分量。于是得到

$$\hbar\boldsymbol{J} = \boldsymbol{x} \times \boldsymbol{p} + \frac{\hbar}{2\mathrm{i}}\begin{pmatrix} \boldsymbol{\alpha}_2\boldsymbol{\alpha}_3 \\ \boldsymbol{\alpha}_3\boldsymbol{\alpha}_1 \\ \boldsymbol{\alpha}_1\boldsymbol{\alpha}_2 \end{pmatrix} = \boldsymbol{x} \times \boldsymbol{p} + \frac{\hbar}{2}\boldsymbol{\sigma}' \tag{34.32}$$

其中，$\boldsymbol{x} \times \boldsymbol{p}$ 表示轨道部分，$\dfrac{\hbar}{2\mathrm{i}}\begin{pmatrix} \boldsymbol{\alpha}_2\boldsymbol{\alpha}_3 \\ \boldsymbol{\alpha}_3\boldsymbol{\alpha}_1 \\ \boldsymbol{\alpha}_1\boldsymbol{\alpha}_2 \end{pmatrix}$ 表示自旋部分。且我们有

$$\begin{cases} \hat{\sigma}'_x = \dfrac{1}{\mathrm{i}}\boldsymbol{\alpha}_2\boldsymbol{\alpha}_3 = \begin{pmatrix} 0 & 1 & 0 & 0 \\ 1 & 0 & 0 & 0 \\ 0 & 0 & 0 & 1 \\ 0 & 0 & 1 & 0 \end{pmatrix} \\ \hat{\sigma}'_y = \dfrac{1}{\mathrm{i}}\boldsymbol{\alpha}_3\boldsymbol{\alpha}_1 = \begin{pmatrix} 0 & -\mathrm{i} & 0 & 0 \\ \mathrm{i} & 0 & 0 & 0 \\ 0 & 0 & 0 & -\mathrm{i} \\ 0 & 0 & \mathrm{i} & 0 \end{pmatrix} \\ \hat{\sigma}'_z = \dfrac{1}{\mathrm{i}}\boldsymbol{\alpha}_1\boldsymbol{\alpha}_2 = \begin{pmatrix} 1 & 0 & 0 & 0 \\ 0 & -1 & 0 & 0 \\ 0 & 0 & 1 & 0 \\ 0 & 0 & 0 & -1 \end{pmatrix} \end{cases} \tag{34.33}$$

可以发现，此矩阵 $\hat{\sigma}'$ 和泡利矩阵 $\hat{\sigma}$ 非常相似。

35　电磁场中的狄拉克电子

首先引入一些记号：

表示矢势：$\boldsymbol{A} \equiv (A_1, A_2, A_3)$

表示标量势：$\varphi = \frac{1}{\mathrm{i}} A_4$

表示四维矢势：$\boldsymbol{A}_\mu \equiv (A_1, A_2, A_3, A_4)$

表示电磁场的反对称张量：$F_{ik} = \frac{\partial A_k}{\partial x_i} - \frac{\partial A_i}{\partial x_k}$

表示磁感性强度：$(F_{12}, F_{23}, F_{31}) \equiv \boldsymbol{B}$

表示电场强度：$\frac{1}{\mathrm{i}}(F_{41}, F_{42}, F_{43}) \equiv \boldsymbol{E}$

下面我们介绍狄拉克方程中电磁场的效应。要引入电磁场，由式（34.11）或（34.17）和（34.18），我们知道只需做代换

$$\begin{cases} \boldsymbol{p} \to \boldsymbol{p} - \dfrac{e}{c}\boldsymbol{A} \\ E \to E - e\varphi \end{cases} \tag{35.1}$$

或等价的

$$\begin{cases} \boldsymbol{p}_\mu \to \boldsymbol{p}_\mu - \dfrac{e}{c}\boldsymbol{A}_\mu \\ \dfrac{\partial}{\partial x_l} \to \dfrac{\partial}{\partial x_l} - \dfrac{\mathrm{i}e}{\hbar c}\boldsymbol{A}_l,\ l=1,\ 2,\ 3,\ 4 \\ \nabla_\mu \to \nabla_\mu - \dfrac{\mathrm{i}e}{\hbar c}\boldsymbol{A}_\mu \end{cases} \tag{35.2}$$

由此我们可以得到很多等价的方程

$$\mathrm{i}mc\psi = \boldsymbol{\gamma}^\mu \cdot \left(\boldsymbol{p}_\mu - \frac{e}{c}\boldsymbol{A}_\mu\right)\psi \tag{35.3}$$

或

$$\left(\frac{mc}{\hbar} + \boldsymbol{\gamma}^\mu \cdot \nabla_\mu - \frac{\mathrm{i}e}{\hbar c}\boldsymbol{A}_\mu \cdot \boldsymbol{\gamma}^\mu\right)\psi = 0 \tag{35.4}$$

或

$$E\psi = \hat{H}\psi \tag{35.5}$$

其中，哈密顿量为

$$\hat{H} = +e\varphi - e\boldsymbol{A} \cdot \boldsymbol{\alpha} + mc^2\beta + c\boldsymbol{\alpha} \cdot \boldsymbol{p} \tag{35.6}$$

方程（35.5）等价于类似（34.19）的 4 个方程组

$$\begin{cases} \left(E - e\varphi - mc^2\right)\psi_1 = \dfrac{c\hbar}{\mathrm{i}}\left(\dfrac{\partial\psi_4}{\partial x} - \mathrm{i}\dfrac{\partial\psi_4}{\partial y} + \dfrac{\partial\psi_3}{\partial z}\right) - e\left[\left(A_x - \mathrm{i}A_y\right)\psi_4 + A_z\psi_3\right] \\ \left(E - e\varphi - mc^2\right)\psi_2 = \dfrac{c\hbar}{\mathrm{i}}\left(\dfrac{\partial\psi_3}{\partial x} + \mathrm{i}\dfrac{\partial\psi_3}{\partial y} - \dfrac{\partial\psi_4}{\partial z}\right) - e\left[\left(A_x + \mathrm{i}A_y\right)\psi_3 - A_z\psi_4\right] \\ \left(E - e\varphi - mc^2\right)\psi_3 = \dfrac{c\hbar}{\mathrm{i}}\left(\dfrac{\partial\psi_2}{\partial x} - \mathrm{i}\dfrac{\partial\psi_2}{\partial y} + \dfrac{\partial\psi_1}{\partial z}\right) - e\left[\left(A_x - \mathrm{i}A_y\right)\psi_2 + A_z\psi_1\right] \\ \left(E - e\varphi - mc^2\right)\psi_4 = \dfrac{c\hbar}{\mathrm{i}}\left(\dfrac{\partial\psi_1}{\partial x} + \mathrm{i}\dfrac{\partial\psi_1}{\partial y} - \dfrac{\partial\psi_2}{\partial z}\right) - e\left[\left(A_x + \mathrm{i}A_y\right)\psi_1 - A_z\psi_2\right] \end{cases} \tag{35.7}$$

下面介绍二分量变量。引入

$$\begin{cases} u=\begin{pmatrix}\psi_1\\ \psi_2\end{pmatrix} \\ v=\begin{pmatrix}\psi_3\\ \psi_4\end{pmatrix}\end{cases} \tag{35.8}$$

且由泡利算符

$$\hat{\boldsymbol{\sigma}}=\left(\sigma_x,\sigma_y,\sigma_z\right)$$

方程（35.7）变为

$$\begin{cases} \dfrac{\mathrm{i}}{c\hbar}\left(E-mc^2-e\varphi\right)u=\boldsymbol{\sigma}\cdot\left(\nabla-\dfrac{\mathrm{i}e}{c\hbar}\boldsymbol{A}\right)v \\ \dfrac{\mathrm{i}}{c\hbar}\left(E+mc^2-e\varphi\right)v=\boldsymbol{\sigma}\cdot\left(\nabla-\dfrac{\mathrm{i}e}{c\hbar}\boldsymbol{A}\right)u \end{cases} \tag{35.9}$$

$$\begin{cases} \dfrac{1}{c}\left(E-mc^2-e\varphi\right)u=\boldsymbol{\sigma}\cdot\left(\boldsymbol{p}-\dfrac{e}{c}\boldsymbol{A}\right)v \\ \dfrac{1}{c}\left(E+mc^2-e\varphi\right)v=\boldsymbol{\sigma}\cdot\left(\boldsymbol{p}-\dfrac{e}{c}\boldsymbol{A}\right)u \end{cases} \tag{35.10}$$

从方程（35.10）组中消去 v，并乘以 $\dfrac{1}{c}\left(E+mc^2-e\varphi\right)$ 后得到

$$\frac{1}{c^2}\left(E+mc^2-e\varphi\right)\left(E-mc^2-e\varphi\right)u=\frac{1}{c^2}\left[\left(E-e\varphi\right)^2-m^2c^4\right]u$$

$$=\frac{1}{c}\left(E+mc^2-e\varphi\right)\boldsymbol{\sigma}\left(\boldsymbol{p}-\frac{e}{c}\boldsymbol{A}\right)v$$

$$=\left\{\left(\boldsymbol{\sigma}\cdot\boldsymbol{p}-\frac{e}{c}\boldsymbol{A}\right)\frac{E+mc^2-e\varphi}{c}-\frac{e}{c^2}\boldsymbol{\sigma}\cdot\left[E,\boldsymbol{A}\right]-\frac{e}{c}\boldsymbol{\sigma}\left[\varphi\ \ \boldsymbol{p}\right]\right\}v$$

$$=\left(\boldsymbol{\sigma}\cdot\boldsymbol{p}-\frac{e}{c}\boldsymbol{A}\right)^2u+\left(\frac{e\hbar}{\mathrm{i}c^2}\boldsymbol{\sigma}\cdot\frac{\partial\boldsymbol{A}}{\partial t}+\frac{e\hbar}{\mathrm{i}c}\boldsymbol{\sigma}\cdot\nabla\varphi\right)v$$

$$=\left(\boldsymbol{p}-\frac{e}{c}\boldsymbol{A}\right)^2u+\mathrm{i}\boldsymbol{\sigma}\cdot\left[\left(\boldsymbol{p}-\frac{e}{c}\boldsymbol{A}\right)\times\left(\boldsymbol{p}-\frac{e}{c}\boldsymbol{A}\right)\right]u-\frac{e\hbar}{\mathrm{i}c}\left(\boldsymbol{\sigma}\cdot\boldsymbol{\mathcal{E}}\right)v$$

其中，$\boldsymbol{\mathcal{E}}$ 为电场强度，其满足

$$\boldsymbol{\mathcal{E}}=-\nabla\varphi-\frac{1}{c}\frac{\partial A}{\partial t}$$

单独计算中间的矢量乘积，可得

$$\begin{aligned}\left(\boldsymbol{p}-\frac{e}{c}\boldsymbol{A}\right)\times\left(\boldsymbol{p}-\frac{e}{c}\boldsymbol{A}\right)&=-\frac{e}{c}(\boldsymbol{p}\times\boldsymbol{A}+\boldsymbol{A}\times\boldsymbol{p})\\&=-\frac{e}{c}\frac{\hbar}{\mathrm{i}}\nabla\times\boldsymbol{A}\\&=-\frac{e\hbar}{\mathrm{i}c}B\end{aligned}$$

将其代入后得到

$$\left[\frac{(E-e\varphi)^2}{c^2}-m^2c^2-\left(\boldsymbol{p}-\frac{e}{c}\boldsymbol{A}\right)^2\right]u=-\frac{e\hbar}{c}\boldsymbol{B}\cdot\boldsymbol{\sigma}u-\frac{e\hbar}{\mathrm{i}c}(\boldsymbol{\sigma}\cdot\boldsymbol{\mathcal{E}})v$$

（35.11）

其中，$\boldsymbol{B}=\nabla\times\boldsymbol{A}$ 为磁感应强度。若方程只有等式的左半部分，则我们会得到克莱因 - 戈登方程。等式右边为想求的修正项。忽略 $1/c^3$ 以上的高阶项，能量可以近似写为

$$E=mc^2+w \tag{35.12}$$

然后由方程组的第 2 式，取最低阶的近似，得到

$$v\approx\frac{1}{2mc}\boldsymbol{\sigma}\cdot\boldsymbol{p}u \tag{35.13}$$

这个近似对于方程（35.11）的右边来说已经足够精确了，因为它给出的结果为 $1/c^2$ 的数量级。利用

$$(\boldsymbol{\sigma}\cdot\boldsymbol{\mathcal{E}})(\boldsymbol{\sigma}\cdot\boldsymbol{p})=\boldsymbol{\mathcal{E}}\cdot\boldsymbol{p}+\mathrm{i}\boldsymbol{\sigma}\cdot\boldsymbol{\mathcal{E}}\times\boldsymbol{p}$$

最终方程（35.11）变为

$$wu = \hat{\mathcal{H}}u \tag{35.14}$$

其中

$$\begin{aligned}\hat{\mathcal{H}} = &\frac{1}{2m}\left(\boldsymbol{p}-\frac{e}{c}\boldsymbol{A}\right)^2 + e\varphi - \frac{1}{8m^3c^2}\left(\boldsymbol{p}-\frac{e}{c}\boldsymbol{A}\right)^4 \\ &-\frac{e\hbar}{4\mathrm{i}m^2c^2}\boldsymbol{\mathcal{E}}\cdot\boldsymbol{p} - \frac{e\hbar}{4m^2c^2}\boldsymbol{\sigma}\cdot\boldsymbol{\mathcal{E}}\times\boldsymbol{p} - \frac{e\hbar}{2mc}\boldsymbol{B}\cdot\boldsymbol{\sigma}\end{aligned} \tag{35.15}$$

式（35.15）前 2 项是电磁场中带电粒子的经典的哈密顿算符。接下来的 2 项是与自旋无关的相对论修正项。我们真正感兴趣的是最后 2 项

$$-\frac{e\hbar}{2mc}\boldsymbol{\sigma}\cdot\boldsymbol{B} \tag{35.16}$$

这一项是电子自旋磁矩

$$\frac{e\hbar}{2mc}\boldsymbol{\sigma} = \mu_0\boldsymbol{\sigma}$$

在外磁场 B 中的相互作用能。

$$-\frac{e\hbar}{4m^2c^2}\boldsymbol{\sigma}\cdot\boldsymbol{\mathcal{E}}\times\boldsymbol{p} \tag{35.17}$$

这一项为电子自旋磁矩 $\mu_0\boldsymbol{\sigma}$ 与有效磁场

$$\boldsymbol{B} = \boldsymbol{\mathcal{E}}\times\frac{\boldsymbol{v}}{c} \approx \frac{1}{mc}\boldsymbol{\mathcal{E}}\times\boldsymbol{p}$$

的相互作用能，这里已经将它除以 2 了（托马斯修正，可参考第 26 讲）。

36 中心力场中的狄拉克电子——类氢原子

之前讲过的内容可以用来描述这里的电场。假设

$$\begin{cases}\varphi=\varphi(r)\\ \boldsymbol{A}=0\end{cases}\tag{36.1}$$

此处使用球坐标。通过式（35.6）我们知道，系统的哈密顿算符为

$$\hat{H}=-e\varphi(r)+mc^2\beta+c\boldsymbol{\alpha}\cdot\boldsymbol{p}\tag{36.2}$$

因为电子带电量为 $-e$，所以前面有一个负号。

通过方程组（35.10）可知

$$\begin{cases}\dfrac{1}{c}\left(E-mc^2+e\varphi\right)u=\boldsymbol{\sigma}\cdot\boldsymbol{p}v\\ \dfrac{1}{c}\left(E+mc^2+e\varphi\right)v=\boldsymbol{\sigma}\cdot\boldsymbol{p}u\end{cases}\tag{36.3}$$

上式前面没有负号也是因为电子带负电。由角动量的表达式（34.32）可知

$$\hbar\hat{\boldsymbol{J}}=\hat{\boldsymbol{x}}\cdot\hat{\boldsymbol{p}}+\frac{\hbar}{2}\hat{\boldsymbol{\sigma}}'\tag{36.4}$$

它和哈密顿算符 $\hat{H}$ 是对易的。取

$$\begin{cases}\boldsymbol{J}^2=j(j+1)\\ J_z=m,\ -j\leqslant m\leqslant j\end{cases}\tag{36.5}$$

可以对角化的表象。我们发现$\boldsymbol{\sigma}'$有着和$\boldsymbol{\sigma}$相同的对易关系

$$\begin{cases}\sigma_x'^2=\sigma_y'^2=\sigma_z'^2=1\\ \boldsymbol{\sigma}'\cdot\boldsymbol{\sigma}'=2\mathrm{i}\boldsymbol{\sigma}'\end{cases}\tag{36.6}$$

由表达式（36.4）和（36.5）可知，l和l_z允许的本征值有

$$\begin{cases}l=j\pm\dfrac{1}{2}\\ l_z=m\pm\dfrac{1}{2}\end{cases}\tag{36.7}$$

由方程（36.3）可以推出：旋量u和旋量v有着相反的宇称（因为$\boldsymbol{\sigma}\cdot\boldsymbol{p}$是一个赝标量）。由此性质，我们发现如第26讲所说，得到两类解。

36.1 第一类解

当$l=j-\dfrac{1}{2}$时，波函数的狄拉克分量分别为

$$u=\frac{R(r)}{\sqrt{2j}}\begin{pmatrix}\sqrt{j+m}\,Y_{j-\frac{1}{2},\ m-\frac{1}{2}}\\ \sqrt{j-m}\,Y_{j-\frac{1}{2},\ m+\frac{1}{2}}\end{pmatrix}=R(r)Z_{j,\ j-\frac{1}{2},\ m}\tag{36.8}$$

第1行为狄拉克第1分量，第2行为狄拉克第2分量。

$$v=\frac{\mathrm{i}S(r)}{\sqrt{2(j+1)}}\begin{pmatrix}+\sqrt{j+1-m}\,Y_{j+\frac{1}{2},\ m-\frac{1}{2}}\\ -\sqrt{j+1+m}\,Y_{j+\frac{1}{2},\ m+\frac{1}{2}}\end{pmatrix}=\mathrm{i}S(r)Z_{j,\ j+\frac{1}{2},\ m}\tag{36.9}$$

第1行为狄拉克第3分量，第2行为狄拉克第4分量。其中，$Z_{j,\,j\pm\frac{1}{2},\,m}$是一个二分量的函数，它们在求解带有自旋的问题时扮演着球谐函数的

角色。它们满足

$$l = j \pm \frac{1}{2}$$

故

$$(\boldsymbol{\sigma} \cdot \boldsymbol{x})\left[f(r) Z_{j,\, j\pm\frac{1}{2}\ m}\right] = r f(r) Z_{j\ j\mp\frac{1}{2}\ m} \tag{36.10}$$

$$(\boldsymbol{\sigma} \cdot \boldsymbol{p})\left[f(r) Z_{j,\, j\pm\frac{1}{2}\ m}\right] = \frac{\hbar}{i}\left[f'(r) + \left(1 \pm j \pm \frac{1}{2}\right)\frac{f}{r}\right] Z_{j\ j\mp\frac{1}{2}\ m} \tag{36.11}$$

将解（36.8）和（36.9）代入波动方程（36.3），得到

$$\begin{cases} \dfrac{1}{\hbar c}\left(E - mc^2 + e\varphi\right) R(r) = S'(r) + \left(j + \dfrac{3}{2}\right)\dfrac{S(r)}{r} \\ \dfrac{1}{\hbar c}\left(E + mc^2 + e\varphi\right) S(r) = -R'(r) + \left(j - \dfrac{1}{2}\right)\dfrac{R(r)}{r} \end{cases} \tag{36.12}$$

所得到的这两个一阶方程（36.12）和单独的二阶非相对论情况下的径向方程是等价的。在这个解的情况下，由于 $l = j - \frac{1}{2}$，故在非相对论极限下，函数 $R(r)$ 很大而函数 $S(r)$ 很小。

另一种类型的解满足 $l = j + \frac{1}{2}$。这种情况我们只需要替换之前的解（36.8），（36.9）和（36.12）即可。

36.2 第二类解

当 $l = j + \frac{1}{2}$ 时，这个情况的解为

$$\begin{cases} u = R(r) Z_{j,\ j+\frac{1}{2},\ m} \\ v = -\mathrm{i} S(r) Z_{j,\ j-\frac{1}{2},\ m} \end{cases} \tag{36.13}$$

此时的耦合径向方程的解不再是式（36.12），而变成

$$\begin{cases} \dfrac{E - mc^2 + e\varphi}{\hbar c} R(r) = -S'(r) + \left(j - \dfrac{1}{2} \right) \dfrac{S(r)}{r} \\ \dfrac{E + mc^2 + e\varphi}{\hbar c} S(r) = R'(r) + \left(j + \dfrac{3}{2} \right) \dfrac{R(r)}{r} \end{cases} \tag{36.14}$$

对于势能为库仑势的情况，此时势能可以写为

$$e\varphi = \frac{Ze^2}{r}$$

式（36.12）和（36.14）是可以严格求解的。

举个例子：考虑类氢原子的基态。

类氢原子基态的量子数为 $j = \dfrac{1}{2}$，$l = 0$，故使用第一类解（36.8），（36.9）和（36.12）。此时可以写为

$$\begin{cases} \left(\mathcal{E} - \mu + \dfrac{Z}{r} \right) R(r) = S'(r) + \dfrac{2}{r} S(r) \\ \left(\mathcal{E} + \mu + \dfrac{Z}{r} \right) S(r) = -R'(r) \end{cases} \tag{36.15}$$

其中

$$\begin{cases} \mathcal{E} = \dfrac{E}{\hbar c} \\ \mu = \dfrac{mc}{\hbar} \\ z = \dfrac{Ze^2}{\hbar c} = \dfrac{Z}{137} \end{cases} \tag{36.16}$$

取方程的试探解为

$$R(r) = r^{\gamma} e^{-\lambda r}$$

将其代入式（36.15）后，解得

$$\begin{cases} \gamma = -1 + \sqrt{1 - z^2} \\ \lambda = z\mu = Z\dfrac{em}{\hbar^2} \\ \dfrac{S(r)}{R(r)} = \dfrac{1 - \sqrt{1 - z^2}}{z} = C \end{cases} \tag{36.17}$$

进而推出

$$\begin{cases} \mathcal{E} = \mu\sqrt{1 - z^2} \\ \text{或} \\ E = mc^2\sqrt{1 - \left(\dfrac{Ze^2}{\hbar c}\right)^2} \\ \quad = mc^2 - \dfrac{Z^2 e^4 m}{2\hbar^2} - \dfrac{Z^4 e^8}{8\hbar^4 c^2} + \cdots \end{cases} \tag{36.18}$$

第 1 项为静能项，第 2 项为非相对论基态能量，第 3 项及以后的项为相对论的修正项。

归一化后，方程的解为

$$\begin{cases} R(r) = (2z\mu)^{\sqrt{1-z^2}} \sqrt{\dfrac{z\mu\left(1 + \sqrt{1 - z^2}\right)}{\left(2\sqrt{1 - z^2}\right)!}} \cdot r^{-1+\sqrt{1-z^2}} \mathrm{e}^{-z\mu r} \\ S(r) = \dfrac{1 - \sqrt{1 - z^2}}{z} R(r) \end{cases} \tag{36.19}$$

将其代入式（36.8）和（36.9），并取 $j = \dfrac{1}{2}$，$m = \pm\dfrac{1}{2}$，就可以得到 2 个归一化的基态解，它们分别对应于自旋向上和自旋向下。

37 狄拉克旋量变换

37.1 狄拉克方程的变换规律

现在我们考虑变换参考系时，狄拉克方程的变换规律。我们首先回忆之前写的狄拉克方程

$$\left(\frac{mc}{\hbar}+\gamma_{\mu}\cdot\nabla_{\mu}-\frac{\mathrm{i}e}{\hbar c}\boldsymbol{A}_{\mu}\cdot\gamma_{\mu}\right)\boldsymbol{\psi}=0 \tag{37.1}$$

该方程的形式和坐标系的选择无关，故在新的坐标系中，只需做代换

$$x_{\mu}\rightarrow x'_{\mu}=a_{\mu\nu}x_{\nu} \tag{37.2}$$

$$\boldsymbol{\psi}\rightarrow\boldsymbol{\psi}'=\boldsymbol{T}\boldsymbol{\psi} \tag{37.3}$$

$$\begin{cases}\nabla_{\mu}\rightarrow\nabla'_{\mu}=a_{\mu\nu}\nabla_{\nu}\\ \boldsymbol{A}_{\mu}\rightarrow\boldsymbol{A}'_{\mu}=a_{\mu\nu}\boldsymbol{A}_{\nu}\end{cases} \tag{37.4}$$

其中使用了爱因斯坦求和规则，即对相同的指标进行求和。$a_{\mu\nu}$ 是正交矩阵，$\boldsymbol{T}$ 是一个 4×4 的类狄拉克矩阵。

在新的坐标系下，$\boldsymbol{\psi}'$，∇'，$\boldsymbol{A}'$ 满足相同的方程，故

$$\left(\frac{mc}{\hbar}+\gamma_{\mu}\cdot\nabla'_{\mu}\right)\boldsymbol{\psi}'=0$$

为了简洁，我们此处略去了 $\boldsymbol{A}$。代入变换的逆变换 $\boldsymbol{\psi}'=\boldsymbol{T}\boldsymbol{\psi}$，利用式（37.4）

□ 索尔维会议

1927年，第五届索尔维会议在比利时布鲁塞尔召开。会议中阿尔伯特·爱因斯坦（第1排左起第5个）与尼尔斯·玻尔（第2排右起第1个）关于当时关键性的物理学疑难问题，例如量子力学和相对论的矛盾、薛定谔方程、不确定性原理等，展开了一场精彩绝伦的学术辩论，故这次索尔维会议被冠之以“最著名”的称号。图中29位合影者有17位都是诺贝尔奖得主。

并左乘 $\boldsymbol{T}$，得到

$$\left(\frac{mc}{\hbar}+\boldsymbol{T}\boldsymbol{\gamma}_{\mu}\boldsymbol{T}^{-1}\cdot a_{\mu\nu}\nabla_{\nu}\right)\boldsymbol{\psi}=0$$

这个必须和没有 A 项的式（37.1）相等。这意味着

$$\boldsymbol{T}\boldsymbol{\gamma}_{\mu}\boldsymbol{T}^{-1}=a_{\mu\nu}\boldsymbol{\gamma}_{\nu} \tag{37.5}$$

考虑一个无穷小变换

$$a_{\mu\nu}=\delta_{\mu\nu}+\varepsilon_{\mu\nu} \tag{37.6}$$

忽略 ε 的高阶项。由正交性要求

$$a_{\mu\nu}a_{\mu\lambda}=\delta_{\nu\lambda}$$

代入无穷小变换，得到

$$\begin{cases}\varepsilon_{\mu\nu}=-\varepsilon_{\nu\mu}\\ \varepsilon_{\nu\nu}=0\end{cases} \tag{37.7}$$

由于物理世界的要求，x，y，z，t 都必须为实数，故 ε_{nm} 也必须为实数，$\varepsilon_{4n}=-\varepsilon_{n4}$ 应该为纯虚数，其中 $n=1$，2，3，$m=1$，2，3。

假设 $\boldsymbol{T}$ 矩阵和单位矩阵 $\boldsymbol{I}$ 的差别在 ε 量级，则

$$\boldsymbol{T}=\boldsymbol{I}+\boldsymbol{S} \tag{37.8}$$

其中，$\boldsymbol{S}$ 为一个 ε 量级的量。于是可以得到

$$\boldsymbol{T}^{-1}=\boldsymbol{I}-\boldsymbol{S} \tag{37.9}$$

且由变换（37.5）可以推出

$$\boldsymbol{S}\boldsymbol{\gamma}_{\mu}-\boldsymbol{\gamma}_{\mu}\boldsymbol{S}=\varepsilon_{\mu\nu}\boldsymbol{\gamma}_{\nu} \tag{37.10}$$

当

$$\boldsymbol{S}=-\frac{1}{4}\varepsilon_{\mu\nu}\boldsymbol{\gamma}_{\mu}\boldsymbol{\gamma}_{\nu} \tag{37.11}$$

时，条件是满足的。因此

$$\boldsymbol{T}=1-\frac{1}{4}\sum_{\mu\nu}\varepsilon_{\mu\nu}\boldsymbol{\gamma}_{\mu}\boldsymbol{\gamma}_{\nu} \tag{37.12}$$

相对论中的洛伦兹群就是由坐标的无穷小变换和旋量变换的联合变换得到的。

举个例子，绕着 z 轴的无穷小转动为

$$\begin{cases}x_1'=x_1-\varepsilon x_2\\ x_2'=x_2+\varepsilon x_1\\ x_3'=x_3\\ x_4'=x_4\end{cases}$$

或者可以写为

$$\begin{cases}\varepsilon_{12}=-\varepsilon\\ \varepsilon_{21}=\varepsilon\end{cases}$$

其他的分量都是 0。变换矩阵 $\boldsymbol{T}$ 可以写为

$$\boldsymbol{T}_{\varepsilon}=1+\frac{\varepsilon}{2}\gamma_1\gamma_2$$

$$=\begin{pmatrix}1+\frac{\mathrm{i}}{2}\varepsilon & 0 & 0 & 0\\ 0 & 1-\frac{\mathrm{i}}{2}\varepsilon & 0 & 0\\ 0 & 0 & 1+\frac{\mathrm{i}}{2}\varepsilon & 0\\ 0 & 0 & 0 & 1-\frac{\mathrm{i}}{2}\varepsilon\end{pmatrix} \tag{37.13}$$

若绕 z 轴做有限大小的转动 φ，取 $\boldsymbol{T}_{\varepsilon}^{\varphi/\varepsilon}=\boldsymbol{T}_{\varphi}$，得到

$$\boldsymbol{T}_{\varphi}=\begin{pmatrix}\mathrm{e}^{\frac{\mathrm{i}\varphi}{2}} & 0 & 0 & 0\\ 0 & \mathrm{e}^{-\frac{\mathrm{i}\varphi}{2}} & 0 & 0\\ 0 & 0 & \mathrm{e}^{\frac{\mathrm{i}\varphi}{2}} & 0\\ 0 & 0 & 0 & \mathrm{e}^{-\frac{\mathrm{i}\varphi}{2}}\end{pmatrix} \tag{37.14}$$

此时旋量 ψ 的变换函数为

$$\begin{cases}\boldsymbol{\psi}_1'=\mathrm{e}^{\frac{\mathrm{i}\varphi}{2}}\boldsymbol{\psi}_1\\ \boldsymbol{\psi}_2'=\mathrm{e}^{-\frac{\mathrm{i}\varphi}{2}}\boldsymbol{\psi}_2\\ \boldsymbol{\psi}_3'=\mathrm{e}^{\frac{\mathrm{i}\varphi}{2}}\boldsymbol{\psi}_3\\ \boldsymbol{\psi}_4'=\mathrm{e}^{-\frac{\mathrm{i}\varphi}{2}}\boldsymbol{\psi}_4\end{cases} \tag{37.15}$$

可以发现，当$\varphi=2\pi$时，$\boldsymbol{\psi}'=-\boldsymbol{\psi}$（读者可以思考一下这个等式的意义）。

例如：

对于无穷小的洛伦兹变换

$$\begin{cases} x_1'=x_1-\varepsilon tc=x_1+\mathrm{i}\varepsilon x_4 \\ x_2'=x_2 \\ x_3'=x_3 \\ x_4'=x_4-\mathrm{i}\varepsilon x_1 \end{cases} \tag{37.16}$$

变换矩阵为

$$\boldsymbol{T}_\varepsilon=1-\frac{\mathrm{i}\varepsilon}{2}\gamma_1\gamma_4=1+\frac{\varepsilon}{2}\alpha_1$$

$$=\begin{pmatrix} 1 & 0 & 0 & \frac{\varepsilon}{2} \\ 0 & 1 & \frac{\varepsilon}{2} & 0 \\ 0 & \frac{\varepsilon}{2} & 1 & 0 \\ \frac{\varepsilon}{2} & 0 & 0 & 1 \end{pmatrix} \tag{37.17}$$

于是得到有限大小的洛伦兹变换

$$\begin{cases} x_1'=\dfrac{x_1-\beta x_0}{\sqrt{1-\beta^2}} \\ x_0'=\dfrac{x_0-\beta x_1}{\sqrt{1-\beta^2}} \end{cases} \tag{37.18}$$

其中，$x_0=ct$。重复使用n次（37.17）（$n\to\infty$），得到

$$n=\frac{1}{\varepsilon}\operatorname{artanh}\beta$$

于是相关的变换为

$$
\begin{aligned}
\boldsymbol{T}_\beta = \boldsymbol{T}_\varepsilon^n &= \left(1+\frac{\varepsilon}{2}\alpha_1\right)^n \\
&= \mathrm{e}^{\frac{n\varepsilon}{2}\alpha_1}
\end{aligned}
$$

由于 $\alpha_1^2=1$，故

$$
\begin{aligned}
\boldsymbol{T}_\beta &= \cosh\frac{n\varepsilon}{2} + \alpha_1 \sinh\frac{n\varepsilon}{2} \\
&= \cosh\left(\frac{1}{2}\operatorname{artanh}\beta\right) + \alpha_1 \sinh\left(\frac{1}{2}\operatorname{artanh}\beta\right) \\
&= \sqrt{\frac{1+\sqrt{1-\beta^2}}{2\sqrt{1-\beta^2}}} + \alpha_1\sqrt{\frac{1-\sqrt{1-\beta^2}}{2\sqrt{1-\beta^2}}}
\end{aligned} \tag{37.19}
$$

37.2 空间反演变换

当作用空间反演变换后，变换遵循

$$
\begin{cases} x_n' = -x_n, \quad n=1,\ 2,\ 3 \\ x_4' = x_4 \end{cases} \tag{37.20}
$$

$$
\boldsymbol{\psi} \to \boldsymbol{\psi}' = \boldsymbol{T}_{\mathrm{ref}}\boldsymbol{\psi} \tag{37.21}
$$

由变换（37.5）我们知道

$$
\begin{cases} \boldsymbol{T}_{\mathrm{ref}}\boldsymbol{\gamma}_n\boldsymbol{T}_{\mathrm{ref}}^{-1} = -\boldsymbol{\gamma}_n \\ \boldsymbol{T}_{\mathrm{ref}}\boldsymbol{\gamma}_4\boldsymbol{T}_{\mathrm{ref}}^{-1} = \boldsymbol{\gamma}_4 \end{cases} \tag{37.22}
$$

只需要取

$$
\boldsymbol{T}_{\mathrm{ref}} = \boldsymbol{\gamma}_4 = \beta \tag{37.23}
$$

容易发现

$$\boldsymbol{T}_{\text{ref}} = \boldsymbol{T}_{\text{ref}}^{-1} = \boldsymbol{T}_{\text{ref}}^{\dagger} \tag{37.24}$$

若选择式（34.9）的 γ_4，得到

$$\begin{cases} \boldsymbol{\psi}_1' = \boldsymbol{\psi}_1 \\ \boldsymbol{\psi}_2' = \boldsymbol{\psi}_2 \\ \boldsymbol{\psi}_3' = -\boldsymbol{\psi}_3 \\ \boldsymbol{\psi}_4' = -\boldsymbol{\psi}_4 \end{cases} \tag{37.25}$$

故 $\boldsymbol{\psi}_1$，$\boldsymbol{\psi}_2$ 和 $\boldsymbol{\psi}_3$，$\boldsymbol{\psi}_4$ 在空间反演变换下有相反的宇称。故对于偶宇称的态来说

$$\begin{cases} \boldsymbol{\psi}_1(\boldsymbol{x}) = \boldsymbol{\psi}_1(-\boldsymbol{x}) \\ \boldsymbol{\psi}_2(\boldsymbol{x}) = \boldsymbol{\psi}_2(-\boldsymbol{x}) \\ \boldsymbol{\psi}_3(\boldsymbol{x}) = -\boldsymbol{\psi}_3(-\boldsymbol{x}) \\ \boldsymbol{\psi}_4(\boldsymbol{x}) = -\boldsymbol{\psi}_4(-\boldsymbol{x}) \end{cases} \tag{37.26}$$

对于奇宇称的态来说

$$\begin{cases} \boldsymbol{\psi}_1(\boldsymbol{x}) = -\boldsymbol{\psi}_1(-\boldsymbol{x}) \\ \boldsymbol{\psi}_2(\boldsymbol{x}) = -\boldsymbol{\psi}_2(-\boldsymbol{x}) \\ \boldsymbol{\psi}_3(\boldsymbol{x}) = \boldsymbol{\psi}_3(-\boldsymbol{x}) \\ \boldsymbol{\psi}_4(\boldsymbol{x}) = \boldsymbol{\psi}_4(-\boldsymbol{x}) \end{cases} \tag{37.27}$$

将其与表达式（36.9）和表达式（36.13）对比后可以发现：对于电子的态来说，l 的宇称和电子态的宇称是一样的；对于正电子，$\boldsymbol{\psi}_3$ 和 $\boldsymbol{\psi}_4$ 是主要的分量，故它的宇称和 l 的宇称是相反的。

性质

$$\boldsymbol{T}_{\text{ref}}\gamma_\mu\boldsymbol{T}_{\text{ref}}^{\dagger} = -\gamma_\mu,\ \ \mu = 1,\ 2,\ 3$$

$$\boldsymbol{T}_{\text{ref}}\gamma_\mu\boldsymbol{T}_{\text{ref}}^{\dagger} = \gamma_\mu\ ,\ \ \mu = 4$$

和

$$T_{\rm ref}\beta\gamma_\mu T_{\rm ref}^\dagger = -\beta\gamma_\mu, \quad \mu = 1, 2, 3$$
$$T_{\rm ref}\gamma_\mu T_{\rm ref}^\dagger = \beta\gamma_\mu, \quad \mu = 4 \tag{37.28}$$

37.3 作为标量、矢量和张量的狄拉克旋量算符

我们之前的标记规则为拉丁字母指标取 1，2，3，希腊字母指标取 1，2，3，4，对相同的指标进行求和。由性质和表达式（37.12）可以得到

$$\begin{aligned} T &= 1 - \frac{1}{4}\varepsilon_{\mu\nu}\gamma_\mu\gamma_\nu \\ &= 1 - \frac{1}{4}\varepsilon_{mn}\gamma_m\gamma_n - \frac{1}{2}\varepsilon_{4n}\beta\gamma_n \end{aligned} \tag{37.29}$$

其中，ε_{mn} 为实数，ε_{4n} 为虚数，$\beta = \gamma_4$。利用关系

$$\gamma_\mu\gamma_\nu + \gamma_\nu\gamma_\mu = 0$$

得到

$$\begin{cases} T^{-1} = 1 + \dfrac{1}{4}\varepsilon_{\mu\nu}\gamma_\mu\gamma_\nu \\ \qquad = 1 + \dfrac{1}{4}\varepsilon_{\mu\nu}\gamma_\mu\gamma_\nu + \dfrac{1}{2}\varepsilon_{4n}\beta\gamma_n \\ T^\dagger = 1 + \dfrac{1}{4}\varepsilon^*{}_{\mu\nu}\gamma_\mu\gamma_\nu \\ \qquad = 1 + \dfrac{1}{4}\varepsilon_{mn}\gamma_m\gamma_n - \dfrac{1}{2}\varepsilon_{4n}\beta\gamma_n \end{cases} \tag{37.30}$$

一般来说，$T^\dagger \neq T^{-1}$，故 T 不是一个厄米矩阵。当 $\varepsilon_{4n} = 0$ 时（如纯空间的转动），T 就是一个厄米矩阵。

容易发现

$$
\begin{cases}
\boldsymbol{\beta T}^{\dagger}\boldsymbol{\beta} = \boldsymbol{T}^{-1} \\
\boldsymbol{T}^{\dagger}\boldsymbol{\beta} = \boldsymbol{\beta T}^{-1} \\
\boldsymbol{\beta T}^{\dagger} = \boldsymbol{T}^{-1}\boldsymbol{\beta}
\end{cases}
\tag{37.31}
$$

我们现在找一个旋量 u，它在矩阵变换下的行为和矢量是一样的。因此，做类似（37.2）的坐标变换

$$x_{\mu} \rightarrow x'_{\mu} = a_{\mu\nu}x_{\nu}$$

对应的旋量的变换为

$$\boldsymbol{\psi} \rightarrow \boldsymbol{\psi}' = \boldsymbol{T\psi}$$

表达式的变换为

$$
\begin{cases}
\boldsymbol{\psi}^{\dagger}u\boldsymbol{\psi} - \rightarrow \boldsymbol{\psi}' \ u\boldsymbol{\psi}' = \boldsymbol{\psi} \ u \\
\boldsymbol{\psi}'^{\dagger}u\boldsymbol{\psi}' = \left(\boldsymbol{T}\psi\right)^{\dagger} u\boldsymbol{T\psi} = \boldsymbol{\psi} \ \boldsymbol{T} \ u\boldsymbol{T\psi}
\end{cases}
\tag{37.32}
$$

故 u 应该满足的条件为

$$\boldsymbol{T}^{\dagger}u\boldsymbol{T} = u$$

它的等价表达式为

$$\boldsymbol{T}^{\dagger}u\boldsymbol{T} = \boldsymbol{\beta T}^{-1}\boldsymbol{\beta}u\boldsymbol{T} = u$$

由于 $\boldsymbol{\beta}^{2} = \boldsymbol{I}$，故

$$\left(\boldsymbol{\beta}u\right)\boldsymbol{T} = \boldsymbol{T}\left(\boldsymbol{\beta}u\right)$$

上式对（37.29）中的 $\boldsymbol{T}$ 都是成立的。若要上式成立，则需要满足

$$
\begin{cases}
\boldsymbol{\beta}u = \boldsymbol{I} \\
\boldsymbol{\beta}u = \gamma_{1}\gamma_{2}\gamma_{3}\gamma_{4} = \gamma_{5}
\end{cases}
\tag{37.33}
$$

这两个解

$$u = \boldsymbol{\beta I}$$

$$u = \boldsymbol{\beta\gamma}_5$$

在空间反演变换 $\boldsymbol{T}_{\text{ref}} = \boldsymbol{\beta}$ 下是不一样的

$$\boldsymbol{T}_{\text{ref}}^{\dagger}\boldsymbol{\beta I T}_{\text{ref}} = \boldsymbol{\beta\beta I\beta} = \boldsymbol{I\beta} = \boldsymbol{\beta I}$$

$$\boldsymbol{T}_{\text{ref}}^{\dagger}\boldsymbol{\beta\gamma}_5\boldsymbol{T}_{\text{ref}} = \boldsymbol{\beta\beta\gamma}_5\boldsymbol{\beta} = \boldsymbol{\gamma}_5\boldsymbol{\beta} = -\boldsymbol{\beta\gamma}_5$$

因此，由 $\boldsymbol{\psi}^{\dagger}\boldsymbol{\beta I\beta}$ 和 $\boldsymbol{\psi}^{\dagger}\boldsymbol{\beta\gamma}_5\boldsymbol{\beta}$ 可以推出

$$\begin{cases}\boldsymbol{\beta I} \text{ 是一个标量} \\ \boldsymbol{\beta\gamma}_5 \text{ 是一个赝标量}\end{cases}$$

下面对 $\boldsymbol{\beta}$ 因子作一个说明：定义记号[1]

$$\bar{\boldsymbol{\psi}} = \boldsymbol{\psi}^{\dagger}\boldsymbol{\beta}$$

那么

$$\begin{cases}\bar{\boldsymbol{\psi}}_1\boldsymbol{\psi} \text{ 在坐标变换下像一个标量} \\ \bar{\boldsymbol{\psi}}\boldsymbol{\gamma}_5\boldsymbol{\psi} \text{ 在坐标变换下像一个赝标量}\end{cases} \tag{37.34}$$

说明：赝标量介子[2]在场论中的相互作用项为 $\boldsymbol{\psi}\bar{\boldsymbol{\psi}}\boldsymbol{\gamma}_5\boldsymbol{\psi}$ 。

像 $\bar{\boldsymbol{\psi}}u_{\mu}\boldsymbol{\psi}$ 或 $\bar{\boldsymbol{\psi}}u_{\mu\nu}\boldsymbol{\psi}$ 这些其他的狄拉克算符，在坐标变换下像一个四

---

〔1〕原书使用的记号为 $\boldsymbol{\psi}^{\dagger} = \tilde{\boldsymbol{\psi}}\boldsymbol{\beta}$ ，现在习惯使用的记号为 $\bar{\boldsymbol{\psi}} = \boldsymbol{\psi}^{\dagger}\boldsymbol{\beta}$ 。

〔2〕介子是自旋为整数、重子数为 0 的强子，参与强相互作用。介子类包括带正负电的以及中性的 π 介子，带正负电的以及中性的 k 介子，以及 η 介子。介子的静态质量介于轻子和重子之间，所以取名为“介子”。介子的自旋量子数为 0。

矢量的分量，这意味着

$$\bar{\boldsymbol{\psi}}'u'_{\mu}\boldsymbol{\psi}' = \bar{\boldsymbol{\psi}}u_{\mu}\boldsymbol{\psi}$$

其中

$$u'_{\mu} = a_{\mu\nu}u_{\nu}$$

参见表达式（37.2）。四维轴矢量是一个反对称的张量，我们发现，所有作用于旋量的 4×4 阶算符都可以写成以下 16 种算符的线性组合

$$\begin{cases} 1 & \text{标量} \\ \gamma_5 & \text{赝标量} \\ \gamma_1,\gamma_2,\gamma_3,\gamma_4 & \text{四维矢量} \\ \gamma_2\gamma_3\gamma_4,\gamma_3\gamma_1\gamma_4,\gamma_1\gamma_2\gamma_4,\gamma_1\gamma_2\gamma_3 & \text{四维轴矢量} \\ \gamma_2\gamma_3,\gamma_3\gamma_1,\gamma_1\gamma_2,\gamma_1\gamma_4,\gamma_2\gamma_4,\gamma_3\gamma_4 & \text{反对称张量} \end{cases} \tag{37.35}$$

37.4 时间反演变换（一般的讨论）

时间反演变换作用后，得到

$$\begin{cases} \boldsymbol{x}\to\boldsymbol{x} \\ \boldsymbol{A}\to\boldsymbol{A} \\ \nabla\to\nabla \\ \boldsymbol{x}_4\to-\boldsymbol{x}_4 \\ \boldsymbol{A}_4\to\boldsymbol{A}_4 \\ \nabla_4\to-\nabla_4 \end{cases} \tag{37.36}$$

设 $\boldsymbol{\psi}$ 为方程（37.1）的解，故

$$0=\frac{mc}{\hbar}\boldsymbol{\psi}+\boldsymbol{\gamma}\cdot\left(\nabla-\frac{\mathrm{i}e}{\hbar c}\boldsymbol{A}\right)\boldsymbol{\psi}+\gamma_4\left(\frac{\partial}{\partial x_4}-\frac{\mathrm{i}e}{\hbar c}\boldsymbol{A}_4\right)\boldsymbol{\psi} \tag{37.37}$$

为了获得相应的时间反演解 $\boldsymbol{\psi}'$，必须求解时间反演过后的狄拉克方程（37.37），即

$$0=\frac{mc}{\hbar}\boldsymbol{\psi}'+\boldsymbol{\gamma}\cdot\left(\nabla+\frac{\mathrm{i}e}{\hbar c}\boldsymbol{A}\right)\boldsymbol{\psi}'-\gamma_4\left(\frac{\partial}{\partial x_4}+\frac{\mathrm{i}e}{\hbar c}\boldsymbol{A}_4\right)\boldsymbol{\psi}' \tag{37.38}$$

显然，用 $\boldsymbol{\psi}'=\boldsymbol{T\psi}$ 变换无法求解上述方程。但是我们发现

$$\boldsymbol{\psi}'=\hat{\boldsymbol{S}}\boldsymbol{\psi}^* \tag{37.39}$$

可能是一个有用的尝试。

对于方程，取它的复共轭，可以得到

$$0=\frac{mc}{\hbar}\boldsymbol{\psi}^*+\boldsymbol{\gamma}^*\cdot\left(\nabla-\frac{\mathrm{i}e}{\hbar c}\boldsymbol{A}\right)\boldsymbol{\psi}^*-\gamma_4^*\left(\frac{\partial}{\partial x_4}-\frac{\mathrm{i}e}{\hbar c}\boldsymbol{A}_4\right)\boldsymbol{\psi}^* \tag{37.40}$$

用 $\hat{\boldsymbol{S}}$ 左乘，只需令

$$\begin{cases}\hat{\boldsymbol{S}}\,\boldsymbol{\gamma}^*\,\boldsymbol{S}^{-1}=\boldsymbol{\gamma}\\ \hat{\boldsymbol{S}}\,\gamma_4^*\,\boldsymbol{S}^{-1}=\gamma_4\\ \boldsymbol{\psi}'=\boldsymbol{S}\boldsymbol{\psi}'^*\end{cases} \tag{37.41}$$

很容易验证：得到的方程和（37.38）是一致的。这一关系是可以被满足的，如由 $\boldsymbol{\gamma}$ 的四个标准公式（34.8）和（34.9），我们可以取

$$\hat{\boldsymbol{S}}=\mathrm{i}\gamma_1\gamma_3=\begin{pmatrix}0&-\mathrm{i}&0&0\\ \mathrm{i}&0&0&0\\ 0&0&0&-\mathrm{i}\\ 0&0&\mathrm{i}&0\end{pmatrix}=\sigma_y' \tag{37.42}$$

其中，最后一个等号可以参见式（34.36）。

37.5 电荷共轭变换（一般的讨论）

方程（37.37）同时包含电子解和正电子解。所以我们希望对于方程的每个解 $\boldsymbol{\psi}$，都可以通过变换

$$e \to -e \tag{37.43}$$

获得同样满足方程的解 $\boldsymbol{\psi}'$

$$\frac{mc}{\hbar}\boldsymbol{\psi}' + \boldsymbol{\gamma} \cdot \left(\nabla + \frac{\mathrm{i}e}{\hbar c}\boldsymbol{A}\right)\boldsymbol{\psi}' + \boldsymbol{\gamma}_4\left(\nabla_4 + \frac{\mathrm{i}e}{\hbar c}\boldsymbol{A}_4\right)\boldsymbol{\psi}' = 0 \tag{37.44}$$

为了描述这一过程，我们尝试引入变换

$$\boldsymbol{\psi}' = \hat{\boldsymbol{C}}\boldsymbol{\psi}^* \tag{37.45}$$

我们将其称为“电荷共轭变换”。将 $\hat{\boldsymbol{C}}$ 从左边作用在方程（37.40）的复共轭方程上，只需令

$$\begin{cases} \hat{\boldsymbol{C}}\,\boldsymbol{\gamma}^*\,\boldsymbol{C}^{-1} = \boldsymbol{\gamma} \\ \hat{\boldsymbol{C}}\,\boldsymbol{\gamma}_4^*\,\boldsymbol{C}^{-1} = -\boldsymbol{\gamma}_4 \end{cases} \tag{37.46}$$

就可以得到方程（37.44）。由 $\boldsymbol{\gamma}$ 的标准形式（34.8）和（34.9），我们可以得到方程的解为

$$\hat{\boldsymbol{C}} = \boldsymbol{\gamma}_2$$

故电荷共轭变换的解为

$$\boldsymbol{\psi}_C = \boldsymbol{\gamma}_2\boldsymbol{\psi}^*$$

附录 A　宇宙射线的起源

E. FERMI，芝加哥大学，原子核研究所

本文提出了一个关于宇宙射线起源的理论。该理论认为，宇宙射线主要是在星系内的星际空间中，由运动磁场的碰撞而产生和加速的。该理论的一个特点是它自然导致了宇宙射线能谱分布的逆幂律，主要的困难是该理论无法直截了当地解释在初级宇宙射线中观测到的重核。

A1　简介

在最近关于宇宙射线起源的讨论中，E. Teller[1]倡导的观点是宇宙射线来源于太阳，并通过磁场作用保持在太阳附近。这些观点被Alfvén、Richtmyer和Teller等人扩展。他们对通常认为宇宙射线能扩散到整个星系空间的传统观点提出疑问：如果宇宙射线确实能扩散到这样巨大的空间，那么它所包含的能量应是极大的。的确，如果这种情况是

〔1〕核物理大会，伯明翰，1948。

□ 芝加哥1号堆

二战期间，美国“曼哈顿计划”中的芝加哥1号堆研究项目由阿瑟·霍利·康普顿（Arthur Holly Compton，1892—1962年）领导的芝加哥大学冶金实验室负责，于1942年产生可控的铀核裂变链式反应，为1945年美国第一颗原子弹成功爆炸奠基。图为英国著名雕塑家亨利·斯宾基·摩尔（Henry Spencer Moore，1898—1986年）设计制作的芝加哥1号堆纪念碑，该纪念碑位于芝加哥大学，为美国国家历史名胜和芝加哥地标。

真实的，那么宇宙射线的加速机制必然是非常高效的。

在本文中，我提出一个关于宇宙射线起源的假说，试图在一定程度上解答上述疑问。根据该假说，宇宙射线主要是在星系的星际空间中产生和加速的，尽管我们假设它们被磁场阻止而限制在星系边界内。主要的加速过程是由于宇宙粒子与漂移磁场的相互作用，根据 Alfvén 的理论，这些磁场存在于星际空间中。

一方面，这些磁场由于其较大的尺寸（大致为光年数量级）和相对较高的星际空间电导率而具有显著的稳定性。实际上，电导率非常高，以至于可以将磁场线看作是附着在物质上并参与其流动运动的。另一方面，磁场本身对星际物质的流体动力学产生作用，使其具有 Alfvén 所描述的性质，即形象地说，对于每条磁场线，应附加一个由与其相连接的物质质量所引起的物质密度。进一步发展这一观点，Alfvén 提出能够计算出磁弹性波传播速度 V 的简单公式

$$V = \frac{H}{(4\pi\rho)^{\frac{1}{2}}} \tag{A1}$$

其中，H 是磁场强度，ρ 是星际物质的密度。

根据现在的理论，如果将具有超过某个注入阈值能量的粒子注入到星际介质中，它将通过与星际中不规则移动的磁场碰撞而获得能量。获得能量的速率非常缓慢，但似乎能够将能量积累到已观测到的最大值。实际上，对于质子的能谱，可以自然地得到一个逆幂律。目前实验观测到的这个幂指数在可能的范围内看上去是令人满意的。

目前的理论是不完整的，因为除了质子，没有提出其他令人满意的注入机制，显然它们在作为宇宙射线与扩散星际物质的碰撞过程中，可以在一定程度上再生。最大的困难在于辐射的重核成分的注入过程。对于这些粒子，注入能量非常高，注入机制也必须是高效的。

A2　星际介质的运动

目前我们假设，星系的星际空间为极度稀薄的物质所充斥，大概相当于每立方厘米有 1 个氢原子，或者从密度来说约 10^{-24} g/cm^3。然而，证据表明，这种物质不是均匀分布的，而是存在密度比周围高 10 倍或 100 倍的凝聚区域，其中平均尺寸达到约 1 pc 的量级（1 pc = 3.1×10^{18} cm = 3.3 l.y.）。Adams 由多普勒效应对星际吸收线进行测量，可以得到这些离我们不是太远的云状样品相对于太阳的径向速度分布。考虑太阳相对邻近星系运动的校正，其径向速度的均方根约为 15 km/s。我们可以假设其均方根速度就是该值的 $\sqrt{3}$ 倍，因此约为 26 km/s。这种致密的云状物质约占据星际空间的 5%。

对于这些云状物质之间较为稀薄的物质，我们所知甚少。为了使后面的内容更明确，我们假设这种物质的密度约为 10^{-25} g/cm^3 的量级，即约每立方厘米 0.1 个氢原子。即使对该数字进行比较大的变动，也不会对定性结论产生很大影响。如果假设这些物质主要由氢原子组成，可以预期大部分氢原子会被恒星发出的光的光电效应电离。事实上，我们可以估算在平均星际环境下，在相对稠密的云状物质之外会达到某种电离平衡，即

$$\frac{n_+^2}{n_0} \approx (T_1)^{\frac{1}{2}} \tag{A2}$$

其中，n_+ 和 n_0 分别表示每立方厘米的离子浓度和中性原子浓度，T_1 是绝对动力学温度，单位为开尔文。如果在该公式中取 $n_+ = 0.1$，可以推断出：即使假设在约 100 K 这样相对较低的动力学温度下，未解离的原子所占比例也只有约 1%。

可以合理推断，这种极端稀薄的介质会存在较大的流动性，因为它会被穿过它的较重的云状物质不断搅动。在下文的讨论中，我们假设其均方根速度约为 30 km/s。根据 Alfvén 的理论，我们需要假定这些流动的动能会部分转化为磁能，也就是说，磁场会增强到磁弹性波的传播速度与流动速度量级相当的程度。于是从公式（A1）可以推断出，在稀薄介质中磁场的量级约为 5×10^{-6} Gs，而在较重的云状物质中其值可能更大。一方面，由于磁感线被其所连接的运动物质向各个方向拉扯，故会

形成十分不规则的图案。另一方面，它们也倾向于抵抗两个星际物质间的相互流动，因为那会导致磁场加强和磁能大幅度提高。事实上，这种磁效应将最大限度地减小极大的摩擦损耗，这些摩擦损耗会在相对较短的时间内抑制物质流动性并使其减速为无序热运动。

A3 宇宙射线的加速

现在我们考虑一个快速粒子在这样的漂移磁场中运动。如果该粒子是一个能量为数十亿电子伏特的质子，它将以约 10^{12} cm 的半径绕着磁感线做螺旋运动，直到它“碰撞”到磁场的一个不规则区域而被反射，并做某种不规则的运动。在一次碰撞中，能量的获得与损失都是有可能发生的。但是获得能量的概率要大于损失能量的概率。最容易让人理解的一点解释是，可以注意到粒子自由度与漂移磁场自由度最终会达到统计平衡这一事实。根据能量均分定理，这对应着一个难以置信的高能量状态。因此，真正的限制因素不是可以达到的最高能量，而是获得能量的速率。第 A6 节将给出对这种加速过程更为详细的讨论。我们可以大概估计，把粒子和异常磁场的碰撞类比为它们和一个平均运动速度为 30 km/s 的无序运动的大质量反射障碍物碰撞。当我们假设了这样一幅画面后，可以很容易地得出每次碰撞获得的平均能量的量级大致为

$$\delta w = B^2 w \qquad \text{(A3)}$$

其中，w 表示粒子包含静止能量的能量，且 $B = V/c \approx 10^{-4}$。因此，对一个质子来说，在非相对论区域每次碰撞获得的能量平均约为 10 eV，随

着能量的增加，这一数值也更高。由此可以推断，如果忽略损耗，每 10^8 次碰撞能量将是原来的 e 倍。特别是，一个起始具有非相对论能量的粒子，在经过 N 次碰撞后，将获得的能量为

$$w = Mc^2 e^{B^2 N} \tag{A4}$$

当然，只有在损耗小于获得的能量时，能量才能增大。我们会在后面给出一个估计值（见第 A7 节），其结果表明：对于能量约为 200 MeV 的质子来说，电离损耗小于获得的能量。在更高的能量下，电离损耗几乎可以忽略不计。我们将在后面讨论注入机制。

A4 宇宙射线的能谱

在加速过程中，一个质子可能通过核碰撞损失大部分动能。这个过程就是初级宇宙射线的吸收，经常在高层大气中可观测到。它的平均自由程在 70 g/cm² 的量级，对应每个核子的截面约为

$$\sigma_{abs} \approx 2.5 \times 10^{-26}\ \text{cm}^2 \tag{A5}$$

在这种类型的碰撞下，参与碰撞的核子的大部分动能很可能会被转成一些介子喷射的能量。

我们可以合理假设宇宙射线以大致相等的密度占据整个星系的星际空间。因此，它们会受到与平均密度约为 10^{-24} g/cm³ 的物质碰撞的影响，对应的吸收平均自由程是

$$\Lambda = 7 \times 10^{25}\ \text{cm} \tag{A6}$$

以光速运行的粒子将在大约

$$T = \frac{\Lambda}{c} = 2 \times 10^{15}\,\mathrm{s} \tag{A7}$$

即约 60 亿年的时间内穿过这个距离。

因此，当前存在的宇宙射线粒子的平均寿命约为这个值。其中一些粒子将侥幸避免毁灭，其寿命将更长。事实上，吸收过程可以视为按指数衰减定律进行。如果我们假设始终以相同速率提供原始粒子，我们期待当前的寿命分布将符合

$$e^{-\frac{t}{T}} \frac{dt}{T} \tag{A8}$$

在其寿命 t 内，粒子一直在获得能量。如果我们用 τ 表示两次散射碰撞之间的时间间隔，一个寿命为 t 的粒子获得的能量将是

$$w(t) = Mc^2 e^{\frac{B^2 t}{\tau}} \tag{A9}$$

将这种寿命和能量的关系与前面给出的寿命分布相结合，可以得到能量的概率分布。简单计算可知，粒子能量在 w 和 $w + dw$ 之间的概率为

$$\pi(w)\,dw = \frac{\tau}{B^2 T}\left(Mc^2\right)^{\frac{\tau}{B^2 T}} \frac{dw}{w^{\frac{1+\tau}{B^2 T}}} \tag{A10}$$

令人欣喜的是，该理论自然导致了宇宙射线能谱符合逆幂定律分布的结论。通过将这个定律的指数与观测宇宙射线所得到的指数值（约 2.9）进行比较，我们得到一个可以计算两次碰撞时间间隔 τ 的关系式。恰好，我们发现 $2.9 = 1 + \tau / B^2 T$，这表明

$$\tau = 1.9B^2T \tag{A11}$$

将前面给出的 B 和 T 的值代入，可以得到 $\tau = 4\times10^7\,\mathrm{s}$，约 1.3 年。由于粒子以近光速运动，这对应着两次碰撞的平均距离在 1 光年的量级，大约为 $10^{18}\,\mathrm{cm}$。这样一个碰撞的平均自由程看起来是相当合理的。

该理论很自然地解释了为何没有在原始宇宙射线中观测到电子。这是由于在所有能量范围内，电子的能量损失速率都大于获得速率。在低能量区，能量大约为 300 MeV，能量损失主要来自电离作用。在更高的能量区，电子在星际磁场中加速产生的辐射损耗起主导作用。而对质子，这种辐射损耗影响几乎可以忽略不计。此外，Feenberg 和 Primakoff 所讨论的反康普顿效应也会起到清除高能电子的作用。

A5 注入机制及注入重核成分的困难

为使该理论更加完整，有必要讨论一下注入机制。

为了补偿吸收过程中的损失，需要注入能量至少为 200 MeV 的质子以维持宇宙射线的当前水平。根据最近的证据，原始宇宙射线不仅包含质子，还包含一些相对较重的原子核。由于较大的电离损耗，它们所需的注入动能远高于质子（详见第 A7 节）。这种高能质子和较重的原子核可能是在某些磁场非常活跃的恒星附近产生的。但是，提出这种可能，仅仅是把困难的问题从加速粒子转移到了注入粒子，除非可以对这种机制或某些等效机制的效率给出更精确的估计。对于重核成分的注入，我还没有一个令人满意的答案。

然而，对于质子的产生，如果当前理论的总体特征都是正确的，我们也可以考虑这样一个简单的机制，它至少要解释注入总质子数中的大部分质子的来源。根据该机制，宇宙射线可以通过以下方式自我再生：当一个高速宇宙射线质子在星际空间与一个近乎静止的质子发生碰撞时，大部分能量会以介子束的形式损失，留下两个能量远低于原始宇宙射线的核子。我们可以估算，在某些情况下，这两个粒子的剩余能量都可能高于200 MeV的注入阈值，而在某些情况下只有一个粒子高于阈值，还有些情况下两个粒子都不高于阈值。我们可以引入一个再生系数 k，将其定义为原始宇宙射线粒子相互碰撞而生成的能量高于阈值的新质子的平均数目。类似链式反应，如果 k 大于 1，宇宙射线的总数将增加；如果 k 小于 1，总数会减少；如果 k 等于 1，总数将保持恒定。

显然，再生系数在星际条件下非常接近 1。这可能不是偶然的，部分原因可能来自接下来提到的自稳定机制。在星际空间中，尽管摩擦耗散减小了，但是由于受到磁场的作用，星际物质的运动并不是完全保守的。因此，我们应该假定存在持续向星际物质的流动运动输入动能的某种源。这种能量的来源最终可能与恒星内部大量物质向外的能量释放有关。星际物质的运动受控于从此源处获得的能量与各种摩擦和其他因素造成的能量损失之间的动态平衡。在这种平衡中，星际物质向宇宙射线转移的能量绝不是微不足道的，因为宇宙射线的总能量与星系无规则流动运动的动能是相当的。因此，如果宇宙射线的普遍水平增加，星际运动的动能就会减少，反之亦然。一方面，再生系数取决于密度，随着密度升高，电离损耗将会同比例升高。这种效应倾向于增加注入能量，并因此降低再生系数。另一方面，获得的能量速率也将发生一些难以明确定义的变化。然而，可以假设，漂移磁场的速度将随着密度的1/3次幂增长，这与物理学中的“位力定理”（Virial Theorem）相符；并且碰撞的平均自由程与密度的1/3次幂成反比，这可以从几何相似性得出。那么可以得出，能量增加的速率仅与密度的2/3次幂成正比。净效应是随着密度增加的，注入能量增加而再生系数减小。如果再生系数起初略大于1，宇宙射线的一般水平会增加，其从星系的动能中吸收能量。这会导致引力收缩，使得密度增加并降低 k，直到达到稳定值 1。如果 k 起初远小于 1，会发生相反情况。

即使这种稳定机制不足以将 k 恒定在 1 左右，由此导致宇宙射线的总水平在几亿年周期上发生明显变化，在第 A4 节中得出的普遍结论从定性上看也不会改变。事实上，如果 k 略高于或低于 1，相应的宇宙射线的总水平会随其指数增长或减少。因此，根据刚刚讨论过的注入机制，注入的宇宙射线粒子的数目并不随时间保持恒定，而是按指数规律不断变化。将这种指数变化和指数吸收（式 A8）相结合，可以得出当前宇宙射线粒子的寿命分布仍符合指数规律，唯一的区别是相应指数定律的周期会因一个小的数字因子而改变。

这里提出的注入机制对质子来说似乎非常直接，但对解释原始宇宙射线中的重核丰度而言完全不够。这些重核的注入能量在几个 BeV 的量级，很难想象宇宙射线对扩散星际物质的二级作用可能以可观的概率产生这种副效应。或许可以假设重核起源于星系的边缘，那里密度较低，注入能量可能也较低。但是，这需要极端的密度条件，难以证实。所以较重的原子核更可能是通过完全不同的机制注入的，也许是恒星磁场导致的结果。

如果存在这样一个机制，自然会期待它同时注入质子和重核。然后，质子和在某种程度上比较少的 α 粒子会因“链式反应”而进一步增加数量，在这种情况下需要 $k<1$。实际上，它们的数量将等于在寿命 T 内注入的粒子数，再乘以一个因子 $1/(1-k)$。反而重核会缓慢获得或失去能量，这取决于其初始能量是高于还是低于阈值。由于它们拥有更大的湮灭截面，重核粒子的平均寿命要比质子的更短。它们的数目约等于在其寿命内注入的数量。

应当指出，根据现有理论得出的结论是：宇宙射线中的重核能谱应该与质子能谱截然不同，因为重核的吸收截面可能比质子的大几倍。因此，可以预计重核的平均寿命比质子的短，这将导致重核对应的能谱随能量减小的速率也比质子快得多。这一点有可能通过实验验证。

A6　关于磁场加速机制的更多讨论

在本节中，我们将讨论宇宙射线质子通过与不规则的磁场碰撞而加速的过程，将比第 A3 节的讨论包含更多的细节。在假定的不规则磁场中，快速质子的运动轨迹非常接近绕磁感线的螺旋运动。由于螺旋半径可能在 10^{12} cm 的量级，而磁场的不规则尺度在 10^{18} cm 的量级，在遇到显著不同的场强之前，宇宙射线粒子将在螺旋路径上旋转多圈。简单分析可知，当粒子接近磁场强度增大的区域时，螺旋螺距会减小。可以得

到精确的表达式

$$\sin^2\theta/H \approx \text{constant} \tag{A12}$$

其中，θ 是磁感线方向与粒子速度方向之间的夹角，H 是局域的磁场强度。因此，当粒子接近磁场更强的区域时，夹角 θ 会增加，直到 $\sin\theta$ 达到最大值 1。这时，粒子会沿原来的磁感线被反射回去，向后做螺旋运动，直到进入另一个强磁场区域。我们将其称为“A 型反射”。如果磁场静止不变，这种反射不会改变粒子的动能。然而，对缓慢变化的磁场则情况不同。可能出现磁场较强区域向宇宙射线粒子移动并发生碰撞的情况，在这种情况下，粒子将在碰撞中获得能量。相反，强磁场区域也可能远离粒子，由于粒子速度更快，它会追上磁场的不规则区域并反射回去，在这种情况下，粒子会失去能量。净结果为能量增加，主要是由于正面碰撞比追尾碰撞更加频繁，因为前者的相对速度更快。

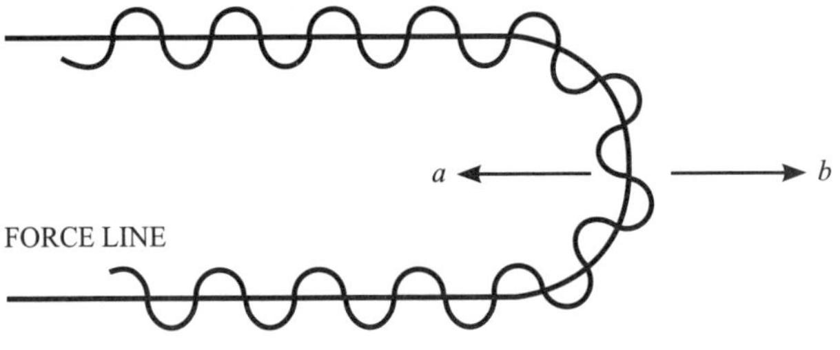

图 A1　宇宙射线粒子的 B 型反射

当宇宙射线粒子如图 A1 所示做围绕磁感线的曲线运动时（“B 型反射”），也会发生一些类似的过程。在这种情况下，如果磁场也是静止的，那么粒子能量会保持不变。另一方面，磁感线参与物质的流体运动，其曲线底部的磁感线可能沿着如箭头 a 所示的方向移动，或者沿着如箭头

b 所示的方向移动。在前一种情况下，粒子获得能量（正面碰撞）；在后一种情况下，粒子失去能量（追尾碰撞）。然而，获得的和失去的能量并不能完全抵消，因为在这种情况下，由于相对速度更快，正面碰撞比追尾碰撞更可能发生。

可以用相对论的结论进行简单分析，以估计两类碰撞过程中获得或失去的能量，而不必考虑碰撞机制的具体细节。在碰撞发生的磁场扰动静止的参照系中，粒子能量是不变的。因此，对于静止参照系中的能量变化，可以先将初始能量和动量从静参照系转换到微扰运动的参照系，在运动参照系中发生弹性碰撞，这会改变动量方向但保持能量不变，然后再转换回静止参照系，从而得到最终的能量和动量。将这个过程应用于正面碰撞，我们可以得到

$$\frac{w'}{w}=\frac{1+2B\beta\cos\theta+B^2}{1-B^2} \tag{A13}$$

其中，β 是粒子速度，θ 是螺旋线的倾角，B 是磁场扰动的移动速度。假设碰撞通过前面讨论的两种机制之一完全反转螺旋方向。对于追尾碰撞，公式是相似的，只是 B 的符号必须相反。现在我们对正面和追尾碰撞的结果取平均，考虑到这两种事件的发生概率与相对速度成正比，因此我们得到正面碰撞的概率为 $\frac{(\beta\cos\theta+B)}{2\beta\cos\theta}$，追尾碰撞的概率为 $\frac{(\beta\cos\theta-B)}{2\beta\cos\theta}$。对 $\ln\left(\frac{w'}{w}\right)$ 的平均结果保留到 B^2 后得到：

$$\ln\left(\frac{w'}{w}\right)_{\mathrm{AV}}=4B^2-2B^2\beta^2\cos^2\theta \tag{A14}$$

这确认了第A3节关于每次碰撞获得能量平均值的数量级估计是合理的。

由于磁场及其运动过于复杂，做一个比数量级估计更好的估计是不现实的。

可以预期在相对较短的时间内，θ 角将减小到一个非常小的值，于是“A 型反射”将变得不常见。这是因为，当 θ 角较大时，如果粒子被夹在两个沿着磁感线相对运动的强磁场区域之间，可出现很大的能量增长和 θ 角减小。可以证明，“B 型反射”会逐渐而相对缓慢地改变螺旋线的平均螺距。因此，除了加速过程的开始阶段，“A 型反射”贡献的大小不会如另一种可能预期的那么大。

A7 注入能量的估计

只有当获得的能量大于电离损耗时，才可能实现宇宙射线粒子的加速。由于低速质子的电离损耗非常大，因此只有超过一定能量阈值的质子才能被加速。在第 A3 节中估计该“注入能量”为 200 MeV，这里给出估计的依据。在估算注入能量时，我们假设粒子在加速过程中同时被包围在相对密度较大的云内和云外更稀薄的物质中，粒子在其中所处的时间与这两种区域的体积成正比。因此，电离损耗将会导致物质的平均密度等于星际物质的平均密度，我们之前假设它为 10^{-24} g/cm^3，其主要组分是氢。表 A1 第 2 列给出了质子横穿 1 g/cm^2 物质后损失的能量，它是质子能量的函数；第 3 列给出对应获得的能量。如前所述，可以看到对于能量小于 200 MeV 的粒子来说，损失的能量多于获得的能量。

表 A1 横穿 1 g/cm² 物质后的能量得失

能量 /eV	损失的能量 /$eV \cdot g^{-1} \cdot cm^2$	获得的能量 /$eV \cdot g^{-1} \cdot cm^2$
10^7	94×10^6	7.8×10^6
10^8	15×10^6	8.6×10^6
10^9	4.6×10^6	16.1×10^6
10^{10}	4.6×10^6	91×10^6

类似估算表明，α 粒子的加速过程需注入约 1 BeV 的能量，氧核初始能量需 20 BeV，铁核初始能量需 300 BeV。如前所述，很难相信观测到的宇宙射线中的重核是通过目前所描述的过程进行加速的，除非它们起源于星系中某些星际物质极端稀疏的区域。

我在此感谢和 E. Teller 的一些讨论，这些讨论对分析我们所提出的这两种相对立的观点的优劣是非常有帮助的。我从最近 E. Teller 访问芝加哥时与他的一次讨论中，了解到了许多关于宇宙磁场的知识。他当时表达的观点对我自己在这个课题上的想法产生了重要影响。

附录 $\mathcal{B}$ 链式反应堆的基本理论

E. FERMI，芝加哥大学，原子核研究所

这篇发布在 1946 年 6 月 21 日美国物理学会芝加哥会议上的文章，是基于之前在芝加哥大学冶金实验室进行的“曼哈顿计划”协议 No. W-7401-eng-37 中已完成的研究工作。

以下是我们对使用天然铀和石墨工作的链式反应堆的理论的概述，这些成果和方法部分是独立获得的，部分是通过多人合作获得的，这些人都参与了链式反应的早期开拓性工作。Szilard 和 Wigner 为理论主张做出了重要贡献。许多物理学家提供了实验结果，为我们指明了方向，其中包括最初在哥伦比亚大学，后来在芝加哥大学冶金实验室工作的 H. L. Anderson 和 W. H. Zinn，还有普林斯顿大学的 R. R. Wilson 和 E. Creutz，以及芝加哥大学的 Allison、Whitaker 和 V. C. Wilson。链式反应的最终实现是在由 A. H. Compton 指导的冶金实验室完成的。

$\mathcal{B}1$ 中子在反应堆中的吸收和产生

我们考虑一团包含铀的物质，或称之为“反应堆”，在石墨块中以

适当的方式分布。每当在该系统中发生裂变时，平均数量（ν）的中子以约为 1 MeV 的连续分布的能量被发射出来。当中子被发射后，其能量通过与碳原子的弹性碰撞以及在一定程度上因与铀原子进行非弹性碰撞而减小。在大多数情况下，中子会减速到热能区域。这个过程需要与碳原子发生 100 次碰撞。当中子的能量降低到热中子的值后，中子将继续向外扩散，直到最终被吸收。然而，在一些情况下，中子可能在减速过程完成之前就被吸收了。

中子可能被碳或铀吸收。碳对于处在热能区域时的中子的吸收截面很小，其值约为 0.005×10^{-24} cm^2。对于密度为 1.6 的石墨来说，这对应于吸收的平均自由程约为 25 m。目前学界公认的是，吸收截面遵循定律，由于能量为热能的中子的吸收截面已经相当小，所以高能中子的吸收截面几乎可以忽略不计。因此，我们可以合理假设在减速过程中被碳吸收的中子可以忽略不计。

铀对一个中子的吸收要么会导致裂变，要么通过 (n, γ) 过程吸收。我们将后一种可能称为“共振吸收”。裂变和共振吸收在不同能量区间的相对重要性不同。关于这方面，我们大致可以考虑三个区间：

（1）能量高于 ^{238}U 裂变阈值的中子——我们习惯性地称之为“快中子”。对于快中子，最重要的吸收过程就是裂变，它通常发生在丰度较高的 ^{238}U 同位素中。相较而言，其共振吸收更小，但不能忽略。

（2）能量低于 ^{238}U 裂变阈值且高于热能区域的中子——我们称之为“超热中子”或“中速中子”。对于超热中子，最重要的吸收过程是共振吸收。这个过程的截面作为能量的函数非常不规则，并且呈现出大量的共振峰值，这些峰值可以用 Breit−Wigner 理论来很好地表示。在实际情况中，当中子能量低于约 1×10^4 eV 时，共振吸收变得重要，并且随着中子能量的降低而增加。

（3）具有热运动能量的中子——我们称之为“热中子”。对于热中子，裂变和共振吸收过程都很重要。在这个能量范围内，两种截面大致遵循 $1/v$ 定律，因此它们的相对重要性基本上与能量无关。设 σ_{f} 和 σ_{r} 分别是能量为 kT 的中子的裂变和共振吸收的截面，η 是一个热中子被铀吸收时发射中子的平均数量。η 与 ν 是不同的，因为所有被铀吸收的热中子中只有一部分 $\dfrac{\sigma_{\mathrm{f}}}{(\sigma_{\mathrm{v}}+\sigma_{\mathrm{f}})}$ 会产生裂变。因此，我们有

$$\eta=\frac{\nu\sigma_{\mathrm{f}}}{(\sigma_{\mathrm{f}}+\sigma_{\mathrm{r}})} \tag{B1}$$

通过上述讨论我们得出结论：最初产生的快中子的一部分最终会发生裂变。对于有限大小的系统，我们预计会有更多的中子因在反应堆内泄漏而损失。

我们现在将注意力限制在实际上具有几乎无限维的系统上，我们将 P 定义为快中子最终被裂变过程吸收的概率。那么，由第一个中子产生的“第二代”中子的平均数量将为

$$k=P\nu \tag{B2}$$

通常，k 被称为系统的“增值比”。只有当 $k>1$ 时，自持链反应才可能发生。如果是这种情况，只要中子的泄漏损失足够小，反应实际上就会发生。当然，只要反应堆的尺寸足够大，这总是可以实现的。

B2 中子的生命周期

当快中子首次在我们的反应堆中发射时，可能会发生以下事件：

（1）中子在其能量显著降低之前有较小的概率被铀吸收。如果出现这种情况，吸收通常会导致 ^{238}U 裂变。然而，这种快中子裂变的概率通常只有几个百分点。的确，如果系统含有较少的铀和大量的碳，中子与碳的弹性碰撞倾向于将能量很快降低到低于 U^{238} 的裂变阈值；如果系统含有丰富的铀，将更可能发生非弹性碰撞，并在原始快中子有机会导致 ^{238}U 裂变之前，将其能量迅速降至相当低的值。

（2）因此，在大多数情况下，中子不会以快中子的形式被吸收，并且由于与碳原子碰撞，其能量迅速减小。我们可以用一种简单的方法证明，与碳原子碰撞约 6.3 次就可以将能量减少一个平均因子 e 。因此，需要大约 14.6 次碰撞才能将能量变为其 $1/10$ ，需要约 110 次碰撞才能将能量从 1 MeV 降低到热中子的 $1/40\ v$ 。在这个减速过程中，中子可能会被铀共振吸收。我们将中子在达到热能区域之前没有被吸收的概率记为 p。设计反应堆的一个最重要因素在于，尽可能减小中子在减速过程中通过共振吸收从系统中被移除的概率。

（3）如果中子在减速过程中没有被吸收，它最终会达到热能区域并被铀或碳吸收。如果铀和碳混合均匀，那么这两个事件的概率为铀和碳对热中子的吸收截面的比值乘以两个元素的原子浓度。由于实际的混合物并不均匀，所以这只是近似正确的。我们将热中子被铀吸收的概率记为 f。在设计链式反应堆时，人们通常会试图调整各种条件，以使 f 和 p 尽可能大。遗憾的是，这两个要求是相互矛盾的。这是因为：一方面，为了使f变大，我们应该尝试构建一个含有大量铀的系统，以减小热中子被碳吸收的概率；另一方面，在一个含有相对较少的碳的系统中，减速过程会相对较慢，所以减速过程中的共振吸收的概率会很大。

因此，很明显，我们必须找到一个妥协的方式，通过确定铀和碳的最优比例来满足两个相反的要求。

在铀和碳的均匀混合物中，f和p的值仅取决于两个元素的相对浓度。然而，如果我们不局限于均匀混合物，就可以通过合理安排两个组分的几何分布来得到一个更优的情况。这实际上在很大程度上是有可能的，其原因如下：在减速过程中，与中子减少有关的共振吸收有非常锐利的 Breit−Wigner 型截面峰值。因此，如果铀不是分布在石墨碎块中，而是集中在相当大的块状物中，我们期望大的块状物内部的铀周围有一个薄层，将其与能量最接近共振吸收的中子隔开。如此一来，块状物内部的铀原子的共振吸收将比单独原子的少得多。当然，块状物中的自吸收不仅减少了共振吸收，而且减少了铀的热吸收。然而，从理论上可以预期，实验也已经证实，至少在一定大小的块状物中，通过减少中子的共振吸收损失而获得的增益大大超过了由于更少的热中子吸收而造成的损失。

反应堆的典型结构是把铀块组成的晶格嵌入石墨基质中。这个晶格可以是铀块的立方晶格或铀棒的晶格等。后一种布局从中子吸收平衡的角度来看效率更低，但通常具有一些实际的优势，因为它使移除反应堆所产生的热量变得更容易。在目前的讨论中，我们只考虑块状物的晶格。

对于不同吸收过程的概率，我们给出一些有用的典型数据。当然，这些概率并不是恒定的，而是取决于晶格的结构细节。我们将以一个好的晶格的平均数据为例。当一个中子首次由在铀块中发生的裂变而产生时，它有大约3%的概率在损失大部分能量之前被吸收并导致裂变。在97%的情况下，即没有发生这种情况时，中子将开始其减速过程，它可能在减速过程中被共振吸收，或者减速为热中子。在减速过程中被共振吸收的概率大约为10%，因此有87%的原始中子将减速为热中子。其中，大约10%的中子可能被碳吸收，剩下的77%被铀吸收。为了举例，假设$\nu=2$，我们将得到第一代中子所发生的吸收过程，并将其总结在表B1中。因此，对于给出的例子，增值比将为

$$k = 0.06 + 0.77\eta \tag{B3}$$

因此，上述晶格类型将有一个大于1的增值比，只要η大于1.22。

表B1　不同吸收过程的概率

概率	吸收过程的类型	每吸收一个中子所产生的中子数	由一个中子所产生的下一代的中子数
3%	快中子裂变	2	0.06
10%	共振吸收	0	0
10%	被碳吸收	0	0
77%	热中子时被铀吸收	η	0.77η

为了评估增值比，我们必须要能够计算出上述所提到的不同吸收过程的概率。我们将简要地提出在实际计算中可以使用的一些观点。

B3 减速前的裂变概率

对于非常小的铀块，这个值非常容易计算。在这种情况下，它显然可以由以下公式得出

$$P_F = \sigma_F nd \tag{B4}$$

其中，σ_F 是裂变中子的裂变截面的平均值，n 是铀原子在块中的浓度，d 是在块中产生的中子在达到块表面之前必须行进的平均距离。对于较大的块来说，情况则更复杂，因为此时多次碰撞变得重要，弹性和非弹性散射都起到了重要作用。特别是对于大的块来说，最后一个过程在达到 ^{238}U 的裂变阈值之前有效地减慢了中子，并将它们降低到一个很容易被共振吸收的能量水平。

B4 共振吸收

如果在石墨介质中有一个铀单原子，在这个介质中产生了快中子，并减慢到热能区域，那么单位时间内能量大于热能的中子共振吸收的概率将由以下表达式得出

$$\frac{q\lambda}{0.158}\int\sigma(E)\frac{\mathrm{d}E}{E} \tag{B5}$$

其中，q 是单位时间进入系统单位体积的快中子的数量，λ 是平均自由程，$\sigma(E)$ 是能量 E 处的共振吸收截面。积分下限必须稍高于热能，上限必须等于裂变中子的平均能量。我们会发现，$\sigma(E)$ 的 Breit-Wigner 峰对积分的贡献最大。

在块状晶格的情况下，上述公式会有很大的误差。正如已经指出的那样，这是由于在块内部有一个重要的自屏蔽效应，它大大减少了接近最大共振能量的中子的密度。

因此，对问题最实用的解决方法是直接测量在各种大小的铀块中被共振吸收的中子的数量。

此类测量最初在普林斯顿大学进行，结果已经总结在用于计算的实用公式中了。

B5 热中子的吸收概率

如果铀和碳均匀混合，那么一个热中子被铀吸收的概率为

$$\frac{N_U\sigma_U}{N_C\sigma_C + N_U\sigma_U} \tag{B6}$$

在这个公式中，N_C 和 N_U 分别表示单位体积内碳原子和铀原子的数量，σ_C 和 σ_U 分别代表碳和铀对热中子的散射截面。

更复杂的是铀块在石墨晶格中的分布情况，因为整个系统中的热中子的密度并不均匀；它在远离铀块的地方较大，在靠近铀块的地方和铀块内部较小，这是因为热中子在铀中的吸收比在石墨中的吸收大得多。设 $\overline{n}_C$ 和 $\overline{n}_U$ 分别是石墨和铀块中的热中子的平均密度，由铀和碳吸收的热中子的数量分别与 $N_U\sigma_U\overline{n}_U$ 和 $N_C\sigma_C\overline{n}_C$ 成正比，因此，我们可得到代替式（B6）的修正公式

$$f = \frac{N_U\sigma_U\overline{n}_U}{N_C\sigma_C\overline{n}_C + N_U\sigma_U\overline{n}_U} \tag{B7}$$

出于实用目的，通常用扩散理论计算 $\bar{n}_C$ 和 $\bar{n}_U$ 就足够准确了。所做的近似处理是将晶胞替换为球状单元，其体积等于实际单元的体积，边界条件是中子密度的径向导数在球体表面处为 0。同时我们假设，单位时间内穿过单位体积石墨单元的减速至热能区域的中子的数量是常数。只要单元的尺寸不太大，这个近似就会相当准确。基于这些假设，我们得出了以下关于热中子被铀吸收的概率 f 的公式

$$f=\frac{3\alpha^2}{\alpha^3-\beta^3}\cdot\frac{(1-\alpha)(1+\beta)\mathrm{e}^{-\beta+\alpha}-(1+\alpha)(1-\beta)\mathrm{e}^{\beta-\alpha}}{(\alpha+s-s\alpha)(1+\beta)\mathrm{e}^{-\beta+\alpha}-(\alpha+s+s\alpha)\mathrm{e}^{\beta-\alpha}} \quad \text{(B8)}$$

其中，α 和 β 分别代表铀块半径和石墨单元半径，取石墨中的扩散长度 $1=\sqrt{\lambda\Lambda/3}$ 为单位长度。并且有以下公式

$$s=\frac{\lambda}{\sqrt{3}}\frac{1+\gamma}{1-\gamma} \quad \text{(B9)}$$

其中，γ 是铀块对热中子的反射系数。

B6 含有大量晶胞的晶格

在含有大量晶胞的晶格中，任何给定能量的中子的密度都是晶格中位置的函数。人们可以首先忽略晶格的周期性结构导致的这些函数的局部变化，并将实际的非均匀系统替换为等效的均匀系统，从而得到对这个系统行为的简单数学描述。在本节中，我们将通过用单元体积内实际值的平均值代替所有的中子密度来简化问题。然后，这些密度将由平滑函数表示，就像我们期望系统分布在均匀的铀 – 石墨混合物中那样。

设 Q（x，y，z）为晶格中每个位置在单位时间单位体积内产生的快中子数量。这些中子在块中扩散并减速。在此过程中，一些中子在共振处被吸收。设 q（x，y，z）为单位时间单位体积内，位置（x，y，z）处能量变为热能的中子数量，q 被称为“新生热中子的密度”。

我们假设在点 O 处产生了一个原始快中子，那么它在给定位置变为热中子的概率在 O 周围呈高斯分布。这个假设可以通过考虑减速的扩散过程包含很多段自由程来证明。通过实验发现，围绕快中子点源的新生热中子的分布曲线只能近似地用高斯分布表示，在已经使用过的公式中，实际分布被描述为两个或三个具有不同范围的高斯曲线的叠加。然而，出于现在讨论的需要，我们只取其中一个。每当产生一个快中子时，只有 p 个中子达到热能区域。因此，由强度为 1 的放置在坐标原点处的源产生的新生热中子的分布将由下式表示

$$q_1 = \frac{p}{\pi^{3/2} r_0^3} \mathrm{e}^{-\frac{r^2}{r_0^2}} \tag{B10}$$

对于密度为 1.6 的石墨，范围 r_0 大约为 35 cm。点 P 处的新生热中子密度可以用 Q 的所有微元源的贡献 $Q(P')\mathrm{d}\tau'$（$\mathrm{d}\tau'$ 表示点 P' 周围的体积元）的和来表示。我们由此得到的结果为

$$q(P) = \frac{p}{\pi^{3/2} r_0^3} \int Q(P') \mathrm{e}^{-\frac{(P'-P)^2}{r_0^2} 2\tau'} \mathrm{d}\tau' \tag{B11}$$

热中子的密度 n（x，y，z），与 q 通过微分方程

$$\frac{\lambda v}{3} \Delta n - \frac{v}{\Lambda} n + q = 0 \tag{B12}$$

关联。其中，λ 是热中子碰撞的平均自由程，v 是它们的速度，Λ 是热中子被吸收的平均自由程。方程（B12）是基于每个位置中子数量在增加或减少的所有过程中达到局部平衡而得出的。第 1 项代表扩散导致的中子数的增加（$\lambda v/3$ 是热中子的扩散系数）；第 2 项代表吸收导致的中子损失；第 3 项代表新生热中子的影响。

值得注意的是，方程（B12）中吸收的平均自由程 Λ 比在纯石墨中的相应量 Λ_0 要短得多。实际上，晶格中的吸收主要由铀元素导致。Λ 的一级近似为

$$\Lambda=(1-f)\Lambda_0 \tag{B13}$$

在实际情况下，Λ 可能达到 3×10^2 cm 的量级，而在没有铀的纯石墨中，Λ_0 大约为 25×10^5 cm。

当一个热中子被铀吸收时，η 个新的中子将通过裂变产生。考虑到小概率的快速裂变所引起的效应，这个数应该增加几个百分点。令 $\varepsilon\eta$ 是经修正的快中子总数。

在单位体积单位时间内被吸收的热中子数是 vn/Λ。其中的一部分用分数表示为 f，被铀吸收。因此，我们有

$$Q=f\eta\varepsilon\frac{v}{\Lambda}n+Q_0 \tag{B14}$$

其中，$f\eta\varepsilon\dfrac{v}{\Lambda}$ 表示在链式反应中产生的快中子数，Q_0 表示有外部源时，由外部源产生的快中子数。当然，在大多数情况下 Q_0 等于 0。从式（B11）（B12）和（B14）中我们可以消去除 n 以外的所有未知数，得到

$$\frac{3}{\lambda\Lambda}n-\Delta n=\frac{3p\varepsilon\eta f}{\pi^{3/2}r_0^3\Lambda\lambda}\int n(P')\mathrm{e}^{-\frac{(P'-P)^2}{r_0^2}}\mathrm{d}\tau' \\ +\frac{3p}{\pi^{3/2}r_0^3\lambda v}\int Q_0(P')\mathrm{e}^{-\frac{(P'-P)^2}{r_0^2}}\mathrm{d}\tau' \tag{B15}$$

将 Q_0 和 n 展开为傅里叶级数后代入方程，可以很容易地得到这个方程的解。这种展开式的一般项对应于 Q_0 为 $Q_0\sin\omega_1 x\cdot\sin\omega_2 y\cdot\sin\omega_3 z$，对应于 n 为

$$n=\frac{\frac{\Lambda pQ_0}{v}\sin\omega_1 x\cdot\sin\omega_2 y\cdot\sin\omega_3 z}{\left(1+\frac{\lambda\Lambda}{3}\omega^2\right)\mathrm{e}^{\frac{\omega^2 r_0^2}{4}}-\varepsilon pf\eta} \tag{B16}$$

其中，$\omega^2=\omega_1^2+\omega_2^2+\omega_3^2$。

如果反应堆的尺寸是有限的，但与平均自由程相比非常大，那么此时的边界条件为：所有密度在表面都为0。例如，如果反应堆是一个边长为 a 的立方体，并且坐标原点取在一个角上，此时

$$\omega_1=\frac{\pi n_1}{a};\quad \omega_2=\frac{\pi n_2}{a};\quad \omega_3=\frac{\pi n_3}{a} \tag{B17}$$

其中，n_1，n_2，n_3 是定义各个傅里叶分量的正整数。系统的临界尺寸可以由等式（B16）的分母对于1，1，1谐波为0来确定，因为在这种情况下中子的密度变为无穷大。因此，可以用下面的方程表示临界条件

$$\left(1+\frac{3\pi^2}{a^2}\frac{\lambda\Lambda}{3}\right)\mathrm{e}^{\frac{3\pi^2 r_0^2}{4a^2}}=\varepsilon pf \tag{B18}$$

此公式右边是无限大系统的增值比 k。因此，我们可以写出如下临界

条件

$$k=\left(1+\frac{3\pi^2}{a^2}\frac{\lambda\Lambda}{3}\right)e^{\frac{3\pi^2r_0^2}{4a^2}} \tag{B19}$$

在大多数情况下，e 的指数和括号中加号右边的项与 1 相比都是小量，所以前面的表达式可以简化为

$$k=1+\frac{3\pi^2}{a^2}\left(\frac{\lambda\Lambda}{3}+\frac{r_0^2}{4}\right) \tag{B20}$$

这个公式可以用来计算立方体反应堆的临界边长。例如，我们假设晶格取一些特定的数值 $\lambda=2.6$ cm、$\Lambda=350$ cm、$r_0^2=1.2\times10^3$ cm² 且 $k=1.06$，我们发现立方体反应堆的临界边长 $a=584$ cm。当然，这些常数只是假设的，虽然在可能的范围内，但在实际情况下，它们强烈地依赖于晶格结构的细节。

推导出反应堆产生的功率与其中的热中子强度之间的近似关系是有用的。大致来说，反应堆中所吸收的热中子中有 50% 将导致裂变，每次裂变释放的能量约为 200 MeV。这对应于每个被吸收的热中子释放大约 1.6×10^{-4} erg 的能量。由于单位体积被吸收的热中子数为 vn/Λ，其所产生的能量大约为

$$\frac{vn}{\Lambda}1.6\times10^{-4}\approx4.6\times10^{-7}vn\ \mathrm{erg/(cm^3\cdot s)} \tag{B21}$$

当然，功率并不是在整个反应堆中均匀产生的，因为 n 在中心处达到最大值，并在反应堆的边缘减小到 0。对于立方体反应堆，n 可以近似表示为

$$n = n_0 \sin\frac{\pi x}{a}\sin\frac{\pi y}{a}\sin\frac{\pi z}{a} \tag{B22}$$

其中，n_0 是反应堆中心处的中子密度。用表达式（B21）对整个反应堆体积进行积分，我们得到了以下的功率公式

$$W = \frac{8}{\pi^3}\times 4.6\times 10^{-7} nva^3 = 1.2\times 10^{-7} n_0 va^3 \tag{B23}$$

同样，以边长为 584 cm 的反应堆为例，我们发现 $W = 24n_0v$ erg/s。当反应堆以 1 kW的功率运行时，中心处热中子的通量约为 $n_0v = 4\times 10^8$ /（cm²·s）。

B7 对阿贡实验室石墨反应堆的描述

1942 年底，第一座反应堆在芝加哥大学校园的西看台下建立。经过几个月的运行后，它被转移到芝加哥大学附近的阿贡实验室，用于各种研究目的，直到现在。

该反应堆的整体晶格结构并不一致。由于当时只有少量的铀金属可以使用，金属材料被用于反应堆的中心部分，而外部则使用了铀的氧化物。

反应堆的运行强度通过连接到放大器或电流计的多个 BF_2 电离室来记录。

由于该反应堆内部没有安装冷却装置，为了避免温度过高，所产生的功率必须加以限制。该反应堆可以以 2 kW 的功率无限期运行，并且通常在 1~2 个小时的时间内以约 100 kW 的功率运行。

中子研究经常使用热柱，它是一个由约 5 英尺见方的石墨块组成的

柱体，建在反应堆顶的中心并穿过顶部屏蔽层。从反应堆中扩散到该柱体内的中子迅速减速到热能区域，因此在离反应堆顶几英尺的柱体内的中子几乎都是纯热中子。

该反应堆的屏蔽层上有一些孔，还有可拆卸的石墨横梁，这使我们可以在反应堆内探索现象或放入样品进行中子辐照。

当该反应堆以 100 kW 的功率运行时，中心处的热中子通量约为 $4\times10^{10}/(\mathrm{cm^2\cdot s})$。

附录 *C* 氢对负介子的普通散射和交换散射

E. FERMI，H. L. ANDERSON，A. LUNDBY，D. E. NAGLE，G.B. YODH，芝加哥大学，原子核研究所

在这份快报中，我们展示了一些关于液氢中不同能量负介子的总散射截面的实验。当然，对总散射截面的测量并不能让我们确定这一过程的实际机制。特别是在氢中负介子的相互作用下，有可能发生以下三种过程

$$p+\pi^- \to p+\pi^- \tag{C1}$$

$$p+\pi^- \to n+\pi^0 \to n+2\gamma \tag{C2}$$

$$p+\pi^- \to n+\gamma \tag{C3}$$

前两种分别是无电荷交换和有电荷交换的散射。最后一种是伽马射线作用于中子产生光致介子的逆向过程。根据细致平衡原理，对最后一个过程散射截面的估计表明，其散射截面必须在 mb（$1\text{mb}=10^{-31}\text{m}^2$）的数量级，对于 120 MeV 的介子来说，总散射截面约在 40 mb 的数量级，因此它与总散射截面相比是非常小的。

我们已经进行了一系列的散射实验，以区分过程（C1）和（C2），并提供了关于散射粒子的角分布信息。我们现在觉得第一批结果已经足

够有趣，可以做一个汇报。

本实验中使用的几何结构与研究总散射截面时采用的相似。介子束进入实验环境后，受到分析磁铁作用而发生偏转。此后，它被两个 1 平方英寸的晶体同时记录下来，并进入液氢散射室。我们通过这两个计数器，以及位于散射室正下方的另一对与入射介子方向成 90° 的闪烁计数器，经由四重符合计数来观测散射产物。后两个闪烁计数器的直径分别为 4 英寸和 3 英寸，分别放置于散射室中心下方 8 英寸和 11 英寸处。之所以选择 118 MeV 的射线，是因为其强度高。在与 1 平方英寸的准直晶体相距 10 英寸的情况下，符合计数率约为每分钟 15 万次。然而，散射粒子的计数每分钟只有几个。为了提高散射探测器对伽马射线的灵敏度，在第 3 个计数器前面插入了一个 1/4 英寸厚的铅辐射源。标准的测量方法包括探测在散射室中有氢和没有氢的情况下，散射粒子和入射粒子的比例，以及有和没有伽马射线的铅辐射源时两者的比例。表 C1 给出了典型的结果。在有液氢和没有液氢的情况下，差异在于散射粒子。在没有辐射源的情况下，这一差异为 $(0.4 \pm 0.15) \times 10^{-4}$；有了辐射源，差异为 $(1.02 \pm 0.1) \times 10^{-4}$。探测器对没有铅辐射源时的伽马射线的灵敏度很小，但不可忽略，因为辐射会穿过散射室的器壁和部分第 3 个闪烁计数器，在那里，它可能产生成对的粒子并被记录下来。人们曾尝试将由于 π^- 介子散射和由于伽马射线而记录的散射事件的数量区分开来。我们有以下几点发现：

散射到接受立体角中的 π^-：$(0.34 \pm 0.12) \times 10^{-4}$

接受立体角中的光子：$(1.41 \pm 0.32) \times 10^{-4}$

将这些数字转换为散射截面不仅取决于对角度分布所做的假设，还取决于我们在本文中所做的假设，即所有中性介子都会立即衰变成两个光子。

表 C1　在 90° 处负介子的散射率

液氢	1/4 英寸厚的铅辐射源	四重符合计数和二重符合计数的比
无	无	$(0.81 \pm 0.05) \times 10^{-4}$
有	无	$(1.21 \pm 0.08) \times 10^{-4}$
无	有	$(0.71 \pm 0.06) \times 10^{-4}$
有	有	$(1.73 \pm 0.09) \times 10^{-4}$

例如，如果我们假设质心系统中的角分布是比较各向同性的，且伽马射线是由中性介子衰变而成对产生的，那么过程（C1）和（C2）的散射截面将分别是（10 ± 4）$\times 10^{-27}$ cm^2 和（20 ± 5）$\times 10^{-27}$ cm^2。电荷交换过程的散射截面对所采用的角分布不太敏感。对于 $\cos^2\theta$ 分布，它将是（29 ± 7）$\times 10^{-27}$ cm^2；对于 $\sin^2\theta$ 分布，它将是（18 ± 4）$\times 10^{-27}$ cm^2。

附录 D 氢中正介子的总散射截面

H. L. ANDERSON，E. FERMI，E. A. LONG，D. E. NAGLE，芝加哥大学，原子核研究所

在前一篇快报中，我们汇报了氢中负介子总散射截面的测量结果。在本快报中，我们汇报的是用正介子完成的类似实验。

在这个测量中使用的实验方法和设备与负介子情况下使用的基本相同。主要区别在于强度，能量越高，强度越大，正介子的强度比负介子的小得多。这是因为从回旋加速器磁体的边缘场中逸出的正介子是朝着与质子束相反的方向发射的，而负介子是朝着相同方向发射的。由于正介子的散射截面比负介子的大得多，这导致因强度低而产生的困难被部分削弱了。截至目前获得的结果总结在表 D1 中。

在图 D1 中收集了正负介子的总散射截面。很明显，至少在 80 ~150 MeV 的能量范围内，正介子的散射截面要比负介子的大得多。

在这份快报和前两份快报中，我们研究了三个过程：（1）正介子的散射；（2）有电荷交换的负介子的散射；（3）无电荷交换的负介子的散射。似乎在相当大的能量范围内——大约从 80 MeV 到 150 MeV——过程（1）的散射截面是最大的，过程（2）的散射截面居中，过程（3）的散射截

面最小。此外，正负介子的散射截面随着能量的增大而迅速增大。从我们目前的实验证据来看，无论散射截面是在一个高数值处趋于平稳，还是像发生共振时所预期的那样得到一个最大值，都是不可能确定的。

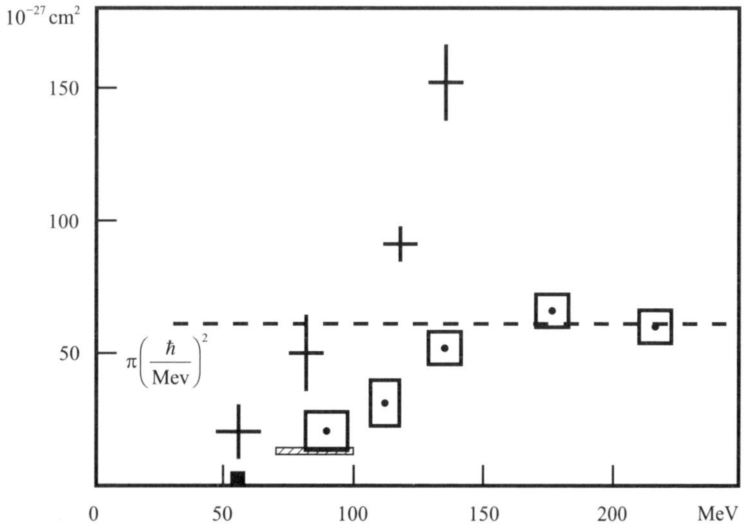

图 D1　氢中负介子（矩形的边表示误差）和正介子（十字的臂表示误差）的总散射截面

（注：平行线阴影矩形是哥伦比亚实验室的结果。黑色矩形是布鲁克海文实验室的结果，其中不包括电荷交换的贡献。）

表 D1　正介子在氢中总的散射截面

能量 / MeV	散射截面 / 10^{-27} cm^2
56 ± 8	20 ± 10
82 ± 7	50 ± 13
118 ± 6	91 ± 6
136 ± 6	152 ± 14

Brueckner 最近指出了自旋为 3/2 和同位旋为 3/2 的展宽共振能级的存在，这使我们对上述三个过程的散射截面的比值有一个大致的了解。关于这方面我们可以指出，迄今为止获得的实验结果也与更一般的假设是一致的，即在我们这个问题所讨论的能量区间内，导致散射的主要相互作用是通过 3/2 同位旋的一个或多个中间态，而不是自旋完成的。基于这个假设，我们发现这三种过程的散射截面之比应该为 9 ∶ 2 ∶ 1，这是一组与实验观测相匹配的值。目前，要具体说明一个中间态或多个中间态的性质非常困难。如果有一个自旋为 3/2 的态，那么这三个过程的角分布应该是 $1+3\cos^2\theta$ 型的；如果主要的效应是由自旋 1/2 的态引起的，那么角分布应该是各向同性的；如果涉及更大自旋的态或几种态的混合，则预计会出现更复杂的角分布。我们打算进一步探索角分布，试图在各种可能性中得出结论。

除了角分布，另一个重要的因素是能量依赖性。这里的理论期望值是，如果 3/2 自旋和 3/2 同位旋只有一个占主导地位的中间态，那么负介子在所有能量下的总散射截面都应该小于 $(8/3)\pi\lambda\!\!\!^{-2}$ 。显然，150 MeV 以上的实验得到的散射截面大于这个限制，这表明在这些能量下其他态的贡献相当可观。当然，如果是一个单态占主导地位，我们可以预期，散射截面将在距离所涉及态的能量不远的能量处得到最大值。遗憾的是，我们还不能把测量推到足够高的能量上来检验这一点。

同样非常有趣的是在低能量下散射截面的性质。如果只涉及自旋 1/2 和 3/2 以及偶宇称，且介子是个赝标量，那么这里的能量依赖关系应该近似正比于速度的四次方。这个观测结果与其他实验室的实验观测结果在此假设下基本一致，但是低能量时的散射截面太小，精确测量变得非常困难。

附录 E 重元素中由中子引起的核反应[1]

E. FERMI，哥伦比亚大学

根据玻尔的理论，对中子轰击重元素所产生的核反应可以进行描述。我们假设轰击中子时一旦击中原子核，它就会被并入核结构中，形成所谓的“复合核”。这个复合核是一个相对稳定的系统，因为它的寿命与核粒子的频率相比非常长；但是从绝对意义上说，它的寿命非常短，一般在 10^{-12} s 的量级，有时甚至更短。

核反应的最终结果取决于复合核的衰变方式。对于任何给定的原子核，这种进一步的衰变方式主要取决于复合核的能量。当轰击中子速度较慢时，复合核的能量就是中子在核内的结合能。除了不同原子核之间的不规则波动，这种结合能随原子量呈规律变化，在原子量约为 40 的元素处达到最大值，平均约为 9 MeV。从那里开始，结合能以或多或少的规律性逐渐减小，直至最重的元素，最终达到的平均值为 5 MeV 左右。如果轰击中子速度较快，必须把它们的结合能加上动能，以得到复合核

〔1〕这是作者在宾夕法尼亚大学 200 周年纪念会议期间于 9 月 19 日举行的“核物理学学术报告会”上提交的一篇论文。

的总激发能量。

复合核可以通过发射一个粒子（中子、质子、α 粒子或光子）来损失激发能量，或在钍、镤和铀等最重元素的情况下，衰变分裂成两个大致相等的部分。除了后一种情况，对于中等重和重元素，最可能发生的过程是发射光子和中子。由于粒子必须逾越“伽莫夫（Gamow）势垒”才能离开原子核，所以发射质子和α 粒子需要比势垒更大的能量。此外，在一个含有 100 个或更多粒子的核内，哪怕有这种能量，也很难想象所有的能量都集中在一个α 粒子或质子上，以使其获得足够的能量逃离核外。相反，发射中子的可能性更大，因为它只需要较低的能量。

发射光子或中子的相对概率主要取决于能量。当复合核的能量仅略高于中子的结合能时，就像用慢中子进行轰击的情况，通常会发射光子；而如果复合核的能量远超过中子的结合能，就像用快中子进行轰击的情况，则发射中子成为最可能的过程。即使能量过剩很大，逃逸的中子也很难带走全部可用的能量。事实上，从理论上讲，逃逸中子超过 2 MeV 能量的概率很小。因此，在大部分情况下，复合核发射一个中子后，剩余的原子核仍有可能处于激发状态。在剩余的激发能量足够时，原子核会发射一个或多个光子，或发射第 2 个中子（n，$2n$ 反应），直至原子核达到稳态。

最重元素的复合核也可能发生裂变。由于一个重核裂成两个大致相等的部分会释放出大量能量，所以裂变是有可能实现的。从这个意义上说，所有重核都是不稳定的。但是，它们之所以实际上是稳定的，是因为两个裂变碎片必须逾越一个实际上难以跨越的“伽莫夫势垒”才能分离。对铀和钍来说，这个势垒的高度并不算太高，但裂变碎片的巨大质量可能阻止自发裂变，这使得哪怕是一个不高的势垒，也只能给出极低的透射率。在这种情况下，中子碰撞所引起的相对较低的激发能量就足以将复合核激发到势垒之上或非常接近可以发生裂变的最高能量。值得注意的是，对于裂变过程来说，“伽莫夫势垒”机制可能不是保证铀核高稳定性的唯一因素；在确保这种稳定性方面，可能也有其他因素起重要作用，如原子核可能转变为两个碎片的构型的概率较低。

从这些讨论可以看出，在中子的轰击下，重元素中最可能发生的核反应类型有：（n, γ）反应，主要由慢中子产生；（n，$2n$）反应，仅由非常快的中子产生；裂变反应，仅在最重元素中由快中子产生，在某些情况下也由慢中子产生。

铀是这种行为的一个典型例子，因为在该元素中观察到了所有三种类型的反应。Hahn 和 Meitner 发现了（n, γ）反应，他们发现在用中子轰击铀所产生的活性产物中，存在一个由典型共振产生的半衰期为 23 min 的铀的同位素。Nier、Booth、Dunning 和 Grosse 通过直接实验确认了该同位素的原子量为 239。^{239}U 会衰变为一个有放射性的 93 号元素的同位素，其半衰期为 2.3 d，这是由 Abelson 和 McMillan 的研究证实的。当用非常高能的中子轰击铀时，可能发生（n，$2n$）反应，其结果是从主要同位素 ^{238}U 生成同位素 ^{237}U，该反应最近被 Nishina 等人以及 McMillan 报道，他们发现该同位素的半衰期为 7 d。

中子在铀中产生的最有趣的核反应是裂变过程，该过程在同位素 ^{238}U 和稀有的同位素 ^{235}U 中都会发生。由于裂变过程已经被讨论过，我在此仅考虑该现象的一个方面。对裂变产物的化学研究表明，其中存在大量的放射性元素，这意味着裂变可以以很多种不同的方式发生。因此我们可以推断，向铀核加入中子形成复合核后，实际的核裂变可能导致不同的碎片对，每对碎片又可产生新的放射性元素链，平均每条链含有3~4个元素。

很早就注意到，裂变的简单理论无法解释细微的结果，因为裂变并非发生在两个完全相等的碎片上，而是发生在一个略轻和一个略重的碎片上。因此，必须将裂变碎片区分为轻组和重组。可以假设，属于轻组的一个碎片与属于重组的一个碎片在同一次裂变中被释放出来。现在的问题是要确定铀在裂变中形成某一特定放射性产物或放射性链的百分比。由于预期每次裂变都会形成一个重组的链与一个轻组的链，在理想情况下每个组的总百分比应为100%，除非以非常小的概率直接形成稳定碎片。

由于缺乏各裂变产物相对强度的定量数据，Anderson、Grosse和我在去年春季开始系统地研究这个问题。我们的目标是做一个初步研究，迄今获得的结果涵盖了大部分已知的在重组中的放射性元素。我们采用的方法是比较不同放射性产物的强度，这些产物是铀样品在标准条件下在哥伦比亚大学的回旋加速器上被辐射后经过化学分离得到的。我们从每种放射性元素中提取一定量并将其置于探测器旁，根据探测器计数推断出它们的活性，并考虑几何因素和探测器壁的吸收的修正。通过这种方式，我们已经能够确定在铀裂变时重组中大部分反应链的产额百分比，这些百分比介于约0.1%的最小值和略高于10%的最大值之间。到目前为止，我们观察到重组的百分比无法累加到 100%，而只有约一半。除了可能在测量时实验误差比较大，还可能是由于对重组放射性元素的化学分离不完整。重组中可能还有一些放射性元素，如稀土元素，尚未被发现和分离出来。

文化伟人代表作图释书系全系列

第一辑

《自然史》〔法〕乔治・布封 / 著
《草原帝国》〔法〕勒内・格鲁塞 / 著
《几何原本》〔古希腊〕欧几里得 / 著
《物种起源》〔英〕查尔斯・达尔文 / 著
《相对论》〔美〕阿尔伯特・爱因斯坦 / 著
《资本论》〔德〕卡尔・马克思 / 著

第二辑

《源氏物语》〔日〕紫式部 / 著
《国富论》〔英〕亚当・斯密 / 著
《自然哲学的数学原理》〔英〕艾萨克・牛顿 / 著
《九章算术》〔汉〕张　苍　等 / 辑撰
《美学》〔德〕弗里德里希・黑格尔 / 著
《西方哲学史》〔英〕伯特兰・罗素 / 著

第三辑

《金枝》〔英〕J. G. 弗雷泽 / 著
《名人传》〔法〕罗曼・罗兰 / 著
《天演论》〔英〕托马斯・赫胥黎 / 著
《艺术哲学》〔法〕丹　纳 / 著
《性心理学》〔英〕哈夫洛克・霭理士 / 著
《战争论》〔德〕卡尔・冯・克劳塞维茨 / 著

第四辑

《天体运行论》〔波兰〕尼古拉・哥白尼 / 著
《远大前程》〔英〕查尔斯・狄更斯 / 著
《形而上学》〔古希腊〕亚里士多德 / 著
《工具论》〔古希腊〕亚里士多德 / 著
《柏拉图对话录》〔古希腊〕柏拉图 / 著
《算术研究》〔德〕卡尔・弗里德里希・高斯 / 著

第五辑

《菊与刀》〔美〕鲁思・本尼迪克特 / 著
《沙乡年鉴》〔美〕奥尔多・利奥波德 / 著
《东方的文明》〔法〕勒内・格鲁塞 / 著
《悲剧的诞生》〔德〕弗里德里希・尼采 / 著
《政府论》〔英〕约翰・洛克 / 著
《货币论》〔英〕凯恩斯 / 著

第六辑

《数书九章》〔宋〕秦九韶 / 著
《利维坦》〔英〕霍布斯 / 著
《动物志》〔古希腊〕亚里士多德 / 著
《柳如是别传》 陈寅恪 / 著
《基因论》〔美〕托马斯・亨特・摩尔根 / 著
《笛卡尔几何》〔法〕勒内・笛卡尔 / 著

第七辑

《蜜蜂的寓言》〔荷〕伯纳德・曼德维尔 / 著
《宇宙体系》〔英〕艾萨克・牛顿 / 著
《周髀算经》〔汉〕佚　名 / 著　赵　爽 / 注
《化学基础论》〔法〕安托万-洛朗・拉瓦锡 / 著
《控制论》〔美〕诺伯特・维纳 / 著
《月亮与六便士》〔英〕威廉・毛姆 / 著

第八辑

《人的行为》〔奥〕路德维希・冯・米塞斯 / 著
《纯数学教程》〔英〕戈弗雷・哈罗德・哈代 / 著
《福利经济学》〔英〕阿瑟・赛西尔・庇古 / 著
《量子力学》〔美〕恩利克・费米 / 著
《量子力学的数学基础》〔美〕约翰・冯・诺依曼 / 著
《数沙者》〔古希腊〕阿基米德 / 著

中国古代物质文化丛书

《长物志》
〔明〕文震亨 / 撰

《园冶》
〔明〕计 成 / 撰

《香典》
〔明〕周嘉胄 / 撰
〔宋〕洪 刍 陈 敬 / 撰

《雪宧绣谱》
〔清〕沈 寿 / 口述
〔清〕张 謇 / 整理

《营造法式》
〔宋〕李 诫 / 撰

《海错图》
〔清〕聂 璜 / 著

《天工开物》
〔明〕宋应星 / 著

《髹饰录》
〔明〕黄 成 / 著 扬 明 / 注

《工程做法则例》
〔清〕工 部 / 颁布

《清式营造则例》
梁思成 / 著

《中国建筑史》
梁思成 / 著

《文房》
〔宋〕苏易简 〔清〕唐秉钧 / 撰

《斫琴法》
〔北宋〕石汝砺 崔遵度 〔明〕蒋克谦 / 撰

《山家清供》
〔宋〕林 洪 / 著

《鲁班经》
〔明〕午 荣 / 编

“锦瑟”书系

《浮生六记》
〔清〕沈 复 / 著 刘太亨 / 译注

《老残游记》
〔清〕刘 鹗 / 著 李海洲 / 注

《影梅庵忆语》
〔清〕冒 襄 / 著 龚静染 / 译注

《生命是什么？》
〔奥〕薛定谔 / 著 何 滟 / 译

《对称》
〔德〕赫尔曼·外尔 / 著 曾 怡 / 译

《智慧树》
〔瑞士〕荣 格 / 著 乌 蒙 / 译

《蒙田随笔》
〔法〕蒙 田 / 著 霍文智 / 译

《叔本华随笔》
〔德〕叔本华 / 著 衣巫虞 / 译

《尼采随笔》
〔德〕尼 采 / 著 梵 君 / 译

《乌合之众》
〔法〕古斯塔夫·勒庞 / 著 范 雅 / 译

《自卑与超越》
〔奥〕阿尔弗雷德·阿德勒 / 著 刘思慧 / 译